U0363728

TURING

图灵教育

站在巨人的肩上

Standing on the Shoulders of Giants

TURING 图灵程序设计丛书

Spring 5.0 Microservices, Second Edition

# Spring微服务架构设计

## （第2版）

[印] 拉杰什·R.V. 著

杨文其 译

人民邮电出版社

北 京

## 图书在版编目（CIP）数据

Spring微服务架构设计 : 第2版 / （印）拉杰什·R.
V. 著 ; 杨文其译. -- 北京 : 人民邮电出版社，2020.4
（图灵程序设计丛书）
ISBN 978-7-115-53375-3

Ⅰ．①S… Ⅱ．①拉… ②杨… Ⅲ．①JAVA语言—程序
设计 Ⅳ．①TP312.8

中国版本图书馆CIP数据核字(2020)第011982号

## 内 容 提 要

随着 Spring Boot 和 Spring Cloud 的推出，Spring 框架变得更加强大，支持快速开发和高效运维，非常适合实现微服务架构，能够满足微服务的并发、精细监控和可靠易用等需求。本书提供了实现大型响应式微服务的实用方法和指导原则，并通过示例全面讲解如何构建微服务。主要内容包括：微服务架构介绍以及构建微服务时面临的挑战，如何用 Spring Boot 和 Spring Cloud 开发微服务系统，微服务能力模型，如何演进微服务，微服务的日志管理和监控，如何用 Docker、Mesos 和 Marathon 管理互联网级微服务架构，等等。

本书适合所有 Spring 开发人员阅读。

◆ 著　　　[印] 拉杰什·R. V.
译　　　杨文其
责任编辑　岳新欣
责任印制　周昇亮

◆ 人民邮电出版社出版发行　　北京市丰台区成寿寺路11号
邮编　100164　电子邮件　315@ptpress.com.cn
网址　http://www.ptpress.com.cn
三河市君旺印务有限公司印刷

◆ 开本：800×1000　1/16
印张：18.75
字数：443千字　　　　　　　　2020年 4 月第 1 版
印数：1 – 3 000册　　　　　　　2020年 4 月河北第 1 次印刷
著作权合同登记号　图字：01-2018-2759号

定价：89.00元
读者服务热线：(010)51095183转600　印装质量热线：(010)81055316
反盗版热线：(010)81055315
广告经营许可证：京东工商广登字 20170147 号

# 版 权 声 明

# 前 言

微服务是一种架构风格和模式：将复杂系统拆解为协同工作的小型服务，以此构建大型业务服务。微服务是自治、自包含且可独立部署的服务。当今世界上的许多企业将微服务作为默认的架构标准来构建面向服务的大型企业级应用。

作为一种编程框架，Spring 框架在开发者社区流行很多年了。使用 Spring Boot 不再需要重量级应用容器，并且它还支持部署轻量级无服务器应用。Spring Cloud 结合了 Netflix 的许多 OSS 开源组件，提供了一个运行和管理大型微服务架构的生态系统；还支持负载均衡、服务注册、服务监控和服务网关，等等。

然而，微服务也带来了一些挑战，例如服务的监控、管理、分发、扩容和发现等，尤其是当大规模部署微服务时。如果在采用微服务架构之前不解决这些常见的问题，通常会导致灾难性的后果。本书旨在构建一个与技术细节无关的微服务能力模型，该模型有助于应对各种常见的微服务挑战。

本书提供了实现大型响应式微服务的实用方法和指导原则，并通过示例全面讲解如何构建微服务。本书深入介绍了 Spring Boot、Spring Cloud、Docker、Mesos 和 Marathon，还会教授如何用 Spring Boot 部署自治服务，而无须使用重量级应用服务器，并介绍 Spring Cloud 框架的各项能力、如何使用 Docker 实现容器化，以及如何使用 Mesos 和 Marathon 抽象出计算资源和控制整个集群。

本书各章的内容都很实用，细致讲授了如何将微服务技术与业务相结合。通过一系列示例（包括一个旅游业的案例研究），书中阐述了微服务架构的实现，涉及 Spring 框架、Spring Boot 和 Spring Cloud。这些都是用于开发和部署大规模可扩展微服务的强大且久经考验的工具。本书基于 Spring 框架的最新规范编写。借助本书，你可以快速构建互联网级现代 Java 应用。

## 本书内容

**第 1 章，微服务揭秘**，介绍了微服务的背景、评估和基本概念。

**第 2 章，相关架构风格和用例**，讨论了微服务与面向服务架构的关系、云原生的概念和十二要素应用，还展示了一些常见的微服务用例。

第 3 章，**用 Spring Boot 构建微服务**，介绍如何使用 Spring 框架构建 REST 和基于消息机制的微服务、如何用 Spring Boot 打包微服务，以及 Spring Boot 的一些核心能力。

第 4 章，**应用微服务概念**，介绍了实现微服务架构的一些实际问题，详细描述了开发人员在企业级微服务开发中会面临的一些挑战。

第 5 章，**微服务能力模型**，介绍了管理微服务生态系统所需的能力模型和成熟度评估模型，在企业层面采用微服务时后者非常有用。

第 6 章，**微服务演进案例研究**，以 BrownField 航空公司为例讲解微服务演进，以及如何应用前面讲过的微服务的概念。

第 7 章，**用 Spring Cloud 组件扩展微服务**，介绍了如何利用 Spring Cloud 技术栈的能力扩展之前的微服务实例，详细解析了 Spring Cloud 架构及其各个组件，以及如何集成这些组件。

第 8 章，**微服务的日志管理和监控**，讨论了日志管理和监控在微服务开发中的重要性，详细阐述了采用微服务架构的一些最佳实践，比如利用开源工具实现集中式的日志管理和监控，以及如何将这些工具和 Spring 项目集成。

第 9 章，**用 Docker 容器化微服务**，解释了微服务上下文中的容器化概念。作为下一步更深层次的实现，这一章演示了如何用 Mesos 和 Marathon 替换定制的生命周期管理器，实现大规模部署。

第 10 章，**用 Mesos 和 Marathon 扩展容器化的微服务**，介绍了微服务的自动配置和部署，以及如何在上一个例子中使用 Docker 容器实现大规模部署。

第 11 章，**微服务开发生命周期**，介绍了微服务开发的流程和实践方法，以及 DevOps 和持续交付管道（pipeline）的重要性。

## 本书要求

第 3 章介绍了 Spring Boot，需要使用下列软件测试代码。

- JDK 1.8
- Spring Tool Suite 3.8.2
- Maven 3.3.1
- Spring Framework 5.0.0.RC1
- Spring Boot 2.0.0. SNAPSHOT
- spring-boot-cli-2.0.0.SNAPSHOT-bin.zip

- ❑ Rabbit MQ 3.5.6
- ❑ FakeSMTP 2.0

第 7 章介绍了 Spring Cloud 项目。除了前面提到的软件，还需要以下软件。

- ❑ Spring Cloud Dalston RELEASE

第 8 章介绍如何通过微服务实现集中式的日志管理，会用到下列软件。

- ❑ elasticsearch-1.5.2
- ❑ kibana-4.0.2-darwin-x64
- ❑ logstash-2.1.2

第 9 章介绍如何使用 Docker 部署微服务，会用到下列软件。

- ❑ Docker version (17.03.1-ce)
- ❑ Docker Hub

第 10 章使用 Mesos 和 Marathon 将 Docker 化的微服务部署到自动扩容的云环境中，会用到下列软件。

- ❑ Mesos version 1.2.0
- ❑ Docker version 17.03.1-ce
- ❑ Marathon version 3.4.9

## 读者对象

本书适合想了解如何使用 Spring 框架、Spring Boot 和 Spring Cloud 设计强大的互联网级微服务，以及如何用 Docker、Mesos 和 Marathon 来管理这些微服务的架构师。微服务能力模型有助于架构师运用各种工具和技术（不限于本书所述的）来设计微服务解决方案。

本书适合正在考虑开发云就绪的互联网级应用来满足当今业务需求的 Spring 开发人员。书中通过研究一系列真实用例和实操性的代码实例，揭示了微服务的实质及其在当今世界中的重要性。本书将指导开发人员构建简单的 RESTful 服务，并将其有条不紊地改造成真正的企业级微服务生态系统。

## 排版约定

本书以不同的文本格式来区别不同类型的信息，示例及对应的含义如下所示。

正文中的代码采用以下样式。

"RestTemplate 是一个抽象 HTTP 客户端底层细节的实用工具类。"

代码块的样式如下所示。

```
@SpringBootApplication
public class Application {
  public static void main(String[] args) {
    SpringApplication.run(Application.class, args);
  }
}
```

为了强调代码片段中的特定部分，相关代码行或文字会加粗显示。

```
@Component
class Receiver {
  @RabbitListener(queues = "TestQ")
  public void processMessage(String content) {
    System.out.println(content);
  }
}
```

命令行输入或输出如下所示。

```
$java -jar target/bootrest-0.0.1-SNAPSHOT.jar
```

新术语或重要的词语用**黑体**表示。

此图标表示警告或需要特别注意的内容。

此图标表示提示或技巧。

## 读者反馈

欢迎读者反馈。请告诉我们你对本书的看法——喜欢哪些内容、不喜欢哪些内容。读者反馈对我们很重要，它有助于我们编写出对读者真正有价值的图书。

对于本书的一般反馈，请发送邮件至 feedback@packtpub.com 并在主题处注明书名。

如果你掌握某个领域的专业知识，并且有兴趣写作图书，请访问 authors.packtpub.com。

## 用户支持

感谢选择 Packt 图书，我们会尽全力帮你充分利用你手中的书。

## 下载示例代码

如果你是从 http://www.packtpub.com 网站购买的图书，登录自己的账号后就可以下载所有已购图书的示例代码。如果你是从其他地方购买的图书，请访问 http://www.packtpub.com/support 网站并注册，我们会将代码文件直接发送到你的电子邮箱。

你可以通过以下步骤下载代码文件。

(1) 通过电子邮件地址和密码，在我们的网站上登录或注册。

(2) 把鼠标指针移动到顶部的 SUPPORT 标签页上。

(3) 点击 Code Downloads & Errata。

(4) 在 Search 框中输入书名。

(5) 选择要下载代码文件的图书。

(6) 从下拉列表中选择购书渠道。

(7) 点击 Code Download。

文件下载后，使用以下工具的最新版本来解压缩或提取文件夹。

❑ WinRAR / 7-Zip（Windows）

❑ Zipeg / iZip / UnRarX（Mac）

❑ 7-Zip / PeaZip（Linux）

本书代码也托管在 GitHub 上，访问 https://github.com/PacktPublishing/Spring-5.0-Microservices-Second-Edition 即可获取[①]。Packt 拥有丰富的图书和视频资源，相关代码见 GitHub 仓库：https://github.com/PacktPublishing/。欢迎查阅！

## 疑问

如果你对本书内容有任何疑问，请通过电子邮件 questions@packtpub.com 联系我们，我们会尽全力解决。

## 勘误

虽然我们尽力确保本书内容准确，但出错仍在所难免。如果你在书中发现错误，不管是文本还是代码，希望能告知我们，我们不胜感激。[②]这样可以使其他读者免受挫败，并能帮助我们改进本书的后续版本。如果你发现任何错误，请访问 http://www.packtpub.com/submit-errata 提交，

---

① 你可以直接访问本书中文版页面，下载本书项目的源代码：http://www.ituring.com.cn/book/2442。——编者注

② 本书中文版的勘误请到 http://ituring.cn/book/2442 查看和提交。——编者注

选择书名，点击 Errata Submission Form 链接，并输入详细说明。勘误一经核实，你的提交将被接受，此勘误将上传到本公司网站或添加到现有勘误表。

如需查看已提交的勘误，可访问 https://www.packtpub.com/books/content/support，在搜索框中输入书名进行搜索。勘误信息会显示在 Errata 区域中。

## 侵权行为

互联网上的盗版行为是所有媒体都必须面对的问题。Packt 非常重视保护版权和许可。如果你发现我们的作品在互联网上被以任何形式非法复制，请立即为我们提供地址或网站名称，以便我们寻求补救。

请把可疑盗版材料的链接发到 copyright@packtpub.com。

非常感谢你帮助我们维护作者，以及我们给你带来有价值内容的能力。

## 电子书

扫描如下二维码，即可购买本书电子版。

# 目　　录

# 第 1 章

# 微服务揭秘

**微服务**是一种架构风格，也是一种针对现代业务需求的软件开发方法。微服务并非发明出来的，确切地说是从之前的架构风格演进而来的。

本章将详细介绍从传统的单体架构到微服务架构的演进过程，还会介绍微服务的定义、概念和特性。

本章主要内容如下。

❑ 微服务的演进。
❑ 微服务架构的定义及相关示例。
❑ 微服务架构的概念和特性。

## 1.1 微服务的演进

继面向服务的架构（SOA）之后，微服务与 DevOps 以及云计算相辅相成，成为越来越流行的架构模式。微服务的演进很大程度上受到了当今商业环境中颠覆性数字创新的趋势和近几年技术演进的影响。下面详细介绍微服务的两个催化剂——业务需求和技术演进。

### 1.1.1 微服务演进的催化剂——业务需求

在当前的数字化转型时代，企业越来越多地将技术作为快速提升营收和客户基数的关键赋能手段。企业主要使用社交媒体、移动应用、云计算、大数据和物联网来实现颠覆性创新。企业运用这些技术寻找快速渗透市场的新方式，这给传统的信息技术交付机制带来了巨大的挑战。

图 1-1 比较了传统的单体应用和微服务应用在敏捷性、交付速度和扩展能力等当前企业面临的各项新挑战方面的表现。

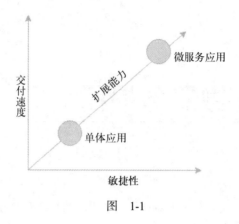

图　1-1

 相比于传统的单体应用，微服务的敏捷性更高、交付速度更快、扩展能力更强。

企业花数年时间进行大规模应用开发的时代已经过去了。几年前，企业为了管理端到端的业务功能开发出了各种统一的应用，但是现在已经无人问津了。

图 1-2 展现了传统的单体应用和微服务应用在交付时间和成本上的差距。

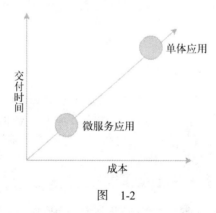

图　1-2

 微服务支持快速开发敏捷应用，因而能降低总成本。

例如，当今航空公司不会投入资源将其核心主机订票系统重建为单体"巨兽"，金融机构不会重建其核心银行业务系统，零售商和其他行业也不会重建重量级的供应链管理系统，比如传统的 ERP 系统。各行业的焦点已经从构建大型应用转移到了以尽可能敏捷的方式构建能适应特定业务需求并快速取胜的各类单点解决方案。

以一个运行遗留单体应用的网络零售商为例。假设该零售商想基于顾客的购物偏好和其他信息向他们提供个性化的商品，进而革新既有销售方式；或者想基于顾客的购物喜好来推荐商品，从而引导顾客购买。

在这样的情况下，企业想快速开发一种个性化引擎或基于当前需求的推荐引擎，并将其插入遗留应用中，如图 1-3 所示。

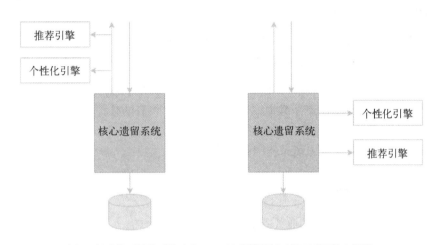

a) 为加入新功能而拦截系统响应　　b) 为调用新功能而重写核心逻辑

图　1-3

如图 1-3 所示，投入大量资源来重建核心遗留系统是不明智的。要满足这种需求，要么如图 1-3a 所示，将遗留系统的响应依次传入两个新的功能模块做进一步处理；要么如图 1-3b 所示，修改核心遗留系统，让遗留代码调用这两个新的功能模块，从而完成整个处理。这两个新的功能模块通常以微服务的方式实现。

该实现方式给了软件开发团队许多试错机会。他们可以反复试验，以更低的成本快速尝试新的功能模块。之后，业务部门可以验证关键性能指标的变化或按需替换这些功能模块。

 现代系统架构应当以最小的成本，最大化随时替换系统组件的能力。微服务正是达到该目标的有效方式。

## 1.1.2　微服务演进的催化剂——技术演进

新兴技术促使人们重新思考构建软件系统的方式。比如几十年前，难以想象不通过两阶段提交协议来开发分布式应用。后来，NoSQL 数据库彻底改变了这种思维方式。

与之类似，技术范式的转变已经重塑了软件架构的各个层面。

HTML5 和 CSS3 的出现以及移动应用的发展，重新定义了 UI。由于在响应式和自适应设计方面的突出表现，Angular、Ember、React、Backbone 等客户端 JavaScript 框架流行开来。

随着云计算成为主流，Pivotal CF、AWS、Sales Force、IBM Bluemix、Redhat OpenShift 等**平台即服务**（PaaS）厂商促使我们重新思考构建中间件组件的方式。Docker 引发的容器化革命极大地影响了基础设施领域。Mesosphere DCOS 等容器编排工具大大简化了基础设施管理。无服务器计算使得应用管理更加便捷。

随着 Dell Boomi、Informatica、MuleSoft 等**集成平台即服务**（iPaaS）的出现，系统集成领域的格局也发生了剧变。这些集成工具推动了软件开发团队将系统集成的边界扩展到传统企业应用之外。

NoSQL 和 NewSQL 彻底革新了数据库领域。几年前，仅有的几种流行的数据库都是基于关系数据建模原理的。如今，数据库工具种类众多，例如 Hadoop、Cassandra、CouchDB、Neo 4j 和 NuoDB 等，都是针对特定的系统架构问题而设计的。

### 1.1.3　架构演进势在必行

应用架构一直都是随着苛刻的业务需求和技术演进而演进的。

不同的架构方法和风格，比如大型主机架构、客户机-服务器架构、$N$ 层架构和面向服务架构，都曾流行过。不管选用哪种架构风格，人们往往习惯于构建不同形式的单体架构系统。微服务架构是随着当今业务对敏捷性与交付速度等方面的需求、新兴技术的出现以及对前几代系统架构的学习而演进出来的。

如图 1-4 所示，微服务有助于打破单体应用的边界，构建由一系列逻辑上独立的小系统组成的系统。

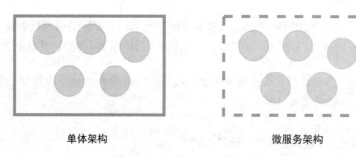

单体架构　　　　　　　　　　　微服务架构

图　1-4

　如果把单体应用看作由一个物理边界包围的一套逻辑子系统，那么微服务应用就是不存在物理边界的一套独立的子系统。

## 1.2　什么是微服务

微服务是一种架构风格。作为游戏规则改变者，它已被当今众多软件开发团队用于实现高度敏捷、快速交付和轻松扩展。微服务支持开发物理上隔离的模块化应用。

微服务并不是发明出来的。许多软件开发组织，比如 Netflix、亚马逊和 eBay，已经成功运用分而治之的技巧，在功能上将其单体应用分割为更小的原子单位，每个原子单位只实现单一的功能。这些公司解决了他们的单体应用所面临的一系列常见问题。随着这些企业的成功，其他许多企业也开始采用这种方式重构单体应用。之后，这种模式被命名为"微服务架构"。

微服务源自 Alistair Cockburn 在 2005 年提出的"六边形架构"思想。六边形架构也称"六边形模式"或"端口和适配器模式"。

简单说来，六边形架构提倡封装业务功能以与外界隔离。这些封装起来的业务功能无须感知周围的环境，甚至无须感知输入设备或输入渠道以及这些设备使用的消息格式。这些业务功能边缘的端口和适配器负责将从不同输入设备和渠道传来的消息转换为这些业务功能可以理解的格式。当要引入新设备时，开发人员就可以加入端口和适配器来支持这些设备，而无须修改核心的业务功能。开发人员可以用任意多的端口和适配器来实现需求。与此类似，外部实体也无须感知这些端口和适配器背后实现的业务功能，它们永远只需要和这些端口和适配器打交道。如此一来，开发人员就可以灵活地改变输入渠道和业务功能，而无须过多担心接口设计是否适用于未来的业务需求。

图 1-5 是六边形架构的概念图。

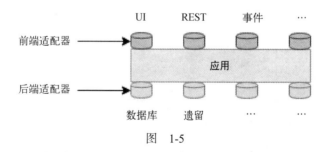

图　1-5

图 1-5 中，应用被彻底隔离并通过一套前端适配器和一套后端适配器与外界交互。前端适配器通常用于集成 UI 和其他 API，后端适配器用于连接不同的数据源。前后端的端口和适配器负责将传入和传出的消息转换为外部实体能理解的格式。微服务架构的设计灵感正是源于六边形架构。

微服务没有标准的定义。Martin Fowler 给出了如下定义。

"微服务架构风格是一种将单个应用开发为一套微小服务的方法。每个这样的微小服务在各自独立的进程内运行,采用轻量级的机制(通常是 HTTP 资源 API)与外界通信。这些微小服务通常围绕业务能力进行构建,并且可以用完全自动化的部署工具独立部署。微服务架构最起码要实现集中式服务管理,服务本身可能是用不同的编程语言和不同的数据存储技术实现的。"

本书给出的微服务定义如下。

 微服务是一种架构风格或方法,用于构建由一套自包含、松耦合且自治的业务功能模块组成的信息技术系统。

图 1-6 展示的是一个传统的 $N$ 层应用架构,包含了**展现层**、**业务逻辑层**和**数据库层**。模块 A、模块 B 和模块 C 代表 3 个业务功能,图中的分层代表不同架构关注点间的隔离。每一层都包含了与该层有关的这 3 个业务功能。展现层包含了这 3 个模块的 Web 组件,业务逻辑层包含了这 3 个模块的业务逻辑组件,而数据库包含了这 3 个模块的所有数据表。在大多数情况下,不同层在物理上是隔离的,而同一层的不同模块是硬编码的。

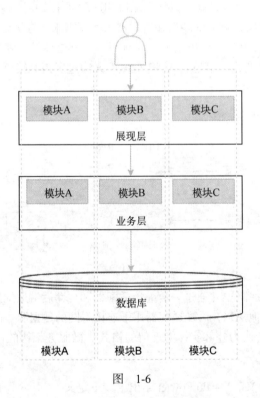

图    1-6

基于微服务的架构如图 1-7 所示。

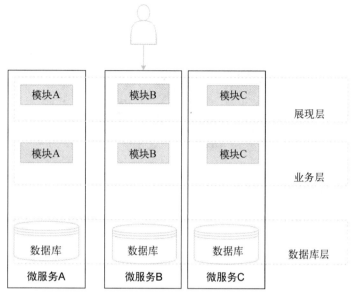

图　1-7

如图 1-7 所示，微服务架构中的边界被反转了。每个垂直的条状结构代表了一个微服务。每个微服务都有自己的展现层、业务层和数据库层。微服务是和业务功能相对应或一致的，这样一个微服务的变更不会影响其他微服务。

微服务间不存在标准的通信或传输机制。通常微服务之间的通信使用广泛采用的轻量级协议，比如 HTTP 和 REST，或基于消息机制的协议，比如 JMS 或 AMQP。在某些情况下，人们可能会选用优化的通信协议，比如 Thrift、ZeroMQ、Protocol Buffers 或 Avro。

由于微服务与业务功能更为一致，并且其生命周期可独立管控，因此是企业开启 DevOps 和云计算之旅的理想选择。实际上，DevOps 和云计算是微服务的两个重要方面。

 DevOps 是一种重组 IT 资源的方式，可以缩小传统 IT 开发和高效运维之间的鸿沟。

## 1.3　微服务蜂巢

可以用蜂巢来比喻演进式微服务架构（见图 1-8）。

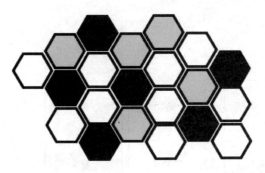

图    1-8

在现实世界中，蜜蜂将这些六边形的蜡质巢室排列起来构造出蜂巢。蜜蜂使用不同的材料构造这些蜡质巢室。刚开始的时候蜂巢很小，整个蜂巢的构筑是由建造时可用的材料决定的。重复性的巢室形成了一种模式和强有力的织物结构。蜂巢中的每个巢室都是独立的，同时也和其他巢室集成在一起。通过增加新的巢室，蜂巢可以有序地"长"成一个巨大、结实的结构。封口后巢室内部的物质对外不可见。一个巢室的损坏并不会影响其他巢室，并且蜜蜂可以重建损坏的巢室而不会影响整个蜂巢。

## 1.4    微服务架构的设计原则

下面深入探讨微服务架构设计的一些原则。这些原则是设计和开发微服务系统时必须遵循的。其中最重要的两个原则是单一责任原则和自治原则。

### 1.4.1    每个服务承担单一责任

单一责任原则是 SOLID 设计模式中定义的一项重要原则。该原则要求每个单元应且只应承担一项责任。

单一责任原则要求一个单元，比如一个类、一个函数或者一项服务，只承担一项责任。在任何情况下，两个单元不能承担相同的责任，一个单元也不能承担多项责任。一个单元承担多项责任意味着紧耦合。

如图 1-9 所示，在一个电商应用中，客户、产品和订单是不同的功能模块。与将这些功能模块都构建到一个应用中相比，更好的做法是构建 3 个服务，每个服务仅负责实现一个业务功能。这样其中一个责任或功能模块的变化不会影响其他责任或功能模块。在该场景中，客户、产品和订单相当于 3 个相互独立的微服务。

图 1-9

## 1.4.2 微服务是自治的

微服务是自包含且可独立部署的自治服务，负责业务功能及其执行。微服务会捆绑所有依赖，包括第三方库依赖、执行环境依赖（比如 Web 服务器和容器）和抽象了物理资源的虚拟机依赖。

微服务和 SOA 的一个主要区别是服务的自治程度。虽然大多数 SOA 实现提供了服务级别的抽象，但微服务进一步抽象了实现和运行环境。

在传统的应用部署中，首先会构建一个 war 包或者 ear 包，然后将其部署到 JEE 应用服务上，比如 JBoss、Weblogic、WebSphere 等。当然，也可以将多个应用部署到同一个 JEE 容器中。而微服务的部署方式是将每个微服务构建为一个包含所有依赖的胖 jar 文件，然后在一个独立的 Java 进程中运行。

如图 1-10 所示，微服务也可以在自己的容器中运行。容器是跨平台且可独立管理的轻量级运行环境。容器技术（比如 Docker）是部署微服务的理想选择。

图 1-10

## 1.5 微服务的特性

前面给出的微服务定义比较简单。布道师和实践者对微服务的看法不尽相同。目前还没有一个具体的且广泛接受的微服务定义,然而所有成功实现的微服务具有一系列共同特性。因此,比固守微服务的理论定义更为重要的是理解微服务的这些共同特性,下面详述。

### 1.5.1 服务是一等公民

在微服务领域,服务是一等公民。微服务抽象了所有实现细节,对外通过 API 暴露服务端点。微服务内部的实现逻辑、技术架构(比如编程语言、数据库、QoS 机制等)完全隐藏在服务 API 之后。

而且,在微服务架构中不再开发应用了,软件开发团队将聚焦于开发服务。大多数企业需要在应用构建方式和企业文化上做出重大转变。

在客户信息微服务中,内部细节(比如数据结构、技术实现和业务逻辑等)都是隐藏的。这些细节对任何外部实体都是不可见或不暴露的。对该服务的访问会通过服务端点或 API 来进行限制。例如客户信息微服务可能会暴露客户注册和获取客户信息这两个 API 供外界访问和交互。

**微服务架构中服务的特性**

由于微服务或多或少像 SOA,因此 SOA 中的许多服务特性对微服务同样适用。

下列服务特性对微服务同样适用。

- **服务合约**:与 SOA 类似,微服务也是通过明确定义的服务合约来描述的。在微服务领域,JSON 和 REST 广泛用于服务之间的通信。就 JSON/REST 而言,有很多技术可用于定义服务合约,比如 JSON Schema、WADL、Swagger 和 RAML 等。
- **松耦合**:微服务是各自独立且松耦合的。在大多数情况下,微服务可以接收一个事件作为输入,然后触发另外一个事件作为响应。通常用消息机制、HTTP 和 REST 实现微服务之间的交互。基于消息机制的服务端点可以实现更高层次的解耦。
- **服务抽象**:在微服务架构中,服务抽象不仅要抽象服务的具体实现,更要彻底抽象之前讲过的所有库和环境的细节。
- **服务复用**:微服务是粗粒度、可复用的服务,可以被移动设备、桌面应用、其他微服务甚至其他系统访问。
- **无状态化**:设计良好的微服务应当是无状态或不共享状态的。这些服务不需要维护共享的状态或会话状态。在确实需要维护状态时,这些状态通常在数据库或内存中进行维护。
- **服务可发现性**:微服务是可发现的。在典型的微服务环境中,服务会自我广播以便于外界发现。当服务终结后,它们会从微服务体系中自动消失。

❑ **服务互操作性**：由于微服务使用标准的协议和消息交换格式，因此它们之间是可互操作的。微服务通常使用消息和 HTTP 等传输机制。在微服务领域，REST/JSON 是开发可互操作服务的最流行的方式。如果需要进一步优化通信方式，会用到其他协议，比如 Protocol Buffers、Thrift、Avro 或 Zero MQ 等。使用这些协议可能会限制服务之间的整体互操作性。

❑ **服务可组合性**：微服务是可组合的，可以通过服务编排或服务编制来实现。

### 1.5.2 微服务是轻量级的

设计良好的微服务对应单一的业务功能，只实现一个功能，所以大多数微服务实现的一个共同特性是服务运行所需的资源较少。

选择微服务的支撑技术（比如 Web 容器）时，必须确保这些技术本身也是轻量级的，以确保微服务整体的资源开销是可控的。例如相对于更为复杂的传统应用服务器，比如 Weblogic 或 WebSphere，选择 Jetty 或 Tomcat 作为微服务的应用容器更好。

与 hypervisor 技术（比如 VMware 或 Hyper-V）相比，容器技术（比如 Docker）也有助于将基础设施的资源开销控制到最小。

如图 1-11 所示，微服务通常是部署到 Docker 容器中的，容器可以封装业务逻辑和运行时需要的库。这样做有助于快速将整套配置复制到新的机器上，或者完全不同的宿主环境中，甚至可以在不同的云供应商之间切换。由于不依赖物理的基础设施，容器化的微服务更容易实现跨平台。

传统开发

微服务开发

图　1-11

### 1.5.3 微服务的混合架构

微服务是自治的，它将所有细节都抽象出来并隐藏到服务 API 之后，便于为不同的微服务设计不同的技术架构。微服务的实现过程包含如下共性。

- 不同的服务可采用同一项技术的不同版本。一个微服务可能是在 Java 1.7 上开发的,而另一个微服务可能是在 Java 1.8 上开发的。
- 不同的服务可采用不同的语言开发,比如一个微服务用 Java 开发,另一个微服务用 Scala 开发。
- 可采用不同的存储架构,比如一个微服务用 Redis 缓存来存取数据,而另一个微服务可能使用 MySQL 作为持久化数据存储。

图 1-12 展示了混合语言的开发场景。

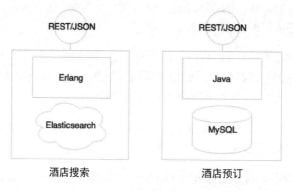

图　1-12

在本例中,由于预估酒店搜索服务的事务很多,对性能的要求也很高,因此使用 Erlang 语言来实现。为了支持预见性搜索,可以使用 Elasticsearch 作为数据存储。由于酒店预订需要更多 ACID 事务属性,因此用 MySQL 和 Java 来实现。内部的实现细节都隐藏在 REST/JSON 和 HTTP 定义的服务端点之后了。

## 1.5.4 微服务环境中的自动化

从开发环境到生产环境,大多数微服务实现是最大程度自动化的。

由于微服务将单体应用打散成了一系列小型服务,大企业中可能会出现微服务激增的现象。若非实现了自动化,大量的微服务将难以管理。微服务较小的资源开销也有利于将微服务从开发到部署的整个生命周期自动化。总体而言,微服务实现了端到端的自动化,比如自动化构建、自动化测试、自动化部署和弹性伸缩(见图 1-13)。

图　1-13

1

如图 1-13 所示，自动化通常应用于开发、测试、发布和部署的各个阶段。

下面解释图 1-13 中的各个方块。

❑ 开发阶段将使用版本控制工具（比如 Git）和**持续集成**工具（比如 Jenkins、Travis CI 等）实现自动化。自动化工具也可能包括代码质量检查工具和自动化单元测试工具。微服务也能实现每次代码签入后自动触发全量构建。

❑ 测试阶段将使用自动化测试工具（比如 Selenium 和 Cucumber）和其他 **A/B 测试策略**来实现自动化。由于微服务对应业务功能，相较于单体应用，需要自动化的测试用例数量会少很多，因此方便了每次构建之后做回归测试。

❑ 基础设施配备将通过容器技术（比如 Docker）、发布管理工具（比如 Chef 或 Puppet）以及配置管理工具（比如 Ansible）来实现。自动化部署可以使用 Spring Cloud、Kubernetes 或 Marathon 等工具来实现。

### 1.5.5　微服务的生态支持系统

大多数大规模微服务实现有相应的生态支持系统，包括 DevOps 流程、集中化日志管理、服务注册、API 网关、大量监控、服务路由和流量控制机制。

如图 1-14 所示，有了这些支撑能力，微服务才能正常工作。

图　1-14

### 1.5.6　微服务是动态分布式的

成功的微服务实现在服务中封装了逻辑和数据。这导致了以下两种不寻常的状况。

❑ 分布式的数据和逻辑
❑ 去中心化的服务治理

与传统应用将逻辑和数据聚合到一个应用边界中不同，微服务的数据和逻辑是去中心化的。每个服务对应一个特定的业务功能，因此其自身拥有数据和逻辑（见图 1-15）。

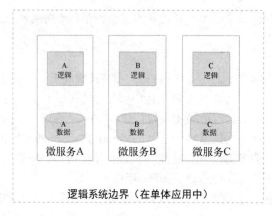

图　1-15

图 1-15 中的虚线表示一个单体应用的逻辑边界。当把整个单体应用迁移到微服务架构后，每个微服务（例如 A、B、C）会创建自己的物理边界。

通常微服务架构中集中式服务治理机制的运行方式和 SOA 架构中的不同。微服务实现的一个共同特征是不依赖重量级企业级产品，比如企业服务总线（ESB），而将业务逻辑和智能作为服务的一部分嵌在服务的实现中。

图 1-16 展示了一个使用 ESB 实现的零售系统的案例。

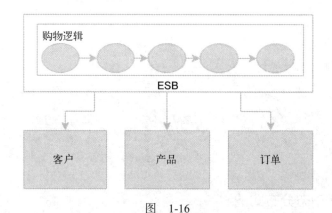

图　1-16

图 1-16 展示了一个典型 SOA 架构的实现方式。通过编排客户模块、订单模块和产品模块暴露出来的不同服务，完全用 ESB 实现购物逻辑。而在微服务的实现方式中，购物功能本身会以单独的微服务形式运行，该服务以一种解耦的方式与客户服务、产品服务和订单服务进行交互。

SOA 架构的实现严重依赖静态服务注册和服务仓库的配置来管理服务和其他组件。微服务架构的服务注册和服务仓库配置则更为动态化。因此这种静态的服务治理方式在维护最新的服务信息时会产生额外的开销。这就是大多数微服务实现采用自动化的机制,利用系统的运行时拓扑来动态构建服务注册信息的原因。

### 1.5.7 抗脆弱、快速失败和自我愈合

**抗脆弱**是由 Netflix 试验成功的一项技术,是当今软件开发领域构建安全失败(fail-safe)系统最强有力的方式之一。

 抗脆弱的概念是由 Nassim Nicholas Taleb 在 *Antifragile: Things That Gain from Disorder* 一书中提出的。

在抗脆弱实践中,软件系统会不断面对各种挑战。软件系统通过应对这些挑战而演进,变得越来越经得起各种挑战,例如亚马逊的游戏日和 Netflix 的 Simian Army。

**快速失败**(fast fail)是用于构建容错、弹性系统的另一个概念。该理念提倡系统应接纳失败,而不是构建从不出错的系统。关键是一旦出错,系统如何能从故障中迅速恢复。这种系统设计方式的重心从**平均故障间隔时间**(MTBF)转向了**平均恢复时间**(MTTR)。其关键优势是如果某个功能出错,它会结束自身而不影响下游功能。

自我愈合通常用于微服务的部署中,系统会自动从故障中学习并调整自身。这种自我愈合的系统也能避免之后出现错误。

## 1.6 微服务的实例

实现微服务并没有普遍适用的方法。下面分析不同的微服务实例以厘清微服务的概念。

### 1.6.1 一个酒店门户网站的例子

首先以一个假日门户网站 Fly By Points 为例。Fly By Points 用户通过该网站预订酒店、航班或租车会获得相应积分。用户登录该网站后可以看到自己的积分、积分可以兑换的专属优惠以及近期行程等,如图 1-17 所示。

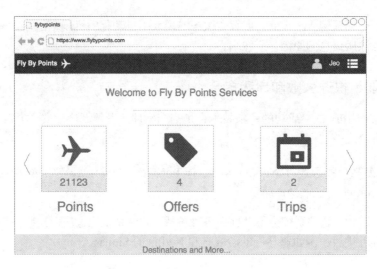

图    1-17

假设图 1-17 所示的页面是登录后的首页。Jeo 近期有两趟行程，有 4 项专属优惠和 21 123 积分。当用户点击其中任意一个方块，系统就会查询并显示详细信息。

该假日门户网站使用的是基于 Java 和 Spring 的传统单体应用架构，如图 1-18 所示。

图    1-18

如图 1-18 所示，该假日门户网站的架构是基于 Web 和模块的，不同层级之间分工明确、彼此隔离。该网站遵循惯例，把单独的 war 文件部署到了 Web 服务器（比如 Tomcat）之上。数据存储在一个复杂的后端关系型数据库中。这对于不太复杂的系统架构来说是可行的，但是当业务发展、用户基数膨胀时，系统会变得复杂。

这也导致了系统事务成比例地增长。对此，企业应当设法将单体应用重构为微服务架构，以获得更高的交付速度、敏捷度和可控度，如图 1-19 所示。

图　1-19

这是一个应用的简化微服务版本，该架构有如下特点。

❑ 每个子系统本身即一个独立的系统——微服务。这里有 3 个微服务，代表了 3 项业务功能——**行程**、**优惠**和**积分**。每个微服务有自己的内部数据存储和中间件，并且内部结构保持不变。

❑ 每个微服务封装了各自的数据库和 HTTP 监听器。跟之前的单体架构模型不同，这里没有 Web 服务器和 war 包，每个服务都拥有嵌入式的 HTTP 监听器，比如 Jetty 和 Tomcat 等。

❑ 每个微服务暴露了一套 REST 服务来操作属于该服务的资源/实体。

假设展现层是用客户端 JavaScript MVC 框架（比如 Angular）来开发的。这些客户端框架能直接发起 REST 调用。

加载页面，**行程**、**优惠**和**积分**这 3 个方块都会显示积分、优惠数目和行程数目等详细信息。这可以通过每个方块单独以 REST 方式向对应后端微服务发起异步调用来实现。在服务层，服务之间不存在相互依赖。当用户点击任意一个方块时，界面会切换并加载该项目的细节。这是通过向对应的微服务发起另一个调用来实现的。

### 1.6.2　一个旅行社门户网站的例子

另一个例子是一个简单的旅行社门户应用，涉及同步 REST 调用和异步事件。

在这种情况下，门户网站仅仅是一个容器应用，里面有许多菜单项和链接。当请求特定页面时，比如当点击菜单项或链接时，会从特定微服务加载相应页面。

由多个后端微服务支撑起来的旅行社门户网站的架构如图 1-20 所示。

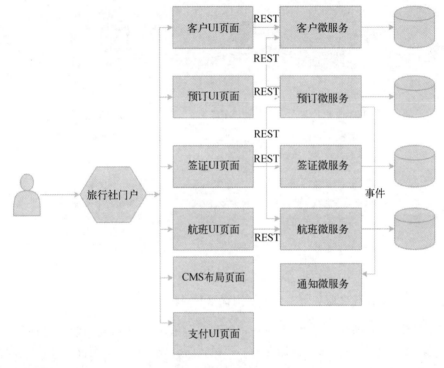

图　1-20

当客户请求预订时，系统内部会触发以下事件。

- 旅行社打开航班 UI 页面，为客户搜索合适的航班。在后台，航班 UI 页面会从航班微服务加载信息。航班 UI 页面只与航班微服务内部的后端 API 交互。在这种情况下，航班 UI 页面会向航班微服务发起 REST 调用来加载并显示航班信息。
- 然后旅行社访问客户 UI 页面来查询客户信息。与航班 UI 页面相似，客户 UI 页面会从客户微服务加载。客户 UI 页面中的控制器会向客户微服务发起 REST 调用，客户信息便会通过调用客户微服务上对应的 API 加载出来。
- 之后，旅行社检查客户签证信息，以判断客户能否到目标国家旅行。这里也采用了之前两点提到的模式。

- 然后旅行社通过预订 UI 页面为客户预订服务，预订 UI 是从预订微服务加载而来的，这里也采用了相同的模式。
- 支付 UI 页面会从支付微服务加载。通常支付服务会有一些额外的约束，包括支付卡行业数据安全标准（PCIDSS）合规性，比如加密和保护传输中和存储后的数据。微服务架构方法的优势是 PCIDSS 不管控支付以外的微服务。而在单体应用架构中，PCISDSS 管控整个应用。支付服务也采用了相同的模式。
- 预订提交后，预订微服务会调用航班服务来验证和更新航班预订信息。这种服务编排是作为预订服务的一部分而定义的。预订决策的逻辑也是在预订服务内部实现的。作为预订流程的一部分，预订微服务也会验证、获取和更新客户信息。
- 最后，预订微服务会发出一个预订事件，通知微服务接收该事件并通知客户。

有趣的是，这里可以更改一个微服务的 UI、逻辑和数据，而不会影响其他微服务。

这种架构方法简洁、优雅。许多门户应用，尤其是面向不同用户群体的门户网站，可以用不同的微服务组装成不同的界面而构建出来。整体的行为和导航方式是由门户应用控制的。

除非这些门户页面在设计之初就考虑到了这种架构方法，否则这种架构方法也会面临不少挑战。请注意，站点布局和静态内容是作为布局模板从**内容管理系统**（CMS）加载的，也可能存储在 Web 服务器中。站点布局可能包含 UI 的片段，这些片段会在运行时从微服务加载。

## 1.7  微服务架构的优势

相对于传统的多层单体架构，微服务架构有许多优势，下面介绍一些关键优势。

### 1.7.1  支持混合架构

在微服务架构中，开发者和架构师可以自由选择最适合既定场景的技术和架构。这让他们可以灵活地设计合适且经济的解决方案。

由于微服务是自治且独立的，因此每个服务都可以在自己的架构或技术，甚至是同一技术的不同版本之上运行。

图 1-21 展示了一个简单实用的微服务混合架构的例子。

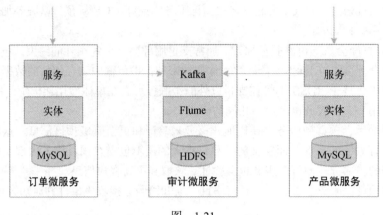

图　1-21

其中有个需求是审计所有系统事务和记录事务的细节，比如请求数据和响应数据、触发事务的用户和调用的服务等。

如图 1-21 所示，核心服务（例如订单服务和产品服务）使用了关系型数据库，而审计服务将数据持久化到了 Hadoop 文件系统（HDFS）中。关系型数据库对于存储大数据量（比如审计数据）来说既不理想，性价比也不高。在单体架构方法中，应用通常使用单一的共享数据库来存储订单、产品和审计数据。

在本例中，审计服务是一个技术型微服务，使用了不同的技术架构。类似地，不同的功能服务也可以使用不同的技术架构来实现。

在其他例子中，可能会有一个预订微服务在 Java 7 上运行，而搜索微服务在 Java 8 上运行。同样，一个订单服务可能是用 Erlang 编写的，而配送服务可能是用 Go 语言编写的。这些在单体架构中是无法实现的。

## 1.7.2　为试验和创新赋能

现代企业在快速取胜中谋发展。微服务是企业进行颠覆性创新的关键赋能者之一，企业可以利用微服务进行试错和快速失败。

由于微服务小而简单，因此企业可以尝试新的流程、算法和业务逻辑等。对于大规模单体应用而言，试错却不那么简单、直接或性价比高。企业必须花费大量资金才能通过构建或更改应用来尝试新事物。但是利用微服务架构，企业可以通过编写小型微服务来实现目标功能，并响应式地将该其插入系统中。然后企业就可以花时间试验新功能了。此外，如果这个新的微服务并没有像预期那样工作，可以更改或者用其他微服务替换它。与单体架构方法相比，更改微服务的成本更低。

在另一个航班预订网站例子中，航空公司想在预订页面显示个性化的酒店推荐信息。这些推荐信息必须在预订成功的页面上显示。

如图 1-22 所示，编写一个可以插入该单体应用预订流程中的微服务很简单，而要将该需求并入这个单体应用中却不容易。这家航空公司可能会选择从简单的推荐服务开始，不断用新版本替换它，直到该服务达到了公司期望的推荐准确度。

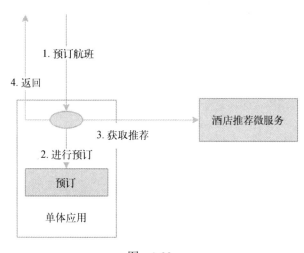

图　1-22

## 1.7.3　弹性伸缩和选择性扩容

由于微服务实现了单元更小的功能，因此可以实现选择性扩容和其他一些**服务质量**（QoS）管理。

即使在一个应用中，扩展需求可能也会随着功能模块的不同而不同。单体应用通常打包为单个的 war 包或 ear 包。因此，应用只能作为一个整体来进行扩展，而无法单独对一个模块或者在一个子系统级别上进行扩展。当大量数据高速涌入时，一个 I/O 密集型功能模块可以轻松降低整个应用的服务级别。

在微服务架构中，每个服务可以独立地扩展。由于扩展性可以有选择性地应用于每个服务，因此微服务架构方法的扩展成本相对较低。

在实践中，一个应用有多种扩展方式，具体选择很大程度上会受到系统架构和应用行为的约束。**扩展立方体**定义了扩展应用的 3 种主要方式。

❏ $X$ 轴扩展，通过水平克隆应用来实现。
❏ $Y$ 轴扩展，通过拆分不同的业务功能来实现。

❑ Z轴扩展，通过对数据进行分区或分片来实现。

当Y轴扩展应用于单体应用时，它会把该单体应用打散成许多小的功能单元，而这些功能单元和业务功能是一一对应的。许多软件开发团队选用了该技术而远离了单体应用。这些拆分出来的功能单元和微服务的诸多特性大体一致。

比如在一个典型的航空公司网站上，统计数据显示航班搜索量和航班预订量的比例可能高达500∶1。这意味着每个预订事务对应了500个搜索事务。在该场景中，搜索服务需要的扩展能力是预订服务的500倍。图1-23给出了一个很好的选择性扩容示例。

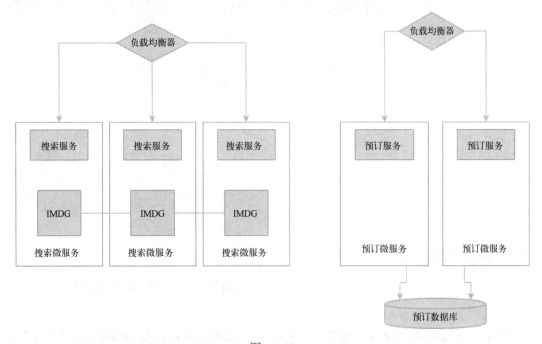

图    1-23

解决方案就是区别对待搜索请求和预订请求。对于单体架构而言，唯一可行的是用扩展立方体中的Z轴扩展方式来实现。然而，这种扩展方式成本很高，因为需要复制整个代码库。

在图1-23中，搜索功能和预订功能设计成了不同的微服务，使得它们彼此独立，可以进行不同的扩展。图中搜索服务有三个实例，而预订服务只有两个实例。选择性扩容其实并不局限于扩展实例的数量（如图1-23所示），也能以不同的方式设计微服务架构。就搜索服务而言，可以用**一种内存数据网格**（IMDG）技术（比如Hazelcast）作为数据库，这样能更好地提升搜索服务的性能和扩展能力。当一个新的搜索服务实例化后，IMDG集群中就会加入一个新的IMDG节点。而预订服务不需要同等的扩展能力。预订服务的两个实例连接到数据库的同一个实例。

### 1.7.4 服务可替换

微服务是自包含且可独立部署的模块，这使得可以将一个微服务替换为另一个相似的微服务。

许多大型企业在实现软件系统时会选择购买或构建（自开发）。通常情况是企业内部构建大部分业务功能，而向外部专业组织购买特定的补充功能。这会给传统的单体应用带来极大的挑战，因为这些单体应用内部的组件之间是高度耦合的。尝试将第三方解决方案插入单体应用中需要非常复杂的集成工作。对于微服务架构来说，这种做法并不是事后的补救办法。就架构而言，一个微服务易于被另一个自开发的或者从第三方微服务扩展而来的微服务替换，如图 1-24 所示。

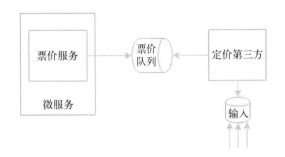

图　1-24

航空业务中的价格引擎模块非常复杂。不同行程的机票价格是通过定价逻辑，一套非常复杂的数学公式计算出来的。航空公司可能会选择从市场上购买现成的价格引擎，而不是自己开发一个产品。在单体架构中，**定价**功能是**票价**和**预订**的函数。在大多数情况下，定价、票价和预订功能是硬编码的，所以几乎无法分离。

在一个设计良好的微服务系统中，预订、票价和定价功能是独立的微服务。替换定价微服务对其他服务的影响极其微小，因为这些微服务之间都是独立和松耦合的。可能今天用了一个第三方服务，而明天用另一个第三方服务或者自己开发的服务轻松地将其替换掉。

### 1.7.5 为构建有机系统赋能

微服务有助于构建本质上有机的系统。在将单体系统逐渐迁移到微服务系统的过程中，这一点极为重要。

有机系统指在一段时间内通过加入越来越多的功能实现横向扩展的系统。实际上，应用在其整个生命周期中会逐渐变得庞大，而且在大多数情况下，其可维护性会急剧下降。

微服务是可独立管理或维护的服务，这使得我们可以按需加入更多服务，而把对现有服务的影响降到最小。构建这样的系统不需要巨大的资金投入，因此企业可以用部分运营费用来不断构建新服务。

有个航空公司的客户忠诚度系统是多年前构建的，该系统是面向个体乘客的。在航空公司开始向企业客户提供忠诚度福利之前，该系统一直运行良好。企业客户指的是归到企业名下的个人客户。由于当前系统的核心数据模型是扁平化、面向个人客户的，实现企业客户的需求就需要对核心数据模型做出重大改变，因而需要大量返工来实现该需求。

如图 1-25 所示，在基于微服务的架构中，客户信息由客户微服务管理，忠诚度信息由忠诚度微服务管理。

图　1-25

在这种情况下，加入一个新的企业客户微服务来管理企业客户信息是很容易的。当一家企业注册时，个人会员跟之前一样由客户微服务来管理。企业客户微服务会对客户微服务提供的数据进行聚合而提供企业概况。该微服务也能提供服务来支持企业的特定业务规则。用这种方法添加新服务可最大程度降低对现有服务的影响。

## 1.7.6　有助于管理技术债

由于微服务都比较小，服务之间的依赖也很小，因而可以用最低的成本来迁移目前还在采用过时技术的服务。

技术变迁是软件开发中的一个障碍。在许多传统单体应用中，由于技术更新迅速，今天的所谓"下一代应用"甚至在投入生产之前就沦为遗留系统了。架构师和开发者往往通过加入各种抽象层来克制技术变迁。然而这种方式并不能解决问题，甚至还会导致系统过度设计。由于技术的更新换代通常是有风险且成本高昂的，而对于业务来说又没有直接的产出或回报，因此企业可能不会投入资金来减少这些应用的技术债。

在微服务中，每个服务都可以单独更改或更新，而无须更新整个应用。

比如将一个用 EJB 1.1 和 Hibernate 编写的有 500 万行代码的应用升级到 Spring、JPA 和 REST 服务几乎相当于重写整个应用。但是在微服务领域，这种升级可以用递增的方式实现。

如图 1-26 所示，虽然旧版本的服务在旧版本的技术上运行，但新服务的开发可以采用最新技术。与优化现有单体应用相比，将尚在使用过时技术的微服务迁移到新技术的成本会大大降低。

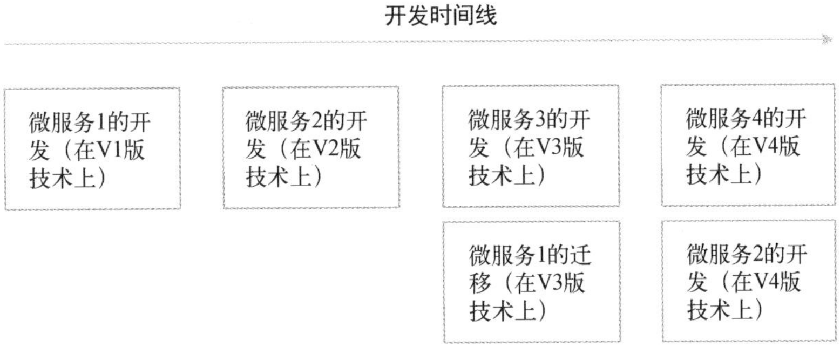

开发时间线

| 微服务1的开发（在V1版技术上） | 微服务2的开发（在V2版技术上） | 微服务3的开发（在V3版技术上） | 微服务4的开发（在V4版技术上） |

| | | 微服务1的迁移（在V3版技术上） | 微服务2的开发（在V4版技术上） |

图　1-26

## 1.7.7　允许不同版本并存

由于微服务把服务运行时环境和服务本身一并打包了，使得多个版本的服务可以在同一个环境中并存。

同一个服务的多个版本同时运行并不鲜见，例如零宕机升级，它要求服务必须优雅地从一个版本切换到另一个版本，并且会存在两个版本的服务必须同时启动运行的时间窗口。对单体应用而言，这个过程很复杂，因为在集群中某个节点上升级新服务会比较麻烦，会导致类加载等问题。金丝雀发布是将一个新版本仅发布给少数用户去验证新服务，这是服务的多个版本必须并存的又一个例子。

这两种场景用微服务架构都易于实现。由于每个微服务都有独立的运行环境，包括服务监听器，例如嵌入式 Tomcat 或 Jetty，所以微服务的多个版本可以同时发布并且可以优雅地过渡到新版本，而不会出现很多问题。消费者在查找服务时，会查找该服务的特定版本。例如在一次金丝雀发布中，有一个新的用户界面发布给了用户 A。当用户 A 发送请求至微服务时，他会查找该微服务的金丝雀发布版本，但是其他用户仍继续查找最新生产版本。

但是在数据库层面必须格外小心，为了避免出现破坏性的变更，应确保数据库设计始终是向后兼容的。

如图 1-27 所示，客户服务的 V01 和 V02 两个版本并存，因为它们有各自的部署环境，所以这两个版本不会互相干扰。

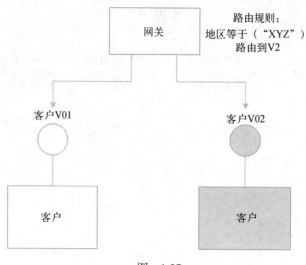

图    1-27

如图 1-27 所示，可以在网关上设置路由规则将流量分流至特定服务实例。另外，作为请求本身的一部分，客户端也可以请求特定版本的服务。在图 1-27 中，网关会基于发起请求的不同地域来选择服务的不同版本。

## 1.7.8    支持构建自组织系统

微服务支持构建自组织系统。支持自动化部署的自组织系统是弹性系统，并且能够自我愈合和自我学习。

在一个架构设计良好的微服务系统中，服务之间是不会互相感知的。服务会从选定的队列中接收消息并处理。处理结束后，该服务可能会发出另一条消息来调用其他服务。这使得我们可以将任意服务加入这个生态系统中，而无须分析这对整个系统的影响。基于输入和输出，服务会将自身融合到生态系统中，而无须额外的代码变更或服务编排。整个过程不需要中央大脑来控制和协调。

假设有一个现成的通知服务会监听 INPUT 队列，然后发送通知消息到简单邮件传输协议（SMTP）服务器，如图 1-28 所示。

图    1-28

如果日后需要引入个性化引擎，在把消息发送给客户之前将消息个性化，比如将消息语言翻译为客户的母语。

更新后服务之间的连接关系如图 1-29 所示。

图　1-29

可以使用微服务架构创建新的个性化服务来实现该功能。其中的输入队列会在一个外部配置服务器中配置为 INPUT。该个性化服务会从 INPUT 队列（之前是通知服务使用的）取消息，然后在完成相应处理后向 OUTPUT 队列发送消息。随后通知服务的输入队列会将消息发送到 OUTPUT 队列，之后系统会自动采用这种新的消息流机制。

## 1.7.9　支持事件驱动架构

微服务架构支持开发透明的软件系统。传统系统之间通过本地协议通信，因而系统行为类似于黑盒应用。除非业务事件和系统事件是显式发布出来的，否则难以理解和分析。如今的应用都需要使用数据进行行业业务分析、理解系统的动态行为，或者分析市场趋势，而且这些应用也需要对实时事件做出响应。事件机制对于数据提取是很有用的。

一个架构设计良好的微服务系统始终需要处理输入和输出事件。任何服务都可以使用这些事件。事件提取出来后就可以用于许多场景了。

例如企业想实时查看根据产品类型分类的订单量。在一个单体架构系统中，需要考虑如何提取这些事件，而这很可能会导致系统变更。

图 1-30 展示了在不影响现有服务的前提下加入新的事件聚合服务。

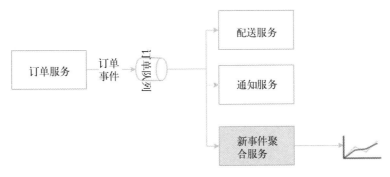

图　1-30

在微服务领域，每次创建订单都会发布**订单事件**。这仅相当于增加新服务而已。新服务可以订阅相同的主题，提取事件，进行相应的聚合，最后发布另一个事件让仪表盘组件来处理。

### 1.7.10  为 DevOps 赋能

微服务架构是 DevOps 的关键赋能者之一。在许多企业中，DevOps 已被广泛采用，旨在提高项目的交付速度和敏捷度。采用 DevOps，需要在文化上、流程上和架构上做出改变。DevOps 提倡敏捷开发、快速发布、自动化测试、自动化基础设施配备和自动化部署。对于传统单体应用而言，将这些过程自动化很难实现。虽然微服务不是最终的答案，但在许多 DevOps 项目实现中微服务占据了举足轻重的位置。许多 DevOps 工具和技术也正是通过微服务架构来演进的。

考虑到一个单体应用通常需要数小时完成一次全量构建，然后需要 20 到 30 分钟启动应用，显然，这种应用对于实现 DevOps 自动化来说并不理想，每次提交之后的自动化持续集成也比较困难。由于大型单体应用对自动化并不友好，持续测试和发布也就很难实现。

而微服务的资源开销较小，对自动化更友好，因此能更好地支持 DevOps 的这些需求。

微服务也可为规模小而专注于特定方向的敏捷开发团队赋能。这些团队可以基于不同的微服务边界组织起来。

## 1.8  小结

本章通过一些实例介绍了微服务的基本原理。

本章介绍了从传统单体应用到微服务架构的演进过程、现代应用架构的一些原则和思维方式上的转变，还总结了大多数成功的微服务项目实现的共同特征，最后讨论了微服务架构的优势。

下一章会分析微服务架构和其他架构风格之间的联系，还会介绍微服务的常见用例。

# 第 2 章

## 相关架构风格和用例

微服务技术当前正是火热。与此同时，还有关于其他架构风格的讨论，比如无服务器架构。哪种架构风格更好呢？它们之间存在竞争关系吗？什么场景适合用微服务架构？使用微服务架构的最佳方式是什么？许多开发人员有类似的疑问。

本章会分析其他架构风格，并探究微服务和其他热词之间的相似性和关联性。这些热词包括**面向服务架构（SOA）、十二要素应用、无服务器计算、Lambda 架构、DevOps、云计算、容器和响应式微服务**。十二要素应用定义了面向云计算应用开发的一系列软件工程原则。本章还会分析微服务的典型用例，并介绍用于快速开发微服务架构的一些流行框架。

本章主要内容如下。

❑ 微服务架构与 SOA 和十二要素应用的关系。
❑ 微服务架构与无服务器计算和 Lambda 架构风格（通常用于大数据、认知计算和物联网环境中）之间的关联。
❑ 微服务的支撑性架构元素，例如云计算、容器和 DevOps。
❑ 响应式微服务。
❑ 微服务架构的典型用例。
❑ 一些流行的微服务框架。

## 2.1 SOA

SOA 和微服务架构的概念相似。第 1 章介绍了微服务是从 SOA 演化而来的，并且这两种架构方法有许多共同的特性。

但两者是相同还是不同的呢？

由于微服务是从 SOA 演化而来的，因此它的许多特性和 SOA 类似。首先给出 SOA 的定义。

Open Group 对 SOA 的定义如下。

SOA 是一种支持面向服务的架构风格。面向服务是一种基于服务、服务开发和服务产出来思考问题的方式。

服务有如下特点：

❑ 是一种可重复且有特定产出（比如检查客户信用、提供天气数据或合并钻井报告）的业务活动的逻辑展现；
❑ 自包含；
❑ 可能由其他服务组成；
❑ 对服务消费者而言是一个黑盒。

微服务定义中也有几个方面与之类似。那么，微服务和 SOA 究竟哪里不同呢？视情况而定。

前面那个问题的答案可以是肯定的，也可以是否定的，这取决于组织本身及其采用 SOA 的具体情况。SOA 这个术语涵义较广，而且不同的组织为了解决各自的组织架构问题，实现 SOA 的方式也不尽相同。微服务和 SOA 之间的区别在于组织实现 SOA 的方式不同。

下面通过一些实际场景来说明。

## 2.1.1　面向服务的集成

面向服务的集成指的是许多组织使用的基于服务的集成方式（见图 2-1）。

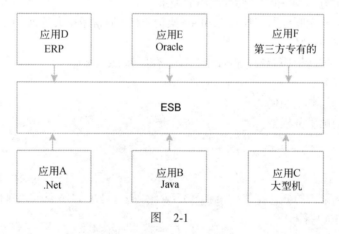

图　2-1

许多组织主要用 SOA 来解决集成复杂度问题，即所谓的"意大利面条式集成"。这种集成方式通常叫作**面向服务的集成**（SOI）。在这种情况下，各个应用通过公共的集成层进行通信，使用的是标准的协议和消息格式，比如基于 SOAP/XML 通过 HTTP 或 Java 消息服务（JMS）传输的 Web 服务。这类组织关注**企业集成模式**（EIP）并用它来对自己的集成需求建模。这种集成方式极其依赖重量级的 ESB 产品，例如 TIBCO BusinessWorks、WebSphere ESB、Oracle ESB 等。大多数 ESB 厂商会打包一整套相关产品作为一个 SOA 套件，比如规则引擎、业务流程管理引擎等。所以这些组织的集成方案深深扎根于这些 SOA 产品中。它们要么在 ESB 层编写重量级的服务编排逻辑，要么在服务总线上编写业务逻辑。无论哪种情况，所有企业服务都会部署到 ESB 上，并且通过 ESB 来访问。这些服务可通过一个企业治理模式来管理。对于这类组织而言，微服务和 SOA 是截然不同的。

## 2.1.2 遗留系统现代化

也可以用 SOA 在遗留应用上构建服务层（见图 2-2）。

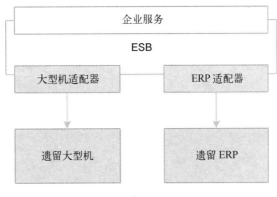

图 2-2

有些组织可能会在 IT 转型项目或遗留系统现代化项目中使用 SOA。在这种情况下，他们会将服务构建并部署到 ESB 上，并利用 ESB 适配器与后端系统连接。对于这些组织而言，微服务和 SOA 是不同的。

## 2.1.3 面向服务的应用

有些组织可能会在应用层面采用 SOA（见图 2-3）。

图 2-3

通过这种方式,应用中会嵌入 Apache Camel 或 Spring Integration 等轻量级集成框架来实现与服务相关的横切功能,比如协议适配、并发执行、服务编排和服务集成。由于某些轻量级集成框架支持本地 Java 对象,这些应用甚至可以通过本地 POJO 服务实现集成和服务之间的数据交换。因此,所有服务必须打包为单体 war 包。对于这些组织,可以把微服务看作 SOA 的逻辑延展。

### 2.1.4    用 SOA 迁移单体应用

图 2-4 展示了把一个单体应用拆分为 3 个微应用的情形。

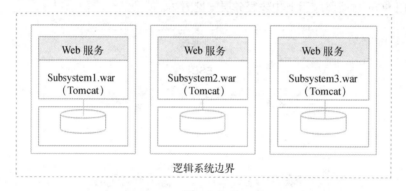

图    2-4

最后一种情况是在单体系统达到极限后,将其转变为更小的单元。可以把应用打散为更小的、物理上可部署的子系统,然后以 war 包的形式将它们部署到 Web 服务器或者以 jar 包的形式部署到一些自开发的容器中。这一点跟之前讲过的 Y 轴扩展方式很相似。这些作为服务的子系统可以使用 Web 服务或者其他轻量级协议在服务之间交换数据。也可以用 SOA 和服务设计原则来达到该目的。对于这些组织而言,微服务相当于旧瓶装新酒。

## 2.2    十二要素应用

云计算是当前发展最快的技术之一。它有诸多长处,比如成本优势、开发速度、敏捷性、灵活性和弹性。目前很多云计算供应商提供了不同的云计算服务,还优化了计费模式,这样对企业来说更有吸引力。不同的云计算供应商,比如 AWS、微软、Rackspace、IBM 和谷歌等,其工具、技术和云计算服务也不同。企业也意识到了云计算供应商之间不断升级的竞争,因此他们可以自由选择以避免受限于个别供应商的风险。

许多组织直接将其应用迁移到云上。在这种情况下,他们的应用可能无法实现云平台承诺的效果。有些应用需要大改,有些应用可能只需要微调。总体而言,这取决于应用的架构和开发方式。

例如应用若将生产数据库服务器 URL 地址硬编码到其 war 包中，在向云上迁移时就需要修改。在云上，基础设施对应用而言是透明的，尤其不能假设物理 IP 地址是固定不变的。

如何确保一个应用甚至是微服务可以跨多个云供应商而无缝运行，并且充分利用弹性伸缩等云服务优势呢？

在开发"云原生"应用时遵循特定原则非常重要。

"云原生"是一个术语，指开发在云环境中高效运作的应用。这些应用能够充分理解和利用云计算特性，例如弹性计算、按用量收费和失效感知等。

Heroku 提出的十二要素应用是一种方法论，用于描述当代云就绪应用应当具备的几大特性。该十二要素对微服务同样适用，因此需要掌握。

## 2.2.1 单一代码库

代码库原则建议每个应用应当只有一个代码库。同一个代码库可以有多个部署实例，比如开发实例、测试实例和生产实例。通常用 Git、SVN 等版本控制系统来管理代码（见图 2-5）。

图 2-5

同样的原则延伸到微服务就是：每个微服务应当有自己的代码库，并且不与其他微服务共享。这意味着一个微服务有且仅有一个代码库。

## 2.2.2 依赖捆绑

根据该原则，所有应用都应将其应用包及外部依赖捆绑在一起。利用 Maven 或 Gradle 等构建工具，可以在项目对象模型（POM）或 gradle 文件中显式管理第三方依赖，然后用集中式构建件仓库（比如 Nexus 或 Archive）将这些依赖关联起来（见图 2-6）。这样可以确保正确管理版本信息。最终的可执行文件将打包成一个包含所有依赖关系的 war 文件或者可执行的 jar 文件。

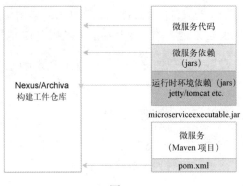

图　2-6

在微服务的上下文中，这是必须遵循的根本原则之一。每一个微服务都应将所有需要的依赖和运行时库打包到最终的可执行包中，比如 HTTP 监听器等。

## 2.2.3   配置外部化

配置外部化原则倡导将所有配置参数从代码中剥离。应用的配置参数随环境的不同而不同，比如客服电子邮件地址或外部系统的 URL 地址、用户名、密码、队列名称等。这些参数对于开发环境、测试环境和生产环境而言都是不同的。所有服务配置信息都必须外部化（见图 2-7）。

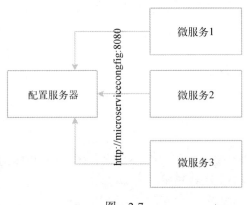

图　2-7

该原则也适用于微服务。微服务的配置参数应当从外部数据源加载。这样做也有助于自动化部署和发布流程，因为这些环境之间的唯一区别就在于配置参数。

## 2.2.4   支撑服务可寻址

所有支撑服务都应当通过可寻址的 URL 地址来访问。所有服务都需要在各自运行的生命周期中与某些外部资源通信。比如它们可能在监听或发送消息到一个消息系统、发送电子邮件，或者将数据持久化到数据库。这些外部服务都应当可以通过 URL 地址访问，而无须复杂的通信（见图 2-8）。

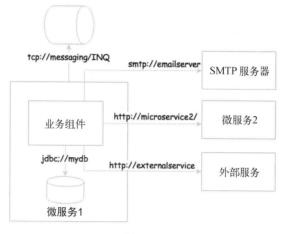

图　2-8

在微服务领域，微服务可以通过与消息系统的通信来发送或者接收消息，也可以通过另外一个服务 API 来接收或者发送消息。通常这些通信要么基于 REST 和 JSON 的 HTTP 端口，要么基于 TCP 或 HTTP 的消息端口。

## 2.2.5　构建、发布和运行时的隔离

该原则倡导在构建阶段、发布阶段和运行阶段之间实行强隔离。构建期是指通过包含所有需要的资源来编译和生成二进制代码。发布期是指将二进制代码和环境特定的配置参数整合在一起。运行期是指在特定的运行环境中运行应用程序。该构建管道是单向的，所以无法将系统变更从运行期传送回构建期。本质上，这也意味着不应为生产环境做特定构建，所有构建都应通过构建管道构建出来。

在微服务中，每次构建都会生成可执行的 jar 文件，里面包含服务的运行时环境，比如 HTTP 监听器。在发布阶段，这些可执行文件会结合发布的相关配置信息，例如生产环境的 URL 地址等，来创建一个发布版本。这个发布版本很可能是 Docker 之类的容器。在运行阶段，这些容器会通过容器调度部署到生产环境中（见图 2-9）。

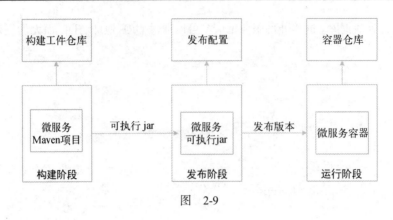

图    2-9

## 2.2.6    无状态、不共享进程

该原则倡导进程应当是无状态和不共享的。如果应用是无状态的，那么它可以容错，而且便于水平扩展。

所有微服务都应当设计为无状态的功能模块。如果确实需要存储应用的状态，应当用一个后台数据库或应用内缓存来存储。

## 2.2.7    通过端口绑定暴露服务

十二要素应用应当是自包含且独立的。传统上，应用通常部署到 Apache Tomcat 等 Web 服务器或者 JBoss 等应用服务器上。理想情况下，十二要素应用不依赖外部 Web 服务器。服务或者应用本身会嵌入一个 HTTP 监听器，例如 Tomcat 或 Jetty 等。

端口绑定是微服务实现自治和自包含的基本要求之一。作为服务自身的一部分，微服务会嵌入服务监听器。

## 2.2.8    以水平扩展实现高并发

以水平扩展实现高并发的原则强调应当把进程设计为可通过进程复制的方式水平扩展。这是对进程内使用线程提高并发能力的进一步要求。

在微服务领域，服务通常设计为可水平扩展，而非垂直扩展。$X$ 轴扩展技术主要是通过启动另一个相同的服务实例来扩展服务。服务可基于流量进行弹性伸缩。此外，微服务可能会利用并行处理和高并发框架来进一步提高事务处理的速度或规模。

### 2.2.9 以最小的开销实现可处置性

以最小的开销实现可处置性的原则提倡所构建应用的启动时间和关闭时间应最短,并且要支持优雅关闭。在一个自动化部署的环境中,启动或关闭应用实例应尽可能快。如果应用的启动或关闭耗费了大量时间,会对自动化产生不利影响。启动时间通常跟应用的大小成正比。在一个以自动扩容为目标的云环境中,应当可以快速启动新的应用实例。在升级新版本的服务时,这一点也是适用的。

在微服务的上下文中,保持应用体积尽可能小、启动和关闭时间尽可能短,对于实现完全自动化是极其重要的。微服务也可以考虑延迟加载对象和数据。

### 2.2.10 开发环境和生产环境的对等性

开发环境和生产环境的对等性原则指应尽量保持开发环境和生产环境一致。例如一个应用有多个服务或进程,比如一个任务调度服务、一个缓存服务、一个或多个应用服务。在开发环境中,往往在一台机器上运行所有服务或进程,然而在生产环境中,会在各自独立的机器上运行不同的服务或进程。开发环境和生产环境的这种不对等意在控制基础设施的成本。这样做的缺点是,如果生产环境损坏了,就没有同样的环境来重现和修复问题了。

该原则不仅对微服务有效,对其他任何应用开发同样有效。

### 2.2.11 日志信息外部化

十二要素应用不应尝试存储或传输日志文件。在云端,要尽量避免使用本地 I/O 或本地文件系统。在特定的基础设施中,如果 I/O 不是很快的话,容易形成瓶颈。这可以使用集中式日志框架来解决。日志传输和分析工具包括 Splunk、greylog、Logstash、Logplex 和 Loggly 等。建议利用 logback 框架的输出目的地(appender)将日志信息写到日志传输工具的某个端口上,这样日志信息就会传输到集中式日志仓库中了。

在微服务生态系统中,这一点非常重要,因为当一个系统拆分为一系列更小的服务时,就自然而然形成了分布式日志。如果这些服务都将日志存放在本地存储介质中,那么很难将不同服务之间的日志关联起来。

在开发环境中,微服务可能会将日志流导入标准输出(stdout)中,然而在生产环境中,日志传输工具会捕获这些日志流并发送给集中式日志服务,以便保存和进一步分析(见图 2-10)。

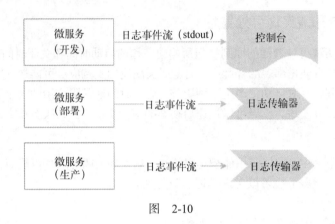

图    2-10

## 2.2.12    打包后台管理进程

除了要处理前台应用的请求外，大多数应用也会提供工具以管理后台。该原则倡导将后台管理进程和前台长时间运行的事务处理进程锁定到同一个发布和同一个环境中。后台管理的代码也应和前台应用的代码打包在一起。

该原则不仅适用于微服务，对任何应用开发同样适用。

## 2.3    无服务器计算

目前，**无服务器计算架构**或**函数即服务**（FaaS）已经流行起来了。在无服务器计算中，开发人员无须关注应用服务器、虚拟机、容器、基础设施、扩展性和其他服务质量相关问题，而只需要编写函数，然后将这些函数放到正在运行的云计算基础设施中即可。由于消除了微服务运行所需的基础设施配备和管理，无服务器计算加速了软件交付。有时将无服务器计算称作 NoOps。

FaaS 平台支持多语言的运行时环境，例如 Java、Python 和 Go 等。现在有许多无服务器计算平台和框架可供选择，并且该领域还在不断发展。其中比较流行的、针对无服务计算而设计的托管基础设施有 AWS Lambda、IBM OpenWhisk、Azure Functions、Google Cloud Functions。红帽子函数（Red Hat Function）是一个基于 Kubernetes 的无服务器计算平台，它可以部署到任何云环境中，甚至可以部署到本地。IronFunctions 是无服务器计算平台的新成员，它是无关云的。还有其他一些无服务器计算平台，比如用于 Web 相关函数计算的 Webtask。BringWork 是一个针对 JavaScript 应用而设计的无服务器计算平台，它实现了最低程度的供应商锁定。

还有其他许多框架力图简化 AWS Lambda 的开发和部署，它们也支持多种开发语言，例如 Apex、Serverless、Lambda Framework for Java、Chalice for Python、Claudia for Node JS、Sparta for Go 和 Gordon。

无服务器计算和微服务是紧密关联的，换言之，无服务器计算基于微服务，两者之间存在许多共性。与微服务类似，无服务器计算中的函数通常一次只执行一项任务，函数之间本质上也是相互隔离的，通过指定 API 通信。这些 API 基于事件或 HTTP 接口。类似于微服务，函数的资源开销也较小。确切地说，函数遵循了基于微服务的架构原则。

图 2-11 展示了一个基于 AWS Lambda 的无服务器计算场景。

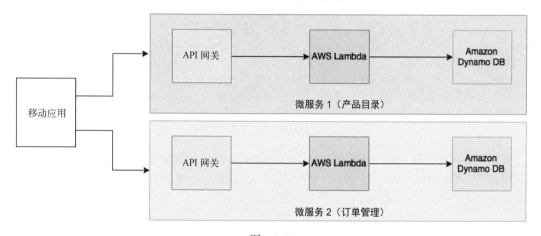

图    2-11

在该场景中，每一个微服务会实现为单独的 AWS Lambda 函数，并通过一个 API 网关独立地和客户端建立连接并进行 HTTP 通信。在这种情况下，每个微服务都将自己的数据保存到一个 Amazon DynamoDB 数据库中。

与虚拟机或 EC2 实例所采用的预付费模式不同，通常 FaaS 计费模式是量入为出的，而且当镜像不再使用时，开发人员无须担心镜像钝化。当系统中只有少量事务在处理时，FaaS 仅收取那部分算力的费用，而当系统负荷上升时，FaaS 会动态分配更多计算资源。对许多企业来说，无服务器计算这种计费模式相当有吸引力。

大数据、认知计算、物联网和机器人等新兴微服务用例都是无服务器计算的理想应用场景，稍后详述。

与供应商强锁定是无服务器计算的弊端，这一点需要注意。该领域正在逐渐走向成熟，将来该领域可能会出现更多工具，用于缩小不同供应商之间的差距，微服务开发者在无服务器计算平台上开发时也可以直接从服务市场的大量服务中选用合适的进行开发。对开发者而言，选择无服务器计算和微服务架构绝对大有前途。

## 2.4 Lambda 架构

在大数据、认知计算、机器人和物联网的上下文中，出现了一些新兴的微服务用例。

图 2-12 展现了一个简化的 **Lambda 架构**，它通常用于大数据、认知计算和物联网的上下文中。从图中可以看出，微服务在这个架构中起着关键作用。批处理层处理数据，而且通常把数据保存到一个 Hadoop 分布式文件系统（HDFS）中。微服务正是在批处理层之上编写的，用于处理数据并构建服务层。由于微服务是相互独立的，因此易于把新需求的实现作为微服务加入系统中。

图    2-12

加速层微服务主要是用于流式处理的响应式微服务。这些微服务接收流式数据，应用一定的处理逻辑，然后发出另外一系列事件作为响应。类似地，微服务也用于在服务层之上暴露数据服务。

Lambda 架构的一些变体如下。

- **认知计算**场景，例如集成优化服务、预报服务、智能价格计算服务、预测服务、报价服务和推荐服务等，都是微服务的理想应用场景。这些都是彼此独立的无状态计算单元，它们接收特定数据，应用一定的算法，然后返回计算结果。这些是认知计算微服务，在加速层或者批处理层之上运行。Algorithmia 等平台就是基于微服务的架构。
- **大数据**处理服务是另一个流行的用例，它在大数据平台上运行并提供应答集。这些服务会连接到大数据平台的读相关数据源，处理那些数据记录并提供必要的应答。这些服务通常在批处理层之上运行。MapR 等平台也采用了微服务架构。
- **机器人**本质上是会话式的，也使用了微服务架构。每个服务都是独立的，并且只执行一个功能。可以将其看作服务层之上的 API 服务，或者是加速层之上的流式处理服务。Azure 机器人服务等机器人平台也充分利用了微服务架构。
- **物联网**场景，例如机器或传感器数据流处理，利用了微服务架构来处理数据。这类服务在加速层之上运行。工业互联网平台（比如 Predix）也是基于微服务原理的。

## 2.5  DevOps、云计算和容器

云计算（确切地说是容器）、微服务和 DevOps 都指向共同的目标：交付速度、业务价值和成本效益。这三者可以独立演进，也可以相互补充以实现共同目标。企业在开始实现其中之一时，自然而然会考虑其他两个，因为三者是紧密相连的（见图 2-13）。

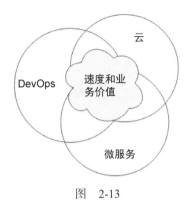

图 2-13

在实现快速发布周期的实践中，许多企业起步于 DevOps，但最终走向了微服务架构和云计算之路。但是，对于实现 DevOps 而言，微服务和云计算不是必需的。然而，实现大型单体应用的发布周期自动化却不太合理，而且在很多情况下，几乎是不可能实现的。在这类场景中，微服务架构和云计算有助于 DevOps 的实现。

另外，云计算并不需要微服务架构来实现自身效益，但云计算和 DevOps 对于有效实现微服务是必要的。

总而言之，如果企业想实现高质量、低成本的快速交付，那么将这三者结合起来效果更佳。

## 2.5.1 DevOps 是实现微服务架构的实践和流程

微服务有助于实现快速交付，然而它无法单独实现预期效益。一个交付周期为 6 个月的基于微服务的项目并不能在交付速度和业务敏捷度方面达到既定目标。微服务需要一套支撑它的交付实践和流程来高效地达到既定目标。

作为支持微服务项目交付的流程和实践，DevOps 是理想的候选方法。DevOps 的流程和实践与微服务架构的原则相得益彰。

## 2.5.2 以云计算和容器作为微服务的自助式基础设施

云计算的主要驱动力是提高敏捷度和降低成本。通过减少配置基础设施的时间可以提高项目的交付速度。合理利用基础设施可以有效降低成本，因此，云计算直接有助于提高交付速度和控制成本。

如果没有带集群管理软件的云基础设施，那么部署微服务时将很难控制基础设施的成本。因此，具有自助能力的云计算平台对于微服务充分实现潜在效益而言是不可或缺的。在微服务的上下文中，云计算平台不仅抽象了物理基础设施，还提供了动态配置和自动部署的 API，称为**基础设施即代码**或软件定义的基础设施。

在处理 DevOps 和微服务问题时，容器助益更多。容器提供了更好的管控性和经济有效的方式来处理大规模的部署，并且容器服务和容器编排工具有助于更好地管理基础设施。

## 2.6    响应式微服务

响应式编程范式是一种构建可扩展、可容错应用的有效方式。响应式宣言定义了响应式编程的基本原则。

开发人员可以将响应式编程的原则和微服务架构结合起来，构建出低延迟、高吞吐且可扩展的应用。

微服务通常围绕业务能力来设计。理想情况下，设计良好的微服务，服务之间的依赖度最低。然而实际上，如果想让微服务拥有像单体应用那样的业务能力，大量微服务就必须协同工作。根据业务能力来拆分服务并不能解决所有问题。服务之间的隔离和通信同样重要。虽然微服务通常是围绕业务能力来设计的，但服务之间通过同步调用来互相连接会形成服务间的强依赖。如此一来，企业可能无法获得微服务的所有效益。分布式系统之间存在强依赖会产生额外的开销并且不易管理。如果升级其中一个微服务，可能会严重影响其他依赖的服务。因此，采用响应式架构风格对于成功实现微服务而言极其重要。

下面深入探究响应式微服务。响应式编程有 4 大核心特征：**抗压性**、**响应式**、**基于消息**和**弹性的**。抗压性和响应式与隔离性关联紧密。隔离性是响应式编程和微服务的共同基础。每个微服务都是自治的，是一个大型系统的组成部分。通常这些微服务根据业务功能划分服务边界，从而跟系统中的其他功能部件隔离开来。这样一个服务的故障可以跟其他服务很好地隔离开来。如果某个服务出现故障，不会对下游服务造成任何影响。此时，会由一个备选服务或者由同一个服务的副本来临时接管该服务的职责。通过引入隔离性，每个组件都可以独立地扩展、管理和监控。

即便有了隔离性，如果服务之间的通信或依赖是通过同步的阻塞式 RPC 调用来实现的，那么故障就无法完全隔离。因此，可以通过异步的非阻塞式调用，将服务之间的通信设计为响应式的（见图 2-14）。

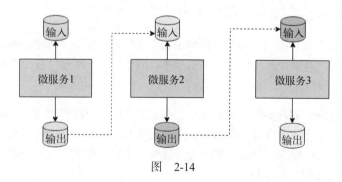

图    2-14

　　如图 2-14 所示，在一个响应式系统中，每个微服务都会监听一个事件。服务会在接收一个输入事件后立即做出反应——处理该事件并发出一个响应事件。微服务本身并不知道在这个生态系统中运行的其他服务。在本例中，微服务 1 对微服务 2 和微服务 3 的存在毫不知情。如图中所示，通过将一个服务的输出队列连接到另一个服务的输入队列就可以实现服务编排。

　　根据事件发送的速度，服务可以启动自身实例的副本实现自动扩容。比如在一个响应式订单管理系统中，订单一生成，系统就会发出一个**订单事件**。可能有许多微服务都在监听该**订单事件**。一旦接收这一事件，微服务就会执行各种操作。这种设计也允许开发人员在需要时不断加入更多响应式程序。

　　如图 2-14 所示，就响应式微服务而言，流程控制和服务编排是自动处理的，不存在集中式命令和控制，而消息和微服务自身的输入/输出协议会创建业务流程。通过重写输入队列和输出队列可以轻松更改消息流。

　　Mark Burgess 在 2004 年提出的**承诺理论**和该场景息息相关。承诺理论为系统或实体在分布式环境中以自愿协作的方式进行交互定义了一个自主协作模式。该理论宣称，基于承诺的代理可以重现遵循责任模式的传统命令和控制系统的行为。每个服务是独立的，并且能以完全自主的方式协作，在这一点上响应式微服务和承诺理论是一致的。**群集智能**是形式化架构方法中的一种，正在越来越多地应用于现代人工智能系统中以构建高度可扩展的智能程序。

　　高度可靠且可扩展的消息系统是响应式微服务生态系统中最为重要的组件。QBit、Spring Reactive、RxJava 和 RxJS 是用于构建响应式微服务的一些框架和库。Spring 5 框架本身就支持开发响应式 Web 应用。Spring Cloud Streams 是利用 Spring 框架构建真正的响应式微服务的不错选择。

## 一个基于响应式微服务的订单管理系统

　　下面研究另外一个微服务的例子：一个在线零售网站。这次将更多地关注后台服务，比如当客户通过网站下订单时产生的订单事件（见图 2-15）。

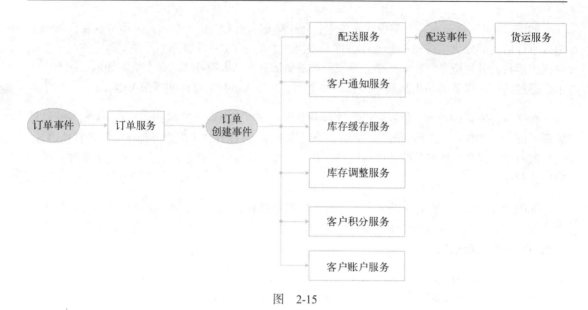

图    2-15

该微服务系统完全是基于响应式微服务实践来设计的。

当一个事件发布后，一系列微服务一接收该事件便准备就绪了。每个微服务都是独立的，不依赖其他微服务。这样做的好处是可以不断加入或替换微服务来实现特定需求。

图 2-15 显示了 8 个微服务。一个订单事件发布后会发生下面一系列动作。

- 订单服务在接收一个订单事件后开始工作——创建一个订单并将订单详情保存到自己的数据库中。
- 如果订单成功保存了，订单服务就创建并发布一个订单成功事件。
- 订单成功事件发布后，会发生一系列动作。
- 配送服务接收该事件后创建一个用于将订单配送给客户的配送记录，相应地会生成并发布一个配送事件。
- 货运服务接收配送事件并开始处理。例如货运服务会创建一个货运计划。
- 客户通知服务会发送一条通知给客户，告诉客户下单成功了。
- 库存缓存服务基于最新的商品可用量更新库存缓存。
- 库存调整服务检查库存上限是否足够，并在必要时生成补仓事件。
- 客户积分服务基于当前订单重新计算客户的忠诚度。
- 客户账户服务更新客户账户中的订单历史记录。

在该方法中，每个服务只负责单一功能。服务接收并生成事件。每个服务都是独立的，并且不知道其他微服务的存在。因此，这种微服务生态系统会如**蜂巢类比**中提到的那样有机地"生长"。可以按需加入新服务，而不会影响其他现有服务。

## 2.7　微服务用例

微服务不是灵丹妙药，不可能解决当前软件领域存在的所有架构问题。何时采用微服务架构也不存在硬性规定或刻板准则。

微服务架构并不适用于所用场景。微服务项目的成功很大程度上取决于场景的选择。首要任务是对照微服务的优势做一次用例检验。用例检验必须覆盖本章之前讲过的微服务的各项优势。针对特定的用例而言，如果不存在可量化的效益，或者成本远超效益，那么微服务架构可能并不是该用例的理想选择。

以下场景比较适合采用微服务架构。

- 出于扩展性、可管理性、敏捷性或交付速度等方面的改进需要而迁移单体应用。另一个相似的场景是重写一个使用率极高但已废弃的遗留应用。这两个场景可以获益于微服务。使用微服务架构，可以逐步把业务功能转变成微服务而重构该遗留应用的整个平台。这种做法有诸多好处：不需要巨大的前期投入，不会造成重大的业务中断，而且不存在严重的业务风险。由于服务之间的依赖关系是已知的，因此便于管控。
- 在很多情况下，构建的是无头式业务应用，或者本质上自治的业务服务，比如支付服务、登录服务、航班搜索服务、客户个人资料服务、通知服务等。这些服务通常会在多个渠道之间复用，因此构建微服务是理想选择。
- 有一些微应用或者宏应用只有一个目的且只承担一项责任，例如简单的考勤软件。它所做的就只是获取时间、时长和完成的任务。通用类企业应用也可以考虑采用微服务。
- 架构设计良好的响应式客户端 MVC Web 应用的后端服务（BaaS）。在这类场景中，数据往往来自逻辑上不同的数据源，这一点在第 1 章的 Fly By Points 案例中描述过了。
- 高度敏捷的应用、交付周期或上市时间极为紧迫的应用、试点创新的应用、选择以 DevOps 方式交付的应用、创新体系类应用等，也都可以考虑采用微服务架构。
- 期望通过微服务获益的应用，比如需要多种开发语言的、需要实现命令查询责任分离（CQRS）模式的应用等，也可以考虑采用微服务架构。
- 独立的技术性服务和工具类服务，比如通信服务、加密服务、认证服务等，也可以考虑采用微服务架构。

以上是微服务架构的潜在用例。当然，也有一些场景应尽量避免使用微服务架构，如下所示。

- 如果企业策略要求使用集中式管理的重量级组件（例如 ESB）来运行业务逻辑，或者企业有其他策略有悖于微服务的根本原则，那么除非企业相关策略放宽了，否则微服务就不是理想的解决方案。
- 如果企业文化和流程等是基于传统的瀑布式交付模式的，比如冗长的发布周期、矩阵式团队、手动部署和烦琐的发布流程、缺乏基础设施配备等，那么微服务可能并不合适。这一点是以**康威定律**为基础的。康威定律表明了组织架构与其创造的软件之间是强关联的。

## 2.8    微服务先行者的共同点

许多企业已经成功地开始了它们的微服务之旅。下面研究一些微服务领域的先行者，分析相关原因、举措和方式。以下是根据网上信息整理出来的采用微服务架构的组织名单。

- Netflix。Netflix是一家以服务为导向的国际流媒体公司，它是微服务领域的先驱。Netflix 将开发传统单体应用的大量开发人员转变为了开发微服务的小团队。这些微服务协同工作，将数字媒体流式传输给 Netflix 的上亿客户。Netflix 的工程师从单体架构着手，历经种种艰辛，将应用拆分为小的单元。这些单元之间是松耦合的，并且和业务能力一一对应。

- Uber。Uber是一家国际交通运输网络公司。它在 2008 年起步时采用单体应用架构，而且只有单一代码库，所有服务都嵌在单体应用中。当 Uber 的业务从一个城市扩张到多个城市时，挑战就出现了。然后 Uber 将系统拆分成更小的独立单元，迁移到了基于 SOA 的架构。每个模块分配给了不同的团队，并且允许各团队自由选择开发语言、技术框架和数据库。Uber 的许多微服务都通过 RPC 和 REST 协议部署在生态系统中。

- Airbnb。Airbnb是一家提供可信住宿服务的领军企业，它也起步于一个单体应用，并完成了业务要求的所有功能。随着业务量上升，很多扩展性问题开始涌现。单一的代码库变得过于复杂而难以管理，导致了关注分离程度极低，还出现了许多性能问题。Airbnb 将其单体应用拆分为更小的单元，每个单元都有单独的代码库，在单独的机器上运行，具有独立的部署周期。Airbnb 根据这些服务开发出了自己的微服务或者说 SOA 生态系统。

- Orbitz。Orbitz 是一家在线旅行门户网站，起步于 21 世纪初的一个单体应用架构，带有 Web 层、业务层和数据库层。随着 Orbitz 业务扩张，单体分层架构的可维护性和可扩展性问题显现。在经历了持续的架构改进后，Orbitz 将其单体应用拆分为许多小型应用。

- eBay。eBay 是全球最大的在线零售商之一，起步于 20 世纪 90年代末的一个单体 Perl 应用，以 FreeBSD 为数据库。eBay 在其业务增长期经历了许多扩展性问题，同时 eBay 也在持续改进架构。2005 年左右，eBay 基于 Java 和 Web 服务将系统分解为了许多小的子系统。它们利用了数据库分区和功能隔离来实现必要的扩展性。

- 亚马逊。亚马逊是全球最大的在线零售商之一，2001年其站点在一个用 C++编写的巨大的单体应用上运行。这个架构设计良好的单体应用基于分层架构，有许多模块化的组件。然而，这些组件都是紧耦合的，因此亚马逊无法通过将开发团队拆分为更小的开发小组来加速开发。亚马逊随后将代码分离成许多独立的功能服务，并用 Web 服务来封装，最后进化到了微服务架构。

- Gilt。Gilt 是一个在线购物网站，2007年起步于一个分层的单体 Rails 应用，后端是 Postgres 数据库。类似于其他许多应用，当流量增长时，该 Web 应用的弹性不足。Gilt 通过引入 Java 和混合存储彻底革新了架构。之后，Gilt 利用微服务演进出了许多小型应用。

- Twitter。Twitter 是全球最大的社交网站之一，2005 年左右起步于一个 3 层的 Rails 单体应用。后来，随着用户数量的增长，Twitter 重构了架构，从典型的 Web 应用演进为基于 API 事件驱动的内核。Twitter 使用 Scala 和 Java 开发出具备混合存储能力的微服务。
- 耐克。耐克是全球鞋服品牌的领头羊，它也是从单体应用演变为微服务架构的。类似于其他许多组织，耐克当初也运行着使用了多年且极不稳定的遗留应用。在其演进历程中，耐克首先转向了重量级的商业化产品，旨在稳定之前的遗留应用，但最终却生成了一个扩展成本极高、发布周期冗长的单体应用，而且需要大量人工来部署和管理该应用。后来，耐克转向了基于微服务的架构，大大地缩短了开发周期。

## 单体迁移是常见用例

上述企业有一个共同特征：都起步于单体应用，在从先前版本习得痛点之后才过渡到微服务架构。

现在许多初创公司仍从单体架构开始，因为单体应用易于起步和构想，然后随着需求出现，慢慢地转向微服务架构。单体架构向微服务架构迁移还有一个优势——一开始就有重构系统所需要的所有信息。

虽然对这些企业而言，这都是一个从单体架构转变的过程，但促使各企业转变的催化剂是不同的。常见的转型动机包括缺乏扩展性、开发周期冗长、追求过程自动化或可管理性，以及业务模式转型。

尽管从单体架构迁移比较简单，但从零开始构建微服务也值得考虑。不应只是从零开始构建系统，也要设法构建更小的服务，从而让企业快速赢得市场。比如在一个端到端的航空货运管理系统中加入一个货运服务，或者在一个零售商的客户忠诚度管理系统中加入一个客户积分服务，这些都可以实现为独立的微服务，并且可以和对应的单体应用互换消息。

此外，许多企业只在其关键业务和客户互动类应用上采用微服务，而任由其他遗留单体应用各自发展。

另一个重点是，大多数企业在各自的微服务实践中处于不同的成熟度。当 eBay 在 21 世纪初从单体应用转型时，他们根据功能把应用拆分为更小的、独立的、可部署的单元。这些逻辑上拆分的单元封装为了 Web 服务。虽然单一责任和自治是其基本拆分原则，但整个架构受到了当时可用技术和工具的限制。Netflix 和 Airbnb 等企业以不同方式解决了各自的问题。总而言之，这些并非真正意义上的微服务，而只是一些与其业务相一致的、具有相同特征的小型服务。

实际上，百分之百或者完全微服务的状态是不存在的。这是一个日复一日不断演进和成熟的过程。架构师和开发人员的准则就是可替代性原则——所搭建架构的组件易于替换且成本最低。最重要的一点是，企业不应仅仅为了跟风而试水微服务。

## 2.9　微服务框架

微服务架构现在已经成为主流了。开发微服务架构时，需要实现一些横切关注点，比如日志外部化、系统追踪、嵌入式 HTTP 监听器、健康检查等。因此需要大量人工来开发这些横切关注点。许多微服务框架就是为此而设计的。

除了无服务器计算中提到的那些框架外，还有许多微服务框架可选用。这些微服务框架的能力也不尽相同，因此选择合适的框架开发很重要。

Spring Boot、Dropwizard 和 Wildfly Swarm 是微服务开发中比较流行的企业级 HTTP/REST 实现方案，然而这些框架对大规模微服务架构开发的支持不理想。Spring Boot 和 Spring Cloud 全面支持微服务开发。Spring Framework 5 引入了响应式 Web 框架。Spring Boot 和 Spring Framework 5 响应式编程相结合是实现响应式微服务的理想选择。此外，Spring Streams 也可以用于微服务开发。

其他一些微服务框架如下。

❑ Lightbend 公司的 Lagom 是一个针对 Java 和 Scala 语言、功能完备、相对复杂但比较流行的微服务框架。

❑ WSO2 Microservices For Java——MSF4J 是一个轻量级的高性能微服务框架。

❑ Spark 是一个开发 REST 服务的微型框架。

❑ Seneca 是一个针对 Node.js 的微服务工具箱，它像 Spark 一样简单易用。

❑ Vert.x 是快速构建响应式微服务的跨语言微服务工具箱。

❑ Restlet 是一个可快速高效地开发基于 REST API 的框架。

❑ Payra-micro 可用于开发并独立运行 Web 应用（war 包文件）。Payra 是基于 Glass Fish 应用服务器的。

❑ Jooby 是一个用于开发 REST API 的微型 Web 框架。

❑ Go-fasthttp 是一个针对 Go 语言的高性能 HTTP 包，可用于构建 REST 服务。

❑ JavaLite 是一个开发带 HTTP 端口的应用的框架。

❑ Mantl 是一个来自 Cisco 公司的开源微服务框架，可用于开发和部署微服务。

❑ Fabric8 是一个基于 Kubernetes 的微服务集成开发平台，由 Red Hat 提供技术支持。

❑ Hook.io 是一个微服务开发平台。

❑ Vamp 是一个开源的自托管平台，用于管理基于容器技术的微服务。

❑ Go Kit 是一个使用 Go 语言开发微服务的标准库。

❑ Micro 是一个针对 Go 语言的微服务工具箱。

❑ Lumen 是一个轻量级的微型框架。

❑ Restx 是一个轻量级的 REST 开发框架。

❑ Gizmo 是一个针对 Go 语言的响应式微服务框架。

❑ Azure service fabric 是一个微服务开发平台。

　　微服务框架远不止于此，Kontena、Gilliam、Magnetic、Eventuate、LSQ 和 Stellient 等平台都支持微服务。

　　后面的章节会介绍如何使用 Spring 框架来构建微服务。

## 2.10　小结

　　本章介绍了微服务架构和其他一些流行的架构风格之间的关系。

　　本章首先介绍了微服务与 SOA 和十二要素应用的关系，然后分析了微服务架构和其他架构（比如无服务器计算架构和 Lambda 架构）之间的联系，还介绍了微服务与云计算以及 DevOps 结合使用的好处，随后分析了一些来自不同行业并成功采用微服务的企业的案例，最后罗列了一些比较成熟的微服务框架。

　　为了更好地说明本章所讲的内容，下一章会开发一些微服务实例。

第3章

# 用 Spring Boot 构建微服务

得益于强大的 Spring Boot 框架，开发微服务变得不那么枯燥乏味了。Spring Boot 框架使用 Java 语言开发生产就绪微服务。

本章着重代码示例，从微服务理论转向具体实践。首先介绍 Spring Boot 框架，然后讨论如何用 Spring Boot 构建与前一章讲过的原则和特征相一致的 RESTful 微服务，最后介绍 Spring Boot 为开发生产就绪的微服务提供的一些特性。

本章主要内容如下。

- ❑ 搭建最新的 Spring 开发环境。
- ❑ 利用 Spring Framework 5 和 Spring Boot 开发 RESTful 服务。
- ❑ 利用 Spring WebFlux 和 Spring Messaging 构建响应式微服务。
- ❑ 利用 Spring Security 和 OAuth2 保护微服务。
- ❑ 实现跨域微服务。
- ❑ 利用 Swagger 生成 Spring Boot 微服务 API 文档。
- ❑ 利用 Spring Boot Actuator 开发生产就绪的微服务。

## 3.1 搭建开发环境

为了阐明微服务的概念，下面构建几个微服务。假设以下软件已经安装就绪了。

- ❑ JDK 1.8
- ❑ Spring Tool Suite 3.8.2（STS）
- ❑ Maven 3.3.1

另外，可以使用其他 IDE 工具，比如 IntelliJ IDEA、NetBeans、Eclipse。当然，也可以用其他构建工具，比如 Gradle。假设运行 STS 和 Maven 项目所需的 Maven 仓库、类路径和其他路径相关的环境变量都已经设置好了。

本章基于 Spring 库的如下版本。

❑ Spring Framework 5.0.0.RC1
❑ Spring Boot 2.0.0.M1

 本章不会涵盖 Spring Boot 的所有功能，而旨在介绍构建微服务时所需的一些基本的和重要的功能。

## 3.2　用 Spring Boot 构建 RESTful 微服务

Spring Boot 是 Spring 团队开发的工具类框架，旨在便捷地启动基于 Spring 的应用和微服务。该框架使用一种“约定优于配置”的方法做技术决策，因此减少了编写大量样板代码和配置的工作量。基于 80-20 原则，开发人员可以通过许多预设的默认配置来快速启动各种 Spring 应用，而且 Spring Boot 也支持开发人员通过覆盖自动配置项来定制应用。

Spring Boot 不仅提升了开发速度，还提供了一套生产就绪的运维功能，比如健康检查和指标收集。由于 Spring Boot 屏蔽了许多配置参数，并且抽象了许多底层的具体实现，因此一定程度上降低了出错的概率。Spring Boot 基于类路径上的库来识别不同的应用类型，然后运行打包在那些库中的自动配置类。

许多开发人员经常误以为 Spring Boot 是一个代码生成器，其实不然。Spring Boot 只负责自动配置构建文件，比如 Maven 的 pom 文件。它也会基于某种预设值来设置应用属性，比如数据源属性。

pom.xml 文件中指定的第三方依赖如下。

```
<dependency>
  <groupId>org.springframework.boot</groupId>
  <artifactId>spring-boot-starter-data-jpa</artifactId>
</dependency>

<dependency>
  <groupId>org.hsqldb</groupId>
  <artifactId>hsqldb</artifactId>
  <scope>runtime</scope>
</dependency>
```

在这个例子中，Spring Boot 意识到该项目会使用 Spring Data JPA 和 HSQL 数据库，于是自动配置数据库 JDBC 驱动类和其他一些数据库连接参数。

Spring Boot 的一个重要成果是它几乎彻底消除了对传统 XML 配置的依赖。Spring Boot 也通过将所有需要的运行时依赖都打包到一个可执行 jar 包中来支持微服务开发。

## 3.3　Spring Boot 入门

基于 Spring Boot 的应用开发的入门方式如下。

❑ 使用 Spring Boot CLI。
❑ 使用 Spring Tool Suite（STS）等 IDE 工具。这些工具支持 Spring Boot 开箱即用。
❑ 使用 Spring Initializr 工具。
❑ 使用 SDKMAN!（软件开发工具包管理器）。

下面介绍如何使用前 3 种方式开发各种示例服务。

## 3.4 开发 Spring Boot 微服务

开发和演示 Spring Boot 功能的最简单方式是使用 Spring Boot CLI。

设置和运行 Spring Boot CLI 的步骤如下。

(1) 安装 Spring Boot 命令行工具需要下载 spring-boot-cli-2.0.0.BUILD-M1-bin.zip 文件，地址如下。

https://repo.spring.io/milestone/org/springframework/boot/spring-boo t-cli/2.0.0.M1/

(2) 将该 zip 文件解压到选定目录。打开一个终端（命令行）窗口，将终端提示符（当前路径）改成 zip 文件解压后的 bin 目录。

 务必将该/bin 目录加入系统路径（path 环境变量）中，这样 Spring Boot 就可以从任意位置（路径）运行了，否则就要使用./spring 命令从 bin 目录执行 Spring Boot。

(3) 用如下命令验证安装是否成功。如果安装成功，控制台就会输出 Spring CLI 的版本信息，如下所示。

```
$spring --version
Spring CLI v2.0.0.M1
```

(4) 然后用 groovy 开发一个简单的 REST 服务，Spring Boot 开箱即用地支持它。为此，请将下面的代码复制并粘贴到任意文本编辑器中，命名为 myfirstapp.groovy 文件并保存到任意目录。

```
@RestController
class HelloworldController {
  @RequestMapping("/")
  String sayHello(){
    return "Hello World!"
  }
}
```

(5) 运行该 groovy 应用需要把命令行的当前路径更改为 myfirstapp.groovy 文件保存的位置，然后执行如下命令。命令行会显示服务器启动日志的最后几行，如下所示。

```
$spring run myfirstapp.groovy
2016-12-16 13:04:33.208 INFO 29126 --- [ runner-0]
```

```
s.b.c.e.t.TomcatEmbeddedServletContainer : Tomcat started on
port(s):
8080 (http)
2016-12-16 13:04:33.214 INFO 29126 --- [ runner-0]
o.s.boot.SpringApplication : Started application in 4.03
seconds (JVM running for 104.276)
```

(6) 打开一个浏览器窗口,将 URL 地址指向http://localhost:8080,此时浏览器会显示如下信息。

```
Hello World!
```

这里没有创建任何 war 包文件,也未运行 Tomcat 服务器。Spring Boot 自动选择了 Tomcat 作为 Web 服务器,并将其嵌入了应用中。这是一个最基本、最简单的微服务。下一个例子会详细分析上面代码中使用的@RestController 标记。

## 3.5 开发第一个 Spring Boot 微服务

下面演示如何使用 STS 开发工具开发一个基于 Java 和 REST/JSON 的 Spring Boot 服务。

 这个例子的完整源代码可在本书代码文件的 chapter3.Bootrest 项目中找到,地址如下:https://github.com/rajeshrv/Spring5Microservice。

(1) 打开 STS 开发工具,在 Project Explorer 窗口中右击,选择 New Project,然后如图 3-1 所示,选择 Spring Starter Project。点击 Next。

图    3-1

(2) Spring Starter Project 是一个基本的模板向导，提供了一系列其他启动库的选项。

(3) 输入项目名称 chapter3.bootrest 或者其他任意选定的名称。重要的是选择打包方式为 Jar。传统 Web 应用会创建一个 war 包文件并部署到一个 servlet 容器中，而 Spring Boot 会将所有依赖，连同一个嵌入式 HTTP 监听器都打包到一个自包含且自治的 jar 包中。

(4) 选用 Java 1.8。对于 Spring 5 的应用，推荐使用 Java 1.8。修改其他 Maven 属性，例如 Group、Artifact 和 Package，如图 3-2 所示。

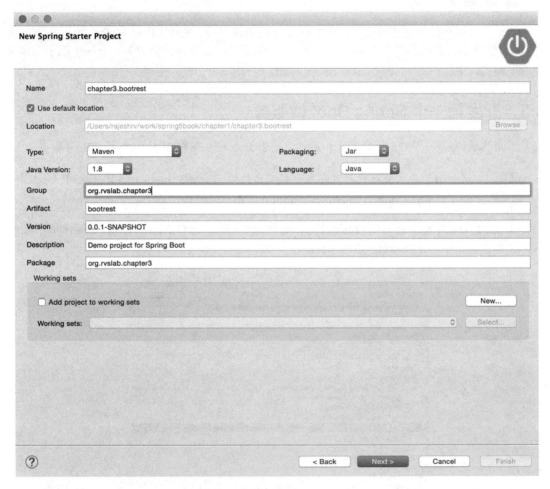

图　3-2

(5) 修改完后，点击 Next。

(6) 向导会显示库选项。由于要开发 REST 服务，因此选择 Web 下的 Web 选项。该步骤很有趣，它告诉 Spring Boot 我们正在开发一个基于 Spring MVC 的 Web 应用，所以 Spring Boot 会在项目中包含需要的类库，包括作为 HTTP 监听器的 Tomcat 和其他所需的配置（见图 3-3）。

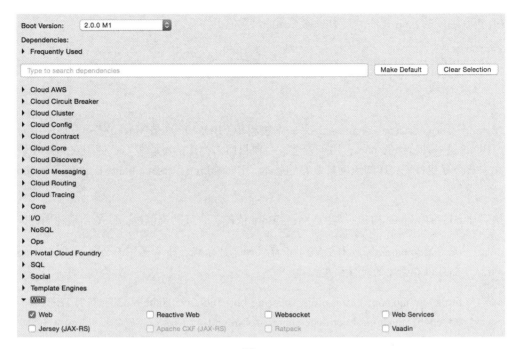

图　3-3

(7) 点击 Finish。

(8) 这样会在 STS Project Explorer 项目浏览器中生成一个名为 chapter3.bootrest 的项目（见图 3-4）。

图　3-4

(9) 查看生成的 pom 文件。其中的 parent 元素值得注意。

```
<parent>
  <groupId>org.springframework.boot</groupId>
  <artifactId>spring-boot-starter-parent</artifactId>
  <version>2.0.0.M1</version>
</parent>
```

Spring-boot-starter-parent 是一个**物料单**（BOM），这是 Maven 依赖管理使用的一种模式。BOM 是一种特殊的 pom，用于管理一个项目所需类库的不同版本。使用它的好处是开发人员无须费心寻找各种类库的正确且兼容的版本，比如 Spring、Jersey、Junit、Logback、Hibernate、Jackson，等等。

该启动 pom 有 Maven 构建所需的一系列 Boot 依赖、合理的资源过滤以及合理的插件配置。

关于启动 parent（版本 2.0.0）中提供的不同依赖，请参考下面的链接。这些依赖都可以在需要的时候被覆盖掉。

https://github.com/spring-projects/spring-boot/blob/a9503abb94b203a717527b81a94dc
9d3cb4b1afa/spring-boot-dependencies/pom.xml

启动 pom 本身不会在项目中加入 jar 包依赖，而只会加入类库的版本号。之后，当在 pom.xml 中加入依赖时，这些依赖会引用该 pom.xml 中指定的类库版本号。其中一些属性如下所示。

```
<activemq.version>5.14.5</activemq.version>
<commons-collections.version>3.2.2
</commons-collections.version>
<hibernate.version>5.2.10.Final</hibernate.version>
<jackson.version>2.9.0.pr3</jackson.version>
<mssql-jdbc.version>6.1.0.jre8</mssql-jdbc.version>
<spring.version>5.0.0.RC1</spring.version>
<spring-amqp.version>2.0.0.M4</spring-amqp.version>
<spring-security.version>5.0.0.M1</spring-security.version>
<thymeleaf.version>3.0.6.RELEASE</thymeleaf.version>
<tomcat.version>8.5.15</tomcat.version>
```

查看 pom.xml 文件中的依赖部分，会发现这个 pom 文件非常简洁，只包含两个依赖。

```
<dependencies>
  <dependency>
    <groupId>org.springframework.boot</groupId>
    <artifactId>spring-boot-starter-web</artifactId>
  </dependency>
  <dependency>
    <groupId>org.springframework.boot</groupId>
    <artifactId>spring-boot-starter-test</artifactId>
    <scope>test</scope>
  </dependency>
</dependencies>
```

由于之前选择的是 Web 类型应用，因此 `spring-boot-starter-web` 把 Spring MVC 项目所需的所有依赖都加了进去，包括作为嵌入式 HTTP 监听器的 Tomcat 依赖。这是一种一次性获取所有需要的依赖的有效方式。个别依赖可以用其他类库替换，比如用 Jetty 替换 Tomcat。

与 Web 项目类似，Spring Boot 也提供了一系列 `spring-boot-starter-*`类库，比如 amqp、aop、batch、data-jpa、thymeleaf，等等。

这个 pom.xml 文件中的 Java 8 属性如下所示。

```
<java.version>1.8</java.version>
```

默认情况下，父 pom 指定的是 Java 6，对于 Spring 5 的项目，建议用 Java 8 覆盖该属性。

(10) 下面查看 Application.java 文件。Spring Boot 默认会在 src/main/java 目录下生成一个 `org.rvslab.chapter3.Application.java` 类作为项目的引导类。

```
@SpringBootApplication
public class Application {
  public static void main(String[] args) {
    SpringApplication.run(Application.class, args);
  }
}
```

根据 Java 语言约定，应用中只有一个 `main` 方法，应用启动时会调用它。该 `main` 方法会调用 `SpringApplication` 类的 `run` 方法，以此引导 Spring Boot 应用。`Application.class` 类作为参数传入该 `run` 方法，以此告知 Spring Boot 此为应用的入口组件。

更为重要的是，`@SpringBootApplication` 这个顶层标记封装了其他 3 个标记，如下所示。

```
@Configuration
@EnableAutoConfiguration
@ComponentScan
public class Application {
```

`@Configuration` 标记表示被标记的类声明了一个或多个`@Bean` 定义。`@Configuration` 是用`@Component` 来标记的，因此它们都是组件扫描的候选类。

`@EnableAutoConfiguration` 告知 Spring Boot 根据类路径上的可用依赖自动配置 Spring 应用。

(11) application.properties-src/main/resources 目录下有一个默认的 application.properties 文件。该文件很重要，用于对 Spring Boot 应用配置任何需要的属性。目前该文件是空的，稍后的一些测试用例会重写该文件。

(12) src/test/java 目录下的 ApplicationTests.java 文件是一个占位文件，用于编写针对 Spring Boot 应用的测试用例。

(13) 然后添加一个 REST 端口。编辑 src/main/java 目录下的 Application.java 文件，在该文件

中添加一个 RESTful 服务的实现。该 RESTful 服务和前面一个项目的实现完全相同。在 Application.java 文件末尾加入以下代码。

```
@RestController
class GreetingController{
  @GetMapping("/")
  Greet greet(){
    return new Greet("Hello World!");
  }
}
class Greet{
  private String message;
  public Greet() {}
  public Greet(String message){
    this.message = message;
  }
  //add getter and setter
}
```

(14) 点击菜单项 Run As | Spring Boot App 来运行程序。Tomcat 会在 8080 端口启动（见图 3-5）。

rvslab:chapter3.bootrest rajeshrv$ java -jar target/bootrest-0.0.1-SNAPSHOT.jar

```
:: Spring Boot ::          (v2.0.0.M1)
```

2017-06-09 12:06:59.503  INFO 3909 --- [         main] org.rvslab.chapter3.Application          : Starting Application v0.0.1-S
NAPSHOT on rvslab.local with PID 3909 (/Users/rajeshrv/work/spring5bookprefinal/chapter3/chapter3.bootrest/target/bootrest-0.0.1-
SNAPSHOT.jar started by rajeshrv in /Users/rajeshrv/work/spring5bookprefinal/chapter3/chapter3.bootrest)

图　3-5

(15) 日志包含如下细节。

❑ Spring Boot 拥有自己的进程 ID（在本例中是 3909）。
❑ Spring Boot 自动在本地主机的 8080 端口启动了 Tomcat 服务器。
❑ 打开浏览器并访问http://localhost:8080。浏览器会显示如下 JSON 响应（见图 3-6）。

{"message":"Hello World!"}

图　3-6

上面这个服务和传统遗留服务的关键区别是 Spring Boot 服务是自包含的。可以在 STS 工具之外运行该 Spring Boot 应用来说明。

打开一个终端（命令行）窗口，进入项目目录，然后运行如下 Maven 命令。

```
$ maven install
```

上述命令会在项目的 target 目录下生成一个大的 jar 文件。如下所示，从命令行运行该应用。

```
$java -jar target/bootrest-0.0.1-SNAPSHOT.jar
```

可以看到，bootrest-0.0.1-SNAPSHOT.jar 是自包含的，可以作为独立的应用运行。此时的 jar 包很小，只有 14MB。虽然这个应用只是一个 "hello world" 而已，但刚开发的这个 Spring Boot 服务实际上遵循了微服务的设计原则。

## 测试 Spring Boot 微服务

有多种方式可以测试基于 REST/JSON 的 Spring Boot 微服务。最简单的方式是使用 Web 浏览器或 curl 命令指向某个 URL 地址，如下所示。

```
url localhost:8080
```

有许多工具可用于测试 RESTful 服务，比如 Postman、Advanced Rest Client、SOAP UI、Paw 等。

下面用 Spring Boot 生成的默认测试类来测试该服务。在 ApplicatonTests.java 类中添加一个新的测试用例，如下所示。

```
@RunWith(SpringRunner.class)
@SpringBootTest(webEnvironment = WebEnvironment.RANDOM_PORT)
public class ApplicationTests {
  @Autowired
  private TestRestTemplate restTemplate;
  @Test
  public void testSpringBootApp() throws JsonProcessingException,
  IOException {
    String body = restTemplate.getForObject("/", String.class);
    assertThat(new ObjectMapper().readTree(body)
      .get("message")
      .textValue())
      .isEqualTo("Hello World!");
  }
}
```

注意，@SpringBootTest 是一个测试 Spring Boot 应用的简单标记，它可以在运行测试时激活 Spring Boot 功能。webEnvironment=WebEnvironment.RANDOM_PORT 属性将 Spring Boot 应用绑定到一个随机端口。作为回归测试的一部分，这在运行多个 Spring Boot 服务时非常简便。另外，TestRestTemplate 类用于调用 RESTful 服务。TestRestTemplate 是一个工具类，它抽象了 HTTP 客户端的底层细节，同时也会自动识别 Spring Boot 服务实际使用的端口。

运行该测试需要一个终端命令窗口，转到项目目录，然后运行 mvn install。

## 3.6　启用 HATEOAS 的 Spring Boot 微服务

下面用 Spring Initializr 创建一个 Spring Boot 项目。Initializr 可用作 STS 项目向导的简易替代，它提供了一个配置和生成 Spring Boot 项目的 Web 界面。Spring Initializr 能通过该 Web 站点生成项目，并将其导入任意 IDE 工具中。

这个例子会深入探究针对 REST 服务的**超媒体作为应用状态引擎**（HATEOAS）的概念和**超文本应用语言**（HAL）浏览器。

HATEOAS 有助于构建会话式微服务，这种微服务能将 UI 与后端服务紧密联系。

HATEOAS 是一种 REST 服务模式。在该模式中导航链接会作为 payload 元数据的一部分而提供。客户端应用决定了应用的状态，并且会追踪应用状态中包含的跳转 URL 地址。该方法在响应式移动应用和 Web 应用中特别有用，客户端会根据用户的导航模式来下载额外数据。

HAL 浏览器是一个针对 HAL+JSON 数据且易于使用的 API 浏览器。HAL 是一种基于 JSON 的消息格式，它建立了一种表示资源间超链接的规范，使得 API 更易于发现和导航。

 这个例子的完整源代码在本书 Git 仓库中 chapter3.boothateoas 项目的代码文件中，地址如下：https://github.com/rajeshrv/Spring5Microservice。

使用 Spring Initilizr 开发一个 HATEOAS 实例的具体步骤如下。

(1) 要使用 Spring Initilizr，请访问https://start.spring.io（见图 3-7）。

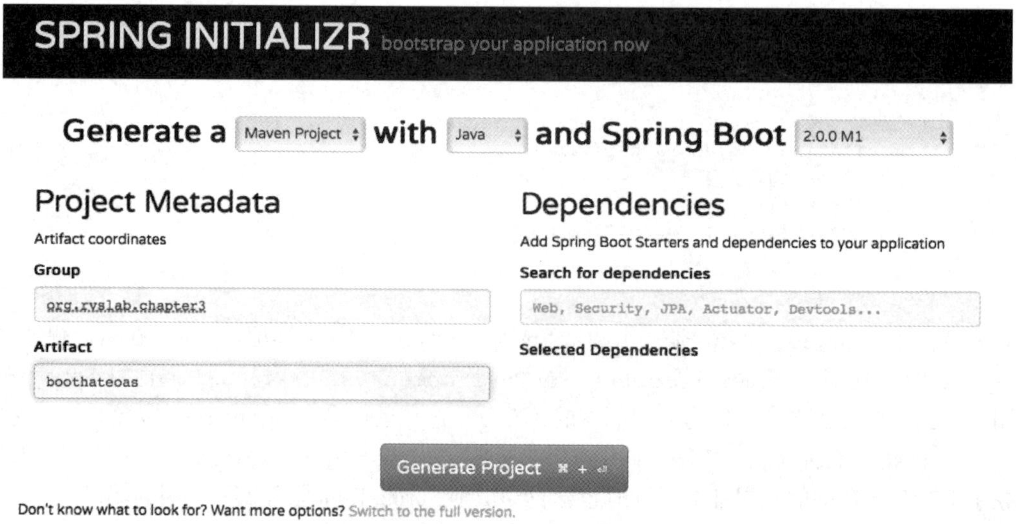

图　3-7

(2) 如图 3-7 所示，填写 Maven Project、Spring Boot version、Group 和 Artifact 等信息，然后点击 Generate Projects 按钮下的 Switch to the full version 链接。选择 Web、HATEOAS 和 Rest Repositories HAL Browser 等选项。确保 Java 版本为 8、选中的打包类型为 jar，如图 3-8 所示。

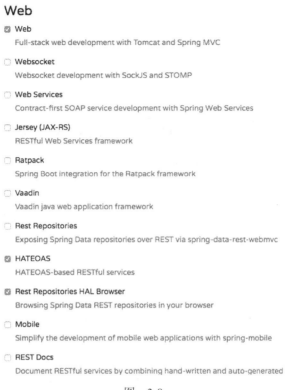

图　3-8

(3) 选好之后，点击 Generate Project 按钮。Spring Initilizr 会生成一个 Maven 项目，并且将当前项目打包为一个 zip 文件并下载到浏览器的下载目录中。

(4) 解压该 zip 文件，并保存到指定目录。

(5) 打开 STS 工具，点击 File 菜单下的 Import 菜单项（见图 3-9）。

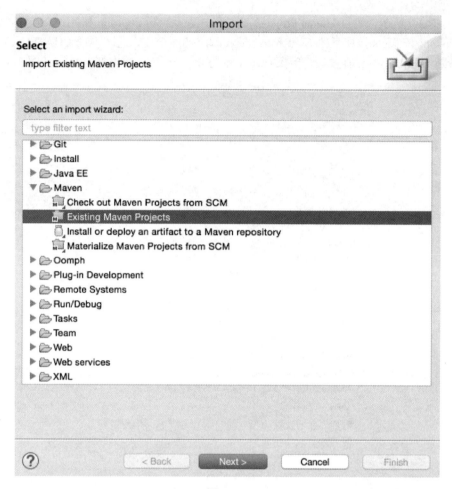

图　3-9

(6) 在 Import 对话框中，选中 Maven | Existing Maven Projects 选项，然后点击 Next。

(7) 点击根目录旁的浏览按钮，选择刚解压的目录。点击 Finish 按钮。STS 会将前面生成的
Maven 项目加载到 STS Project Explorer。

(8) 编辑 BoothateoasApplication.java 文件，添加一个新的 REST 端口，如下所示。

```
@RequestMapping("/greeting")
@ResponseBody
public HttpEntity<Greet> greeting(@RequestParam(value = "name",
  required = false, defaultValue = "HATEOAS") String name) {
    Greet greet = new Greet("Hello " + name);
    greet.add(linkTo(methodOn(GreetingController.class)
    .greeting(name)).withSelfRel());
  return new ResponseEntity<Greet>(greet, HttpStatus.OK);
}
```

(9) 注意，该 `GreetingController` 类和前面的例子是相同的，但增加了一个 `greeting` 方法。该新方法中定义了一个额外的可选请求参数，并且默认值为 HATEOAS。下面的代码加入了一个链接指向返回的 JSON 字符串——增加了一个指向自身 API 的链接。

(10) 如下代码加入了一个指向 Greet 对象 `href` 的自引用 Web 链接（http://localhost:8080/greeting? name=HATEOAS）：

```
greet.add(linkTo(methodOn(
    GreetingController.class).greeting(name)).withSelfRel());
```

为此，需要从 `ResourceSupport` 类扩展 `Greet` 类，如下所示。其余代码都相同。

```
class Greet extends ResourceSupport{
```

(11) Add 是 `ResourceSupport` 类的一个方法。`linkTo` 和 `methodOn` 是 `ControllerLinkBuilder` 类的静态方法，该工具类用于在控制器类上创建超链接。`methodOn` 方法是一个空的方法调用，`linkTo` 方法用于创建指向控制器类的超链接。这里使用 `withSelfRel` 方法指向其自身。

(12) 实际上，这会创建一个链接，默认是/greeting?name=HATEOAS。客户端可以读取该链接并发起另一个调用。

(13) 以 Spring Boot App 方式启动应用。服务器启动后，将浏览器指向http://localhost:8080。

(14) 这样会打开 HAL 浏览器窗口。在 Explorer 字段中输入/greeting?name=World，点击 Go 按钮。一切正常的话，HAL 浏览器中会显示响应信息，如图 3-10 所示。

图　3-10

如图 3-10 所示，Response Body 的返回结果中有一个链接 href 指向该服务自身，这是因为引用指向服务自身了。Links 部分 self 后面的小方框就是导航链接。

在这个简单的例子中，使用 HATEOAS 的意义并不大，但大型应用中存在很多相关实体，使用 HATEOAS 就会方便不少。在客户端使用这些响应中提供的链接便于在这些实体间来回导航。

## 3.7 响应式 Spring Boot 微服务

第 2 章提到的响应式微服务强调了在微服务生态系统中以异步方式集成微服务的必要性。虽然外部服务调用从响应式编程中获益最多，但响应式编程原理适用于任何软件开发领域，因为它提高了资源利用率和扩展性。因此，可以运用响应式编程原理来构建微服务。

实现响应式微服务有两种方式。第一种是利用 Spring Framework 5 提供的 Spring WebFlux。该方式使用响应式 Web 服务器来运行微服务。第二种是用消息服务器（比如 RabbitMQ）来实现微服务间的异步交互。下面探讨这两种方式。

### 3.7.1 使用 Spring WebFlux 实现响应式微服务

Java 语言中的响应式编程基于**响应式流**规范。响应式流规范定义了异步流式处理和不同组件之间非阻塞事件流的语义。

与标准的观察者模式不同，响应式流允许维护事件序列，并完全支持事件完成和出错通知。有了这种全面支持，事件接收方就可以设定一些条件，比如想从事件发布方接收多少数据。接收方也可以在准备好处理数据后才开始接收数据。响应式流在处理不同组件的不同线程池，或者在集成处理速度不同的组件时特别有用。

 响应式流规范现已纳入 Java 9 java.util.concurrent.Flow 了。其语义和 Java 8 中用于收集处理结果的 Lambda 表达式及 CompletableFuture 比较接近。

Spring Framework 5 的内核使用响应式编程原理来实现 WebFlux。Spring 5 WebFlux 是基于响应式流规范的。Spring 的 Web 响应式框架在底层使用了 Reactor 项目来实现响应式编程。Reactor 是响应式流规范的一种实现。使用 Spring 框架时，开发人员也可以不用 Reactor，而选择 RxJava。

下面介绍如何用 Spring 5 的 WebFlux 类库构建响应式 Spring Boot 微服务。这些类库有助于开发人员创建完全支持异步、非阻塞式的 HTTP 服务器，而无须编写回调方法。请注意，这并非一个普适方案，使用不当的话，反而会降低服务质量。此外，开发人员也需要确保下游组件都完全支持响应式编程。

为了充分发挥响应式编程的优势，应当端到端地使用响应式构件，即把响应式构件应用于客户端、端口和存储仓库。这意味着，如果有一个慢客户端在访问一个响应式服务器，那么存储仓库中的数据读取操作会相应放慢，以匹配客户端的处理速度。

> 编写本书时，Spring Data Kay M1 支持针对 Mongo DB、Apache Cassandra 和 Redis 的响应式驱动程序。响应式 CRUD 仓库 `ReactiveCrudRepository` 是实现响应式仓库的一个简便接口。

Spring WebFlux 支持以两种方式实现 Spring Boot 应用。第一种方式是基于 `@Controller` 和其他一些 Spring Boot 中常用的标注。第二种方式是函数式编程，比如 Java 8 的 Lambda 风格编程。

下面用 WebFlux 构建一个标注风格的响应式编程示例。

> 这个例子的完整源代码在本书代码文件的 chapter3.webflux 项目中，下载地址为：https://github.com/rajeshrv/Spring5Microservice。

构建响应式 Spring Boot 应用的步骤如下。

(1) 访问 https://start.spring.io，并生成一个新的 Spring Boot 项目。

(2) Web 部分选择 Reactive Web（见图 3-11）。

## Web

☐ **Web**
　Full-stack web development with Tomcat and Spring MVC

☑ **Reactive Web**
　Reactive web development with Netty and Spring WebFlux

☐ **Websocket**
　Websocket development with SockJS and STOMP

☐ **Web Services**
　Contract-first SOAP service development with Spring Web Services

图　3-11

(3) 生成项目并将其导入 STS 中。

(4) 查看 pom.xml 文件。本例和常规 Spring Boot 项目只有一个区别：该项目在依赖部分使用了 `spring-boot-starter-webflux`，而不是 `spring-boot-starter-web`。**Spring Webflux** 的依赖如下。

```
<dependency>
    <groupId>org.springframework.boot</groupId>
    <artifactId>spring-boot-starter-webflux</artifactId>
</dependency>
```

(5) 在 `Application.java` 类中加入 chapter3.bootrest 项目中的 `GreetingController` 类和 `Greet` 类。

(6) 运行该项目，并将浏览器指向http://localhost:8080进行测试。会看到与之前相同的响应。

(7) 然后在该 Spring Boot 应用中加入一些响应式 API 来启用响应式编程。修改 RestController 类，加入一个 Mono 构件。如下所示。

```
@RequestMapping("/")
Mono<Greet> greet(){
    return Mono.just(new Greet("Hello World!"));
}
```

其中响应体使用了 Mono，这意味着 Greet 对象仅当 Mono 以异步非阻塞方式完成处理后才会被序列化。由于使用了 Mono，所以该方法仅仅创建了一个限定对象。

其中 Mono 用于声明在对象反序列化之后立即执行的一段逻辑。可以把 Mono 视作一个（延迟的）占位符，用于替代 0 或 1 个具有一系列回调方法的对象。

当 Mono 用作某个控制器方法的参数时，该方法甚至在序列化结束前就可能被执行了。控制器中的代码会判断 Mono 对象的用途。另外，也可以使用 Flux。稍后详述这两种结构。

下面修改客户端代码。Spring 5 响应式框架引入了 WebClient 类和 WebTestClient 类，用于替代在底层完全支持响应式的 RestTemplate.WebClient 类。

客户段代码如下。

```
@RunWith(SpringRunner.class)
@SpringBootTest(webEnvironment = WebEnvironment.DEFINED_PORT)
public class ApplicationTests {
    WebTestClient webClient;
    @Before
    public void setup() {
        webClient = WebTestClient.bindToServer()
            .baseUrl("http://localhost:8080").build();
    }

    @Test
    public void testWebFluxEndpoint() throws Exception {
        webClient.get().uri("/")
            .accept(MediaType.APPLICATION_JSON)
            .exchange()
            .expectStatus().isOk()
            .expectBody(Greet.class).returnResult()
            .getResponseBody().getMessage().equals("Hello World!");
    }
}
```

WebTestClient 类是为测试 WebFlux 服务器而创建。从一个非测试类型的客户端调用 WebFlux 时，使用 WebClient 类更方便，该客户端类和 RestTemplate 类类似。上面的测试代码首先用服务器 URL 地址创建了一个 WebTestClient,然后在根路径/URL 地址上执行了一个 get 方法，并用现有结果来验证返回的结果。

(8) 用 mvn install 命令在命令行提示符中运行前面的测试。功能上没有任何区别，但底层的执行模式已经变化了。

**理解响应式流**

下面介绍响应式流规范。响应式流只有 4 个接口，解释如下。

- **发布者**

发布者掌握着数据源，根据订阅者发来的请求发布数据。订阅者可以订阅发布者。注意，这里的 subscribe 方法只是一个注册方法，并不会返回任何结果。

```
public interface Publisher<T> {
  public void subscribe(Subscriber<? super T> s);
}
```

- **订阅者**

要想使用数据流，订阅者需订阅发布者。订阅者定义了一系列回调方法，这些方法会在事件触发时被调用。所有工作都做完并成功了代表完成。注意，下面这些都是回调注册方法，而且方法本身不返回任何数据。

```
public interface Subscriber<T> {
  public void onSubscribe(Subscription s);
  public void onNext(T t);
  public void onError(Throwable t);
  public void onComplete();
}
```

- **订阅**

一次订阅仅由一个发布者和一个订阅者共享，用于协调二者之间的数据交换。订阅者调用 request，便会发生数据交换。cancel 主要用于停止订阅，示例如下。

```
public interface Subscription {
  public void request(long n);
  public void cancel();
}
```

- **处理者**

处理者代表处理阶段——它既是订阅者也是发布者，而且**必须**遵守两者的合约。可以通过连接发布者和订阅者来串联处理者。

```
public interface Processor<T, R> extends Subscriber<T>,
  Publisher<R> {
}
```

Reactor 有两种发布者的实现——Flux 和 Mono。Flux 可以发出 0 到 $N$ 个事件，而 Mono 只能发出 1 个事件（0 到 1 个）。当有很多数据或者一系列值以流式传输时，需要使用 Flux。

## 3.7.2 用 Spring Boot 和 RabbitMQ 实现响应式微服务

理想情况下，所有微服务交互都应异步地使用发布订阅语意。Spring Boot 提供了一种便捷地配置消息中间件方案的机制（见图 3-12）。

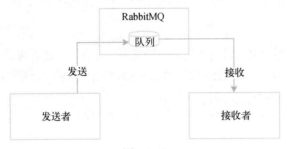

图　3-12

下面创建一个包含发送者和接收者的 Spring Boot 应用，二者通过一个外部的消息队列连接起来。

 这个例子的完整源代码在本书 Git 仓库中的 chapter3.bootmessaging 项目的代码文件中，地址如下：
https://github.com/rajeshrv/Spring5Microservice

创建一个使用 RabbitMQ 的 Spring Boot 响应式微服务的步骤如下。

(1) 用 STS 创建一个新项目来演示该功能。这里选择 I/O 下的 AMQP，而非 Web（见图 3-13）。

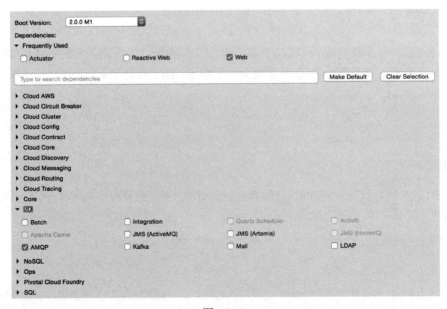

图　3-13

(2) 本例也需要使用 RabbitMQ。可从 https://www.rabbitmq.com/download.html 下载并安装 RabbitMQ 的最新版本。本书使用的是 RabbitMQ 3.5.6。

(3) 按照 RabbitMQ 官网文档中的安装步骤安装 RabbitMQ。安装完成后，如下所示启动 RabbitMQ 服务器。

```
$./rabbitmq-server
```

(4) 使用 RabbitMQ 的配置信息来修改 application.properties 文件中的配置。下面的配置使用了 RabbitMQ 的默认端口、用户名和密码。

```
spring.rabbitmq.host=localhost
spring.rabbitmq.port=5672
spring.rabbitmq.username=guest
spring.rabbitmq.password=guest
```

(5) 向 src/main/java 目录下的 Application.java 文件添加一个消息发送组件和一个名为 TestQ 的队列。RabbitMessagingTemplate 模板是发送消息的一种简便方式，它抽象了消息机制的所有语意。Spring Boot 包含发送消息的所有样板配置。

```
@Component
class Sender {
  @Autowired
  RabbitMessagingTemplate template;

  @Bean
  Queue queue() {
    return new Queue("TestQ", false);
  }
  public void send(String message){
    template.convertAndSend("TestQ", message);
  }
}
```

(6) 借助一个@RabbitListener 标记即可接收消息。Spring Boot 会自动配置所有样板配置信息。

```
@Component
class Receiver {
  @RabbitListener(queues = "TestQ")
  public void processMessage(String content) {
    System.out.println(content);
  }
}
```

(7) 最后将发送者绑定到主应用上，并实现 CommandLineRunner 接口的 run 方法以初始化消息发送。应用初始化时会调用 CommandLineRunner 的 run 方法。

```
@SpringBootApplication
public class Application implements CommandLineRunner{
  @Autowired
```

```
Sender sender;
public static void main(String[] args) {
  SpringApplication.run(Application.class, args);
}
@Override
public void run(String... args) throws Exception {
  sender.send("Hello Messaging..!!!");
}
}
```

(8) 以 Spring Boot 方式运行该应用，并验证输出。控制台上会输出如下信息。

```
Hello Messaging..!!!
```

## 3.8   实现微服务安全

保护微服务非常重要。当多个微服务互相通信时，安全性就更为重要了。每个微服务都需要保护，但保证安全性不应当产生额外的开销。下面介绍保护微服务的一些基本措施。

 该示例的完整源代码在本书代码文件的 chapter3.security 项目中，下载地址为：https://github.com/rajeshrv/Spring5Microservice。

构建该示例的代码如下。

❏ 创建一个新的 Spring Starter 项目，选择 Web 和 Security（在 Core 中）。
❏ 将该项目命名为 chapter3.security。
❏ 从 chapter3.bootrest 项目中复制 rest 端口。

### 3.8.1   用基本安全策略保护微服务

在 Spring Boot 项目中加入基本认证非常简单。pom.xml 文件中包含如下依赖，这些依赖包含了必要的 Spring 安全类库文件。

```
<dependency>
  <groupId>org.springframework.boot</groupId>
  <artifactId>spring-boot-starter-security</artifactId>
</dependency>
```

假设该项目要求使用默认的 HTTP 基本安全认证。运行该应用，并用浏览器进行测试。浏览器会要求登录者输入用户名和密码。

默认密码会在应用启动时输出到控制台。

```
Using default security password: a7d08e07-ef5f-4623-b86c-
63054d25baed
```

也可以将用户名和密码配置到 application.properties 文件中，如下所示。

```
security.user.name=guest
security.user.password=guest123
```

## 3.8.2　用 OAuth2 保护微服务

下面讲解 Spring Boot 集成 OAuth2 的基本配置。当一个客户端应用请求访问受保护的资源时，客户端会发送一个请求到认证服务器。认证服务器验证客户端请求后，会提供一个访问令牌。客户端到服务器的每一次请求都需要验证该访问令牌。客户端和服务器之间往来的请求和响应取决于授权类型。

下面的例子使用了资源拥有者的密码授权方式（见图 3-14）。

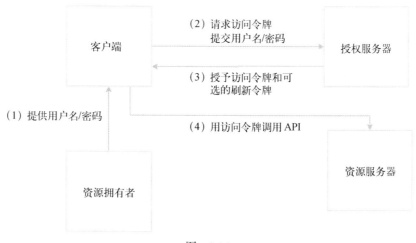

图　3-14

如图 3-14 所示，资源拥有者向客户端提供用户名和密码，然后客户端通过提供账户凭证向认证服务器发送一个令牌请求。认证服务器认证了客户端后返回一个访问令牌。对于后续的每个请求，认证服务器都会验证客户端访问令牌。

实现 OAuth2 认证的步骤如下。

(1) 第一步，更新 pom.xml 文件，加入 oauth2 依赖，如下所示。

```
<dependency>
  <groupId>org.springframework.security.oauth</groupId>
  <artifactId>spring-security-oauth2</artifactId>
</dependency>

<!-- below dependency is explicitly required when
  testing OAuth2 with Spring Boot 2.0.0.M1 -->
<dependency>
```

```
    <groupId>org.springframework.security</groupId>
    <artifactId>spring-security-crypto</artifactId>
    <version>4.2.2.RELEASE</version>
</dependency>
```

(2) 然后在 Application.java 文件中加入两个新的标注——@EnableAuthorizationServer 和@EnableResourceServer。@EnableAuthorizationServer 标注创建了一个认证服务器。该认证服务器带了一个内存数据库用于保存客户端令牌并向客户端提供用户名、用户密码、客户端 ID 和客户端密码。@EnableResourceServer 标注用于访问令牌。这样 Spring 安全过滤器就可以通过一个请求进来的 OAuth2 令牌来认证客户端了。

 本例中的认证服务器和资源服务器是同一个，但在实际情况中两者是独立运行的。

```
@EnableResourceServer
@EnableAuthorizationServer
@SpringBootApplication
public class Application {
```

(3) 在 application.properties 文件中加入如下属性。

```
security.user.name=guest
security.user.password=guest123
security.oauth2.client.client-id: trustedclient
security.oauth2.client.client-secret: trustedclient123
security.oauth2.client.authorized-grant-types:
authorization_code,refresh_token,password
```

(4) 添加另一个测试用例来测试 OAuth2，如下所示。

```
@Test
public void testOAuthService() {
  ResourceOwnerPasswordResourceDetails resource =
    new ResourceOwnerPasswordResourceDetails();
  resource.setUsername("guest");
  resource.setPassword("guest123");
  resource.setAccessTokenUri("http://localhost:8080/oauth
    /token");
  resource.setClientId("trustedclient");
  resource.setClientSecret("trustedclient123");
  resource.setGrantType("password");
  resource.setScope(Arrays.asList(new String[]
    {"read","write","trust"}));
  DefaultOAuth2ClientContext clientContext =
    new DefaultOAuth2ClientContext();
  OAuth2RestTemplate restTemplate =
    new OAuth2RestTemplate(resource, clientContext);
  Greet greet = restTemplate
    .getForObject("http://localhost:8080", Greet.class);
  Assert.assertEquals("Hello World!", greet.getMessage());
}
```

如以上代码所示,通过传入封装在资源信息对象中的资源详细信息,创建了一个特殊的 REST 模板——OAuth2RestTemplate。该 REST 模板会处理底层的 OAuth2 认证流程。访问令牌 URI 地址是令牌访问用的端口。

(5) 使用 `maven install` 再次运行该应用。前面两个测试用例会失败,而新的测试用例会成功。这是因为服务器只接收带 OAuth2 认证信息的请求。

以上是 Spring Boot 默认的快速配置,但对生产级应用而言还不够,可能需要定制 `ResourceServerConfigurer` 和 `AuthorizationServerConfigurer` 来实现生产级就绪。但不管怎样,做法大致相同。

## 3.9　为微服务交互启用跨域访问

当在某个域名下运行的客户端 Web 应用请求另外一个域名的数据时,通常浏览器是受限的。启用跨域访问通常称作 CORS(跨域资源共享)。

处理微服务跨域时这一点尤为重要,比如浏览器尝试访问在不同域名上运行的微服务时(见图 3-15)。

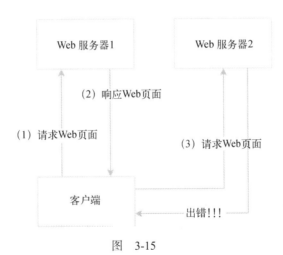

图　3-15

这个例子展示了如何启用跨域请求。由于微服务中的每个服务都在各自的域名上运行,当客户端 Web 应用处理来自不同域名的数据时,就很容易遇到跨域问题。比如浏览器客户端访问来自客户微服务的客户信息和来自订单微服务的订单历史信息,这在微服务领域很常见。

Spring Boot 为启用跨域请求提供了一个简单的声明式方法。

使用微服务来启用跨域请求的示例代码如下。

```
@RestController
class GreetingController{
  @CrossOrigin
  @RequestMapping("/")
  Greet greet(){
    return new Greet("Hello World!");
  }
}
```

默认情况下，系统接收所有源域名和 HTTP 头。可以进一步定制跨域标注，以允许访问特定源域名。@CrossOrigin 标注允许通过方法或类接收跨域请求。

```
@CrossOrigin("http://mytrustedorigin.com")
```

可以通过 `WebMvcConfigurer` 这个 bean 来启用全局 CORS，并定制 `addCorsMappings`（CorsRegistry 注册表）方法。

## 3.10   使用 Spring Boot Actuator 实现微服务 instrumentation

前面介绍了使用 Spring Boot 开发微服务的大部分特性。下面介绍 Spring Boot 在运维方面的一些生产就绪特性。

Spring Boot Actuator 提供了一种卓越的开箱即用机制，用于在生产环境中监控和管理 Spring Boot 微服务。

这个例子的完整源代码在本书 Git 仓库中 chapter3.bootactuator 项目的代码文件中，地址如下：

https://github.com/rajeshrv/Spring5Microservice

再创建一个 Spring Starter 启动项目，命名为 chapter3.bootactuator.application。这次选择 Web、HAL browser、hateoas 和 Actuator 等依赖。和 chapter3.bootrest 类似，添加一个带 greet 方法的 `GreeterController` 端口。在 application.properties 文件中加入 `management.security. enabled=false`，以授权客户端访问所有端口。

按照下列步骤执行该应用。

(1) 以 Spring Boot 应用来启动。

(2) 将浏览器地址指向 localhost:8080/application 以打开 HAL 浏览器。检查一下页面上的 Links 部分。

Links 部分包含一系列链接。这些链接是 Spring Boot Actuator 自动暴露的（见图 3-16）。

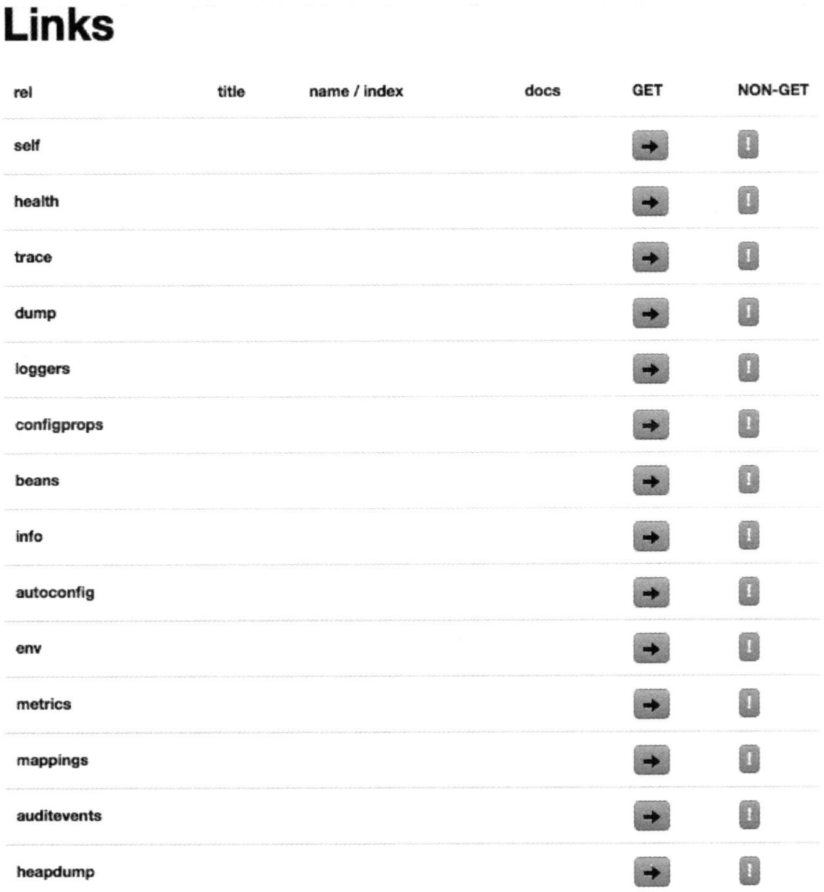

# Links

| rel | title | name / index | docs | GET | NON-GET |
|-----|-------|--------------|------|-----|---------|
| self | | | | → | ⬇ |
| health | | | | → | ⬇ |
| trace | | | | → | ⬇ |
| dump | | | | → | ⬇ |
| loggers | | | | → | ⬇ |
| configprops | | | | → | ⬇ |
| beans | | | | → | ⬇ |
| info | | | | → | ⬇ |
| autoconfig | | | | → | ⬇ |
| env | | | | → | ⬇ |
| metrics | | | | → | ⬇ |
| mappings | | | | → | ⬇ |
| auditevents | | | | → | ⬇ |
| heapdump | | | | → | ⬇ |

图 3-16

其中比较重要的链接如下。

❑ Dump：执行一次线程转储并显示结果。
❑ Mappings：显示包含所有 http 请求映射的清单。
❑ Info：显示应用相关信息。
❑ Health：显示应用的健康状况。
❑ Autoconfig：显示自动配置报告。
❑ Metrics：显示从应用收集的不同指标。

在浏览器中，借助/application/<endpoint_name>可以访问每个端口。例如要访问/health 端口，可以把浏览器地址指向 localhost:8080/application/health。

## 3.10.1   利用 JConsole 监控应用

也可以通过 JMX 控制台来查看 Spring Boot 的信息。用 JConsole 连接到远程 Spring Boot 应用实例，Boot 信息显示如下（见图 3-17）。

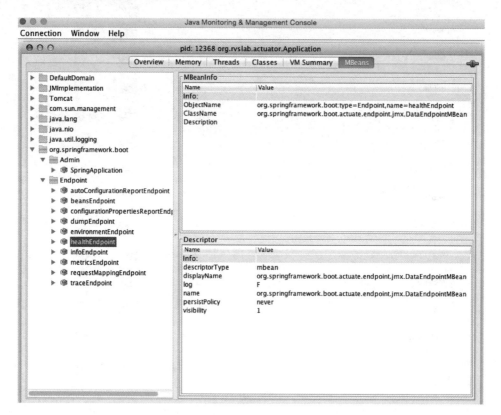

图    3-17

## 3.10.2   利用 ssh 监控应用

Spring Boot 支持通过 ssh 远程访问 Boot 应用。下面的命令从终端命令行窗口连接到 Spring Boot 应用。在 application.properties 文件中加入 `shell.auth.simple.user.password` 属性即可定制密码。更新后的 application.properties 文件如下所示。

```
shell.auth.simple.user.password=admin
```

通过终端命令行窗口连接远程 Spring Boot 应用的命令如下。

```
$ ssh -p 2000 usr@localhost
```

用上面的命令连接到 Spring Boot 应用后，即可访问类似的 actuator 信息了。通过 CLI 访问各项指标信息的示例如下。

❑ help：列出所有可选的选项。

❑ dashboard：dashboard 功能很有趣，它可以显示许多系统级信息。

### 3.10.3　添加自定义健康检查模块

在 Spring Boot 应用中添加一个自定义模块并不复杂。为了演示该功能，假设某个服务在一分钟内被调用了两次以上，那么就把该服务的状态设置为 "Out of Service"（不可用）。

为了定制该功能，必须实现 HealthIndicator 接口并覆盖 health 方法。实现该功能的一种快速而粗糙的方法如下。

```
class TPSCounter {
  LongAdder count;
  int threshold = 2;
  Calendar expiry = null;

  TPSCounter(){
    this.count = new LongAdder();
    this.expiry = Calendar.getInstance();
    this.expiry.add(Calendar.MINUTE, 1);
  }
  boolean isExpired(){
    return Calendar.getInstance().after(expiry);
  }
  boolean isWeak(){
    return (count.intValue() > threshold);
  }

  void increment(){
    count.increment();
  }
}
```

上述代码是一个简单的 POJO 类，它维护着一个事务计数窗口。isWeak 方法用于检查一个特定窗口内的事务是否达到了阈值。isExpired 方法用于检查当前窗口是否已过期。increment 方法用于增加计数器的值。

下面通过扩展 HealthIndicator 接口来实现自定义的健康指标类 TPSHealth，如下所示。

```
@Component
class TPSHealth implements HealthIndicator {
  TPSCounter counter;
  @Override
  public Health health() {
    boolean health = counter.isWeak();
    if (health) {
      return Health.outOfService()
```

```
            .withDetail("Too many requests", "OutofService")
            .build();
    }
    return Health.up().build();
  }

  void updateTx(){
    if(counter == null || counter.isExpired()){
      counter = new TPSCounter();
    }
    counter.increment();
  }
}
```

health 方法检查计数器是否满足 isWeak 的条件，如果满足就把当前服务实例标记为"不可用"。

最后，将 TPSHealth 类自动装配到 GreetingController 类中，并在 greet 方法中调用 health.updateTX() 方法，如下所示。

```
Greet greet(){
  logger.info("Serving Request....!!!");
  health.updateTx();
  return new Greet("Hello World!");
}
```

在 HAL 浏览器中访问/application/health 端口，即可看到服务器的当前状态。

打开另一个浏览器，将地址栏指向http://localhost:8080，然后调用该服务两到三次。回到刚才 HAL 浏览器的 /application/health 端口，然后刷新该页面，查看服务状态。此时状态应该已变为"不可用"了。

本例只查询了服务的健康状态，而未采取其他任何措施，所以即使服务状态已经变为不可用了，新的服务调用仍会通过。然而在现实世界中，程序应访问/application/health 端口，根据读取的服务状态来阻塞访问该服务实例的新请求。

### 3.10.4　自定义指标

类似于健康状态，也可以自定义健康指标的实现。下面展示如何添加一个计数服务和计量服务，但仅作为演示。

```
@Autowired
CounterService counterService;

@Autowired
GaugeService gaugeService;
```

然后在 greet 方法中加入如下方法调用。

```
this.counterService.increment("greet.txnCount");
this.gaugeService.submit("greet.customgauge", 1.0);
```

重启服务器，访问 /application/metrics 即可看到新增加的计量服务和计数服务了。

## 3.11 微服务文档化

API 文档化的传统方式无外乎编写服务规范文档或使用静态服务注册表。如果存在大量微服务，很难保持 API 文档和代码同步。

微服务文档化有很多做法。下面介绍如何使用流行的 Swagger 框架来实现，将使用 Springfox 类库来生成 REST API 文档。Springfox 是对 Spring 友好的 Java 类库。

创建一个新的 Spring Starter 项目，在类库选择窗口选择 Web。将项目命名为 chapter3.swagger。

这个例子的完整源代码在本书 Git 仓库中 chapter3.swagger 项目的代码文件中，地址如下：

https://github.com/rajeshrv/Spring5Microservice

由于 Springfox 并不是 Spring 套件的一部分，因此需要编辑 pom.xml 文件并加入 springfox-swagger 类库的依赖，如下所示。

```
<dependency>
  <groupId>io.springfox</groupId>
  <artifactId>springfox-swagger2</artifactId>
  <version>2.6.1</version>
</dependency>

<dependency>
  <groupId>io.springfox</groupId>
  <artifactId>springfox-swagger-ui</artifactId>
  <version>2.6.1</version>
</dependency>
```

创建一个和之前服务类似的 REST 服务，并加入 @EnableSwagger2 标注，如下所示。

```
@SpringBootApplication
@EnableSwagger2
public class Application {
```

这些就是基本的 swagger 文档化所需的所有设置。启动应用，将浏览器指向 http://localhost:8080/swagger-ui.html，打开 swagger API 文档页面，如图 3-18 所示。

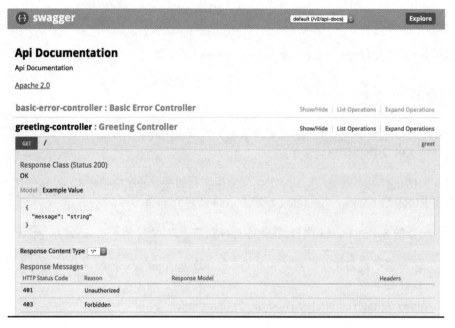

图    3-18

如图 3-18 所示，Swagger 列出了 `GreetingController` 类的所有可能操作。点击 GET 操作，会展开 GET 行，这里提供了一种尝试执行该操作的选项。

## 3.12    综合实例：开发客户注册微服务

前面的例子仅仅是一个简单的 hello world。下面演示一个端到端的客户个人资料微服务的实现。该微服务除了不同微服务之间的交互，还包括带业务逻辑和简单数据存储的微服务。

下面开发两个微服务——客户个人资料服务和客户通知服务（见图 3-19）。

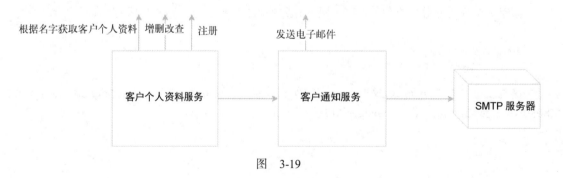

图    3-19

如图 3-19 所示，客户个人资料微服务暴露了创建、读取、更新和删除客户的方法，而注册服务暴露了注册客户的方法。注册流程运用了特定的业务逻辑，保存客户个人资料信息后发送一条消息至客户通知微服务。客户通知微服务接收注册服务发来的消息，然后利用 SMTP 服务器向客户发送一封电子邮件。这里的异步消息机制用于集成客户个人资料和客户通知服务。

客户微服务类的领域模型如图 3-20 所示。

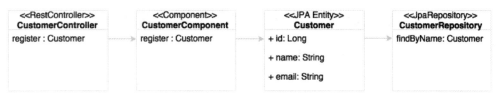

图 3-20

图中的 `CustomerController` 是一个 REST 端口，它调用了一个 `CustomerComponent` 组件类。该组件类（bean）处理了所有业务逻辑。定义 `CustomerRepository` 这个 Spring data 的 JPA 仓库旨在实现客户实体对象的持久化。

 这个例子的完整源代码在本书 Git 仓库中 chapter3. Bootcustomer 的 chapter3. bootcustomernotification 项目的代码文件中，下载地址为：https://github.com/rajeshrv/ Spring5Microservice。

构建步骤如下。

(1) 创建一个新的 Spring Boot 项目，如前所示将它命名为 chapter3.bootcustomer。在 starter 模块的选择界面中勾选下列选项（见图 3-21）。

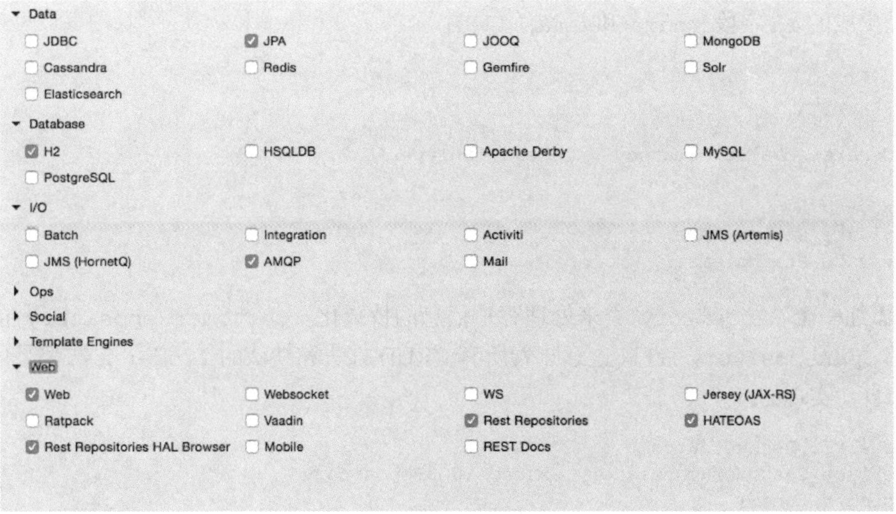

图 3-21

这会创建一个带 JPA、Rest 仓库和 H2 数据库的 Web 项目。H2 是一个微型嵌入式内存数据库，有许多易于演示的数据库特性。在实际项目中，建议使用合适的企业级数据库。本例使用 JPA 来定义持久化实体对象和 REST 仓库，以此暴露基于 REST 的仓库服务。

项目目录结构如图 3-22 所示。

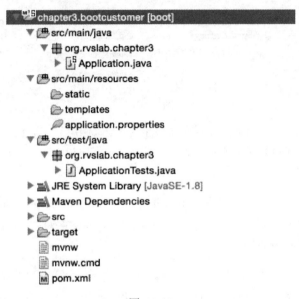

图    3-22

(2) 添加一个实体类 Customer，开始构建应用。简单起见，客户实体类上只添加了 3 个字段：自动生成的 Id 字段、name 和 email。

```
@Entity
class Customer {
  @Id
  @GeneratedValue(strategy = GenerationType.AUTO)

  private Long id;
  private String name;
  private String email;
```

(3) 添加一个 Repository 类来处理客户信息的持久化。CustomerRepository 接口扩展了标准的 JpaRepository 接口。这意味着所有 CRUD 方法和默认的 finder 方法都是由 Spring Data JPA 自动实现的。

```
@RepositoryRestResource
interface CustomerRespository extends JpaRepository
<Customer,Long>{
  Optional<Customer> findByName(@Param("name") String name);
}
```

前面的例子给 Repository 类添加了一个新方法 findByName。实际上，该方法就是根据客户名字搜索某位客户，如果有匹配的客户名字就返回一个 Customer 对象。

@RepositoryRestResource 允许通过 RESTful 服务来访问持久化仓库，并且默认支持 HATEOAS 和 HAL。由于 CRUD 方法没有额外的业务逻辑要求，所以暂且搁置，不添加控制器和组件类了。使用 HATEOAS 便于通过 CustomerRepository 方法进行导航。

 注意，这里没有添加指向任何数据库的配置信息。由于 H2 类库已经在类路径上了，因此 Spring Boot 默认根据 H2 数据库自动配置好了该应用。

(4) 编辑 Application.java 文件，加入 CommandLineRunner 类，并用一些客户信息记录来初始化持久化仓库，如下所示。

```java
@SpringBootApplication
public class Application {
  public static void main(String[] args) {
    SpringApplication.run(Application.class, args);
  }
  @Bean
  CommandLineRunner init(CustomerRespository repo) {
    return (evt) -> {
      repo.save(new Customer("Adam","adam@boot.com"));
      repo.save(new Customer("John","john@boot.com"));
      repo.save(new Customer("Smith","smith@boot.com"));
      repo.save(new Customer("Edgar","edgar@boot.com"));
      repo.save(new Customer("Martin","martin@boot.com"));
      repo.save(new Customer("Tom","tom@boot.com"));
      repo.save(new Customer("Sean","sean@boot.com"))
    };
  }
}
```

CommandLineRunner 定义为一个 bean，表示当 SpringApplication 类中包含 Command-LineRunner 时，应当运行这个 bean。应用启动时会在数据库中插入 6 条示例客户记录。

(5) 以 Spring Boot 应用来运行。打开 HAL 浏览器，并将 URL 地址指向http://localhost:8080。

(6) 在 Explorer 中，将地址指向http://localhost:8080/customers，然后点击 Go。该请求会在 HAL 浏览器的响应体部分列出所有的客户信息。

(7) 在 Explorer 中输入如下 URL 地址，然后点击 Go。该请求会在持久化仓库上自动执行分页和排序查询，并返回查询结果——http://localhost:8080/customers?size=2&page=1&sort=name。

由于分页大小设置为了 2，而且当前是在请求第一页，所以会返回两条排序好的记录。

(8) 查看 Links 部分。如图 3-23 所示，这些链接有助于在记录集中导航到第一条、下一条、上一条和最后一条记录。这些导航链接是用 HATEOAS 链接实现的，而 HATEOAS 链接是由持久化仓库浏览器自动生成的。

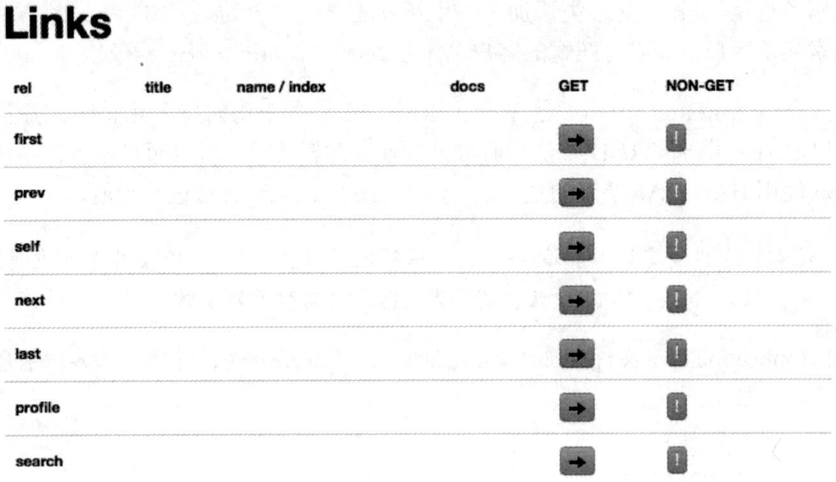

# Links

| rel | title | name / index | docs | GET | NON-GET |
| --- | --- | --- | --- | --- | --- |
| first | | | | → | ! |
| prev | | | | → | ! |
| self | | | | → | ! |
| next | | | | → | ! |
| last | | | | → | ! |
| profile | | | | → | ! |
| search | | | | → | ! |

图　3-23

(9) 也可以选中相应链接来查看某位客户的详细信息，例如http://localhost:8080/customers/2。

(10) 然后添加一个控制器类 CustomerController 来实现服务端口。该类只含一个端口 /register，用于注册客户信息。如果执行成功，它会返回该客户对象以响应注册端口。

```
@RestController
class CustomerController{
  @Autowired
  CustomerRegistrar customerRegistrar;

  @RequestMapping( path="/register", method =
  RequestMethod.POST)
  Customer register(@RequestBody Customer customer){
    return customerRegistrar.register(customer);
  }
}
```

加入 CustomerRegistrar 组件以处理业务逻辑。本例中，该组件中只是加入了最少量的业务逻辑。在该组件类中，当注册一位客户时，只会检查数据库中是否存在这位客户的名字。如果不存在，就会插入一条新记录，否则会返回一条错误信息。

```
@Component
class CustomerRegistrar {
  CustomerRespository customerRespository;
  @Autowired
  CustomerRegistrar(CustomerRespository customerRespository){
    this.customerRespository = customerRespository;
  }
  // ideally repository will return a Mono object
  public Mono<Customer> register(Customer customer){
    if(customerRespository
```

```
        .findByName(customer.getName())
        .isPresent())
        System.out.println("Duplicate Customer.
          No Action required");
    else {
      customerRespository.save(customer);
    }
    return Mono.just(customer);
  }
}
```

(11) 重启 Boot 应用，用 HAL 浏览器访问 URL http://localhost:8080进行测试。

(12) 将 Explorer 字段指向http://localhost:8080/customers。在 Links 部分查看返回结果（见图 3-24）。

图　3-24

(13) 点击 self 栏的 NON-GET，打开创建新客户的表单。

(14) 填写表单，如图 3-24 所示修改 action。点击 Make Request 按钮，调用注册服务来注册客户。下面展示反面测试用例——尝试用一个重复的客户名字来测试（见图 3-25）。

图　3-25

下面来完成本例的最后部分——集成客户通知服务来通知客户注册成功了。当注册成功后，系统应通过异步调用客户通知微服务来发送一封电子邮件。

构建客户通知微服务步骤如下。

(1) 首先更新 CustomerRegistrar 类来调用第二个服务，可以通过消息机制来实现。这里注入一个 Sender 组件，并对其传入客户的电子邮箱地址来向客户发送一封通知邮件。

```
@Component
@Lazy
class CustomerRegistrar {
  CustomerRespository customerRespository;
  Sender sender;
  @Autowired
  CustomerRegistrar(CustomerRespository customerRespository,
  Sender sender){
    this.customerRespository = customerRespository;
    this.sender = sender;
  }
  // ideally repository will return a Mono object
  public Mono<Customer> register(Customer customer){
    if(customerRespository.findByName(
      customer.getName()).isPresent())
      System.out.println("Duplicate Customer.
      No Action required");
    else {
      customerRespository.save(customer);
      sender.send(customer.getEmail());
    }
    return Mono.just(customer); //HARD CODED BECOSE THERE
      IS NO REACTIVE REPOSITORY.
  }
}
```

该 Sender 组件是基于 RabbitMQ 协议和 AMQP 协议的。本例用到了上一个消息实例用过的 RabbitMessagingTemplate 模板类。

```
@Component
@Lazy
class Sender {
  @Autowired
  RabbitMessagingTemplate template;
  @Bean
  Queue queue() {
    return new Queue("CustomerQ", false);
  }
  public void send(String message){
   template.convertAndSend("CustomerQ", message);
  }
}
```

@Lazy 标注很有用，它有助于缩短应用启动时间。标记为@Lazy 的 bean 仅在需要时初始化。

(2) 更新 Application.property 文件以包含 RabbitMQ 的相关属性。

```
spring.rabbitmq.host=localhost
spring.rabbitmq.port=5672
spring.rabbitmq.username=guest
spring.rabbitmq.password=guest
```

(3) 现已准备就绪，可以发送消息了。创建一个通知服务来接收 RabbitMQ 消息并发送电子邮件。为此，需要创建另一个 Spring Boot 服务 chapter3.bootcustomernotification。创建该 Spring Boot 服务需要选中 AMQP 和 Mail 启动类库，它们都在 I/O 之下。

chapter3.bootcustomernotification 项目的包结构如图 3-26 所示。

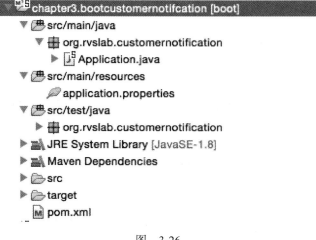

图 3-26

(4) 添加一个 Receiver 类。该类会等待客户对象的消息。一旦收到客户个人资料服务发来的消息，它就会发送一封电子邮件。

```
@Component
class Receiver {
  @Autowired
  Mailer mailer;

  @Bean
  Queue queue() {
    return new Queue("CustomerQ", false);
  }

  @RabbitListener(queues = "CustomerQ")
```

```
  public void processMessage(String email) {
    System.out.println(email);
    mailer.sendMail(email);
  }
}
```

(5) 添加另外一个组件来向客户发送电子邮件，可以使用 `JavaMailSender` 来实现。

```
@Component
class Mailer {
  @Autowired
  private JavaMailSender javaMailService;

  public void sendMail(String email) {
    SimpleMailMessage mailMessage=new SimpleMailMessage();
    mailMessage.setTo(email);
    mailMessage.setSubject("Registration");
    mailMessage.setText("Successfully Registered");
    javaMailService.send(mailMessage);
  }
}
```

Spring Boot 会自动配置 `JavaMailSender` 需要的所有参数。

测试该应用的步骤如下。

(1) 为了测试 SMTP 协议，需要搭建一个 SMTP 测试服务器以确保邮件可以正常发送。本例使用了 Fake SMTP。

(2) 下载 Fake SMTP 服务器。

(3) 下载完 fakeSMTP-2.0.jar 后，执行如下命令来运行 SMTP 服务器。

```
$ java -jar fakeSMTP-2.0.jar
```

(4) 上述命令会打开一个 GUI 来监控电子邮件消息。点击监听端口文本框旁的 Start Server 按钮。

(5) 更新 Application.properties 文件，使用如下配置参数来连接到 RabbitMQ 和邮件服务器。

```
spring.rabbitmq.host=localhost
spring.rabbitmq.port=5672
spring.rabbitmq.username=guest
spring.rabbitmq.password=guest
spring.mail.host=localhost
spring.mail.port=2525
```

(6) 现已准备就绪，可以端到端地测试微服务了。启动这两个 Spring Boot 应用。打开浏览器，在 HAL 浏览器中重复之前的客户创建步骤。对于本例，提交请求之后，立即可以在 SMTP 的 GUI 中看到电子邮件。

(7) 在内部，客户个人资料服务异步调用了客户通知服务，然后客户通知服务向 SMTP 服务器发送了电子邮件消息（见图 3-27）。

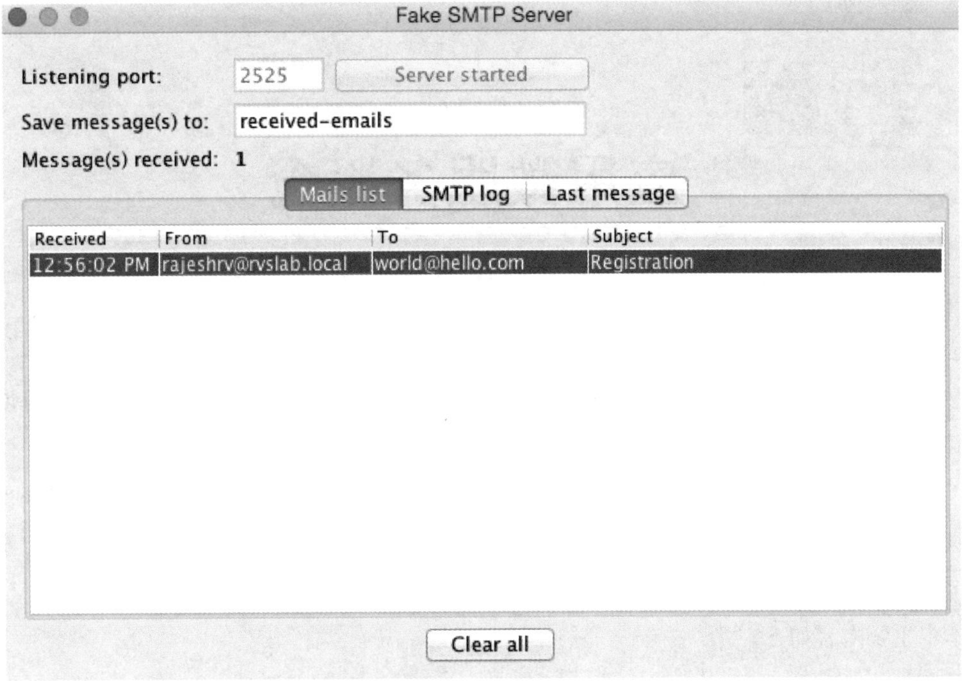

图 3-27

## 3.13 小结

本章介绍了 Spring Boot 及其构建生产就绪微服务应用的关键特性。

本章通过比较前几代 Web 应用，说明了 Spring Boot 有助于开发人员开发可用的微服务。然后介绍了基于 HTTP 和基于消息的异步响应式微服务，并通过实例研究了如何实现微服务所要求的一些关键能力，比如安全性、HATEOAS 和跨域，等等。本章还介绍了 Spring Boot Actuator 如何帮助运维团队、如何定制功能满足需求，以及微服务 API 文档化。最后将本章所讲知识融入了完整的示例。

下一章将放缓脚步，通过常见实践来解析微服务项目。

第4章

# 应用微服务概念

微服务很好，但设计不当也会变得很糟糕。错误的理解和设计决策可能会引发不可恢复的故障。

本章会研究在实际项目中实现微服务的一些技术挑战，并提供一些准则来指导关键的设计决策，确保成功开发微服务应用，还会介绍一些解决方案和设计模式来消除针对微服务的一系列常见顾虑。

本章主要内容如下。

- ❏ 不同设计决策之间的权衡取舍。
- ❏ 开发微服务时应当考虑的设计模式。
- ❏ 设计一流的可扩展微服务的通用指南。

## 4.1 微服务设计指南

近几年微服务广受欢迎，超越了 SOA 架构模式，成为了架构师的首选。虽然微服务是开发可扩展云原生系统的强大工具，但为了避免严重的系统灾难，需要认真设计方能成功。微服务并不是解决所有架构问题的普适方案。

通常微服务是构建轻量级、模块化、可扩展和分布式系统的一个不错选择。然而，过度的设计、不当的应用和错误的理解容易导致系统灾难。选择正确的应用方向对于成功开发微服务极其重要，而权衡利弊做出正确的设计决策同样重要。下面详细讨论设计微服务时需要考虑的一系列因素。

### 4.1.1 确定微服务的边界

关于微服务，最常见的一个问题就是服务的大小。一个微服务可以有多大（小型单体）或者多小（纳米服务），或者说有没有大小适中的微服务？以及服务的大小真的很重要吗？

下列情况都可以简单地回答上面的问题：每个微服务只有一个 REST 端口，或者每个微服务少于 300 行代码，又或者每个微服务就是一个承担单一责任的组件。但在采纳某个答案前，首先需要通过大量的分析来理解服务的边界。

 领域驱动设计（DDD）定义了**限界上下文**的概念。限界上下文就是一个更大的域中的子域或者一个大型系统中的子系统，它负责执行特定的业务功能。

图 4-1 给出了一个领域模型的例子。

图　4-1

在一个财务后台系统中，发票、会计和账单等代表不同的限界上下文。这些限界上下文都是与业务功能高度一致但彼此强隔离的领域。在财务领域，发票、会计和账单是不同的业务功能，通常是由财务部门下的不同下属部门来处理的。

限界上下文有助于确定微服务边界。每个限界上下文都可以映射到单独的微服务。在现实世界中，限界上下文之间通信的耦合度通常更低，并且相互之间往往是隔离的。

虽然现实世界中的组织边界是建立限界上下文的最简单机制，但由于组织架构内部的一些固有问题，在某些情况下这种机制可能是错误的。例如某个业务功能可能通过不同的渠道来交付，例如前台应用、在线应用和漫游代理等。在许多组织内部，业务单位可能是根据不同的交付渠道来组织的，而不是根据其背后的实际业务功能。在这些情况下，可能无法根据组织边界确立正确的服务边界。

自上而下的领域分解是建立正确的限界上下文的另外一种途径。

实际上，建立微服务边界不存在绝对有效的方法，并且通常极具挑战。在将单体应用迁移到微服务应用时建立服务边界会容易得多，因为可以从现有系统中获知服务的边界和依赖关系。另外，在一个全新的微服务开发项目中，很难一开始就确定好服务之间的依赖关系。

设计微服务边界，最切实可行的办法就是通过一系列方案来模拟现有的业务场景，这些业务场景类似于微服务的试金石。记住，针对特定的业务场景可能会同时匹配多个条件，这时候就需要权衡利弊了。

下列要素有助于确定微服务的边界。

### 1. 自治函数

如果某函数本质上是自治的，那么可以将该函数设计为微服务边界。通常自治服务对外部函数的依赖更少。这些服务接收输入，然后运用其内部逻辑和数据进行计算，最后返回结果。所有工具类函数，比如加密引擎或通知引擎，都是直观的候选服务边界。

自治服务的例子还包括配送服务接收订单后开始处理该订单并通知货运服务，以及在线航班搜索基于缓存的可选座位信息。

### 2. 部署单元的大小

大多数微服务生态系统会充分利用各种自动化，比如自动集成、自动交付、自动部署和自动扩容等。微服务涵盖的业务功能越广，就越容易生成更大的部署单元。大的部署单元在自动复制文件、文件下载、部署以及服务启动时间方面都会存在挑战。例如服务的大小会随着其实现业务功能的丰富而增长。

好的微服务会确保其部署单元的大小在可管控的范围内。

### 3. 最恰当的函数或子域

从单体应用中分离出来的最有用的组件是什么？这样的分析很重要，在将单体应用分解成微服务时尤其适用。这种分析往往基于某些参数，比如资源密集性、拥有的成本、业务收益或灵活性等。

在典型的酒店预订系统中，50% ~ 60%的请求来自搜索。在这种情况下，把搜索功能独立出来可为企业带来灵活性、业务收益、降低成本和资源释放等好处。

### 4. 混合架构

微服务的一个关键特性是支持混合架构。为了满足不同的非功能性需求和功能性需求，可能需要区别对待不同的组件。微服务可能需要用到不同的架构、技术或部署拓扑等。当确定了组件后，需要对照混合架构的需求来审查这些组件。

在之前提到的酒店预订场景中，预订微服务可能需要保持事务一致性，而搜索微服务不需要。在这种情况下，预订微服务可能会选用一个遵循 ACID 原则的数据库，比如 MySQL，而搜索微服务可能会选用一个维护最终一致性的数据库，比如 Cassandra。

### 5. 选择性扩容

选择性扩容与之前讲过的混合架构是相关联的。就此而言，并非所有功能模块都需要同等的扩容能力。有时需要根据不同的扩容需求来确定微服务边界。

例如在酒店预订场景中,由于搜索微服务存在大量并发请求,其扩容能力必须远超其他服务,比如预订微服务或通知微服务。在这种情况下,为了实现更快的响应,需要在 Elasticsearch 搜索引擎之上,或者在一个内存数据网格中单独运行搜索微服务。

### 6. 敏捷团队和协同开发

微服务有助于敏捷开发。借助它,小而专注于特定方向的团队可以开发系统的不同部分。在某些场景中,系统的不同部分是由不同的组织,甚至是跨地域的团队或者分工不同的团队开发出来的。这其实是比较普遍的实践,比如在生产制造行业。

在微服务领域,每个团队会开发不同的微服务,然后将它们组装在一起。虽然这不是系统分解的首选方式,但组织可能最终会处于类似的境况,因此并不能完全排除这种方式。

在一个在线产品搜索场景中,某个微服务可以根据客户当前的搜索内容来提供个性化的产品选择。这可能需要复杂的机器学习算法,因此需要相关机器学习专家团队。在这个场景中,可以由独立的专家团队将该个性化功能开发成一个微服务。

### 7. 单一责任

理论上,单一责任原则可以应用于方法、类或者服务。但在微服务的上下文中,单一责任不一定要映射到某个服务或者端口上。更可行的做法是将单一责任理解为单一业务功能或者单一技术能力。根据单一责任原则,一项责任不可以被多个微服务共同承担或分享。同样,一个微服务也不应承担多项责任。

然而,可能会存在一些特例,某个业务功能被划分到了多个微服务中,例如管理客户个人资料。在某些情况下,为了达到某些服务质量标准,可能会使用**命令查询责任分离(CQRS)方式**来实现两个微服务,分别管理客户信息的读取和写入操作。

### 8. 可复制性或可变更性

在 IT 交付领域,创新和速度是最为重要的。确定微服务边界时,每个微服务应能以最低的重写成本,轻易地从系统中分离出来。如果系统某个部分仅仅是个试验性功能,那么在理想情况下,应该把它作为微服务分离出来。

某些组织可能会尝试开发**推荐引擎**或**客户分级引擎**。如果未能实现其业务价值,那么应当将其舍弃或者用其他服务替换掉。

现在,很多组织采用创业模式,因为满足功能和快速交付最为重要。这些组织可能不太看重架构和技术,而关注可以快速交付解决方案的工具或技术。越来越多的组织选择开发**最小可行产品(MVP)**,他们会把一些服务拼装在一起并允许系统慢慢演进。微服务在这些场景中起到了重要作用。随着系统演进,这些服务会逐渐被重写或替换掉。

### 9. 耦合和内聚

耦合和内聚是确定微服务边界最重要的两个参数。为了避免接口高耦合，必须仔细评估微服务之间的依赖关系。功能拆解和依赖树模型有助于确定微服务边界。避免服务间过于频繁的通信、过多同步的请求-响应调用和循环同步依赖是三个关键点，因为这些问题容易破坏整个系统。一种有效的平衡方式是保持微服务内部的高内聚和微服务之间的松耦合。此外，应确保事务边界不会跨越不同的微服务。好的微服务会在接收输入事件后做出反应，然后执行一系列内部操作，最后发出另外一个事件。作为计算功能的一部分，微服务可能会从本地存储中读取或写入数据。

### 10. 把微服务视为产品

DDD 也倡导将限界上下文映射为产品。根据其理论，每个限界上下文都是理想的候选产品。可以把微服务视作产品本身。当确定了微服务的边界后，可以从产品角度评估这些服务边界，看看它们是否真的符合对产品的预期。对于业务人员而言，从产品角度考量服务边界更方便。一个产品边界可能包含很多参数，比如目标群体、部署灵活性、可售卖性和可复用性等。

## 4.1.2 设计微服务通信方式

微服务间的通信方式可以设计为同步（请求-响应）方式或异步（即发即弃）方式。

### 1. 同步通信方式

图 4-2 展示了一个以请求-响应方式通信的服务。

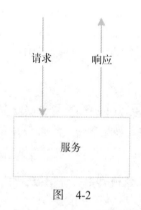

图 4-2

同步通信方式中不存在共享状态或对象。当调用方请求一个服务时，它会传递必要的信息并等待响应。这种同步通信方式的优势是应用是无状态的，而且从高可用性角度来看，可以有多个活跃的服务实例同时启动、运行并接收请求。由于不存在对其他基础设施（比如共享消息服务器）的依赖，管理成本会更低。如果某个阶段出错，错误信息会立即返回给调用方，使得系统仍保持一致的状态，数据的完整性不会受损。

同步请求-响应通信方式的缺点是用户或调用方必须等待，直到请求处理完成。因此，调用方线程必须等待响应，导致这种通信方式可能会限制系统的扩展性。

同步通信方式在微服务之间施加了强依赖关系。如果服务链中的某个服务失效了，那么整个服务链都会失效。为了确保服务成功，所有被依赖的服务必须同时启动并运行。许多服务失效状况必须用超时和回退机制来处理。

### 2. 异步通信方式

图 4-3 中的服务接收异步消息作为输入，然后把异步响应发送给其他服务。

图 4-3

异步通信方式基于响应式事件循环的语义或机制，使得微服务之间可以解耦。由于服务之间是相互独立的，而且可以在内部创建新的线程来处理额外的负载，因此这种通信方式的扩展性更强。当服务过载时，消息会在消息服务器上排队等待处理。这意味着即使其中某个服务处理速度变慢也不会影响整个服务链。这种方式实现了服务间更高层次的解耦，因此便于维护和测试。

这种通信方式的缺陷就是它依赖外部的消息服务器。处理消息服务器的容错机制是非常复杂的。消息服务器通常以主动-被动（A-P）的语义或模式工作，因此很难实现持续可用或高可用。由于消息服务器通常用于消息持久化，也就需要更强的 I/O 处理能力和 I/O 调优。

### 3. 不同的通信方式如何取舍

这两种通信方式各有长短。仅使用其中一种通信方式来开发系统是不太可能的。需要根据具体的用例来结合使用两种通信方式。从原则上说，异步通信方式适合开发真正的可扩展微服务系统。然而将异步机制应用于所有通信方式会导致系统设计极其复杂。

图 4-4 是之前提过的一个例子，展示的是当终端用户点击 UI 获取详细的客户个人资料时的工作流程。

这是一个以请求-响应模式向后台系统发起简单查询并得到查询结果的例子。该场景也可以用异步通信方式来建模，即推送一条消息至输入队列，然后在输出队列等待响应消息，直到收到给定关联 ID 的响应消息。虽然使用了异步消息机制，但用户操作在整个查询过程中还是被阻塞了。

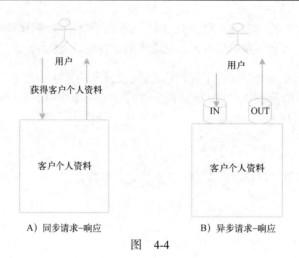

A）同步请求–响应          B）异步请求–响应

图    4-4

图 4-5 展示了用户点击 UI 搜索酒店信息的场景。

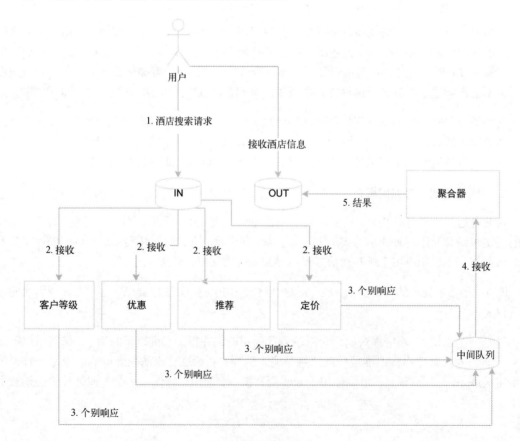

图    4-5

这个例子和前面的场景很相似，但假设该业务功能在向用户返回酒店列表前触发了一系列内部处理。比如当系统收到该搜索请求后，它会计算客户忠诚度，根据旅行目的地获取酒店价格信息，根据客户偏好推荐酒店、根据客户身份和收入等因素来优化报价信息，等等。在这种情况下，就有可能并行地完成多项处理，并将这些处理的返回结果聚合起来返回给客户。如图 4-5 所示，几乎任何计算逻辑都可以插入这个监听输入队列 IN 的搜索处理管道或流程中。

对于本例而言，一种行之有效的做法是开始时先用同步请求-响应方式进行通信，之后在异步通信的价值凸显时进行重构，引入异步通信模式。

图 4-6 展示了一个完全异步的服务交互方式。

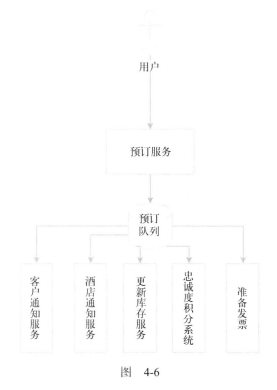

图　4-6

当用户点击酒店预订功能时，就会触发服务。它本质上还是同步通信方式。当酒店预订成功后，系统会发送一封电子邮件到客户邮箱，发送一条消息到酒店的预订系统，更新缓存中的库存信息，更新忠诚度积分系统并生成发票等，或许还有更多操作。不同于让用户在一个很长的队列中排队等待，更好的做法是将服务拆分为多个部分。用户只需等待预订服务创建出预订记录即可。预订记录创建成功后，系统会发出一个预订事件，同时将一条确认消息返回给用户。随后，其他所有处理都会以异步方式并行。

在这 3 个例子中，用户都得等待系统的响应。使用新的 Web 应用框架，就有可能异步地发送请求，然后定义一个回调方法，或者设置一个观察者来获取系统的响应。这样用户可以继续执行其他操作而不会被彻底阻塞。

在微服务领域，异步通信方式通常优于同步通信方式，但应根据价值和优势来决定通信方式。如果用异步方式设计的事务没有任何价值，那么在找到更好的用例之前，还是用同步方式通信吧。也可以使用响应式编程框架（比如 Spring 响应式框架），来避免用户驱动的异步请求系统设计复杂化。

## 4.1.3　微服务编排

可组装性是服务设计的原则之一。该原则很容易造成困惑——谁来负责组装服务呢？在 SOA 领域，ESB 负责组装一套细粒度服务。在某些组织中，ESB 相当于代理，服务提供者自身会组装和暴露粗粒度服务。在 SOA 领域，处理这些情况有两种方式。

第 1 种方式是 orchestration，如图 4-7 所示。

图　4-7

在 orchestration 方式中，多个服务拼合在一起以实现一个完整的功能。其中有一个中央大脑负责服务编排。如图 4-7 所示，订单服务是一个负责编排其他服务的组合服务。主流程上可能会存在串行或者并行分支。每个任务都是由一个原子任务服务（通常是一个 Web 服务）来实现的。在 SOA 领域，ESB 负责编排。ESB 将编排服务作为组装服务暴露出来。

第 2 种方式是 choreography，如图 4-8 所示。

图 4-8

在 choreography 方式中，不存在中央大脑。生产者会发布一个事件，这里是**预订事件**（许多消费者会等待该事件），然后会将不同的处理逻辑分别应用于接收到的事件。有时事件甚至可以嵌套，即消费者会发出另一个事件，该事件则会被其他服务使用。在 SOA 领域，调用方会推送一条消息到 ESB，此时消费者服务会自动决定下游流程。

微服务是自治的。实质上这意味着在理想情况下，完成一个微服务功能所需的所有组件都应在该微服务内部。这些组件包括数据库、内部服务编排、内部状态管理，等等。服务端口提供的只是粗粒度的 API。只要不跟外部触点通信，这样做完全可行。但实际上，一个微服务很可能需要调用其他微服务来实现自身功能。

在这些情况下，choreography 是将多个微服务连接起来的最佳方式。根据服务自治原则，由微服务之外的一个组件来控制整个流程并不是理想选择。如果当前的用例能用 choreography 的方式来建模/设计，这可能是实现该用例的最佳方式了。

虽然 choreography 是实现微服务的首选方式，但在处理复杂的流程、服务间交互和工作流时会变得很复杂。Netflix 引入了 Conductor，一个用于管理大规模微服务编排的开源微服务编排工具。

然而用 choreography 方式来建模/设计所有用例是不太可能的，如图 4-9 所示。

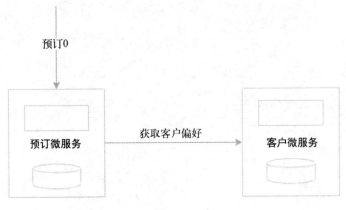

图　4-9

　　例如**预订服务**和**客户服务**是功能/职责明确分离的两个微服务。可能会出现这样的用例：预订服务在创建一条预订记录时要先获取客户偏好，在开发复杂系统时这很常见。

　　如果将客户服务迁移到预订服务中，那预订服务本身岂不是就完整了或完全独立了？如果客户服务和预订服务是根据许多因素确立的两个微服务，那么将客户服务迁移到预订服务中可能就不可取了。因为迟早都会面对另一个新的单体应用。

　　那么可以将预订服务调用客户服务的方式改为异步吗？图 4-10 展示了需要同步调用的场景。

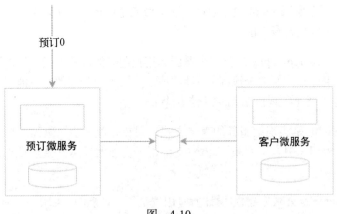

图　4-10

　　下面仅把服务编排的部分拿走，然后新建一个包含预订服务和客户服务的组合服务，如图 4-11 所示。

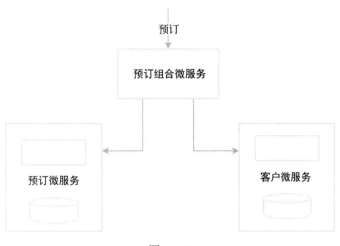

图 4-11

这种在一个微服务内部组装多个组件的做法是可取的。但新建一个组合微服务可能不理想。因为这样最终将会创建出很多细粒度、非自治且跟业务不对应的微服务。

下面尝试复制客户服务中的客户偏好信息，并在预订服务内部保留一份客户偏好数据的副本。如图 4-12 所示。

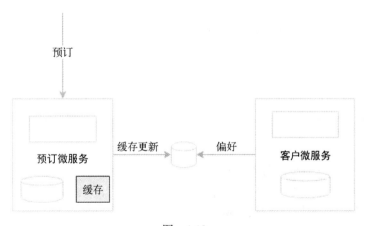

图 4-12

如果客户服务中的偏好主数据发生变化，这些变化的数据就要向外推送。对于本例，预订服务可以使用客户偏好数据而无须对外发出服务调用。虽然这种想法是合理的，但需要认真分析。全面复制了客户偏好数据，但是在其他场景中，可能想要调用客户服务来查看当前客户是否在预订黑名单中。因此必须谨慎决定需要复制的数据，否则可能会使系统复杂化。

### 4.1.4　每个微服务包含多少个端口——一个还是多个

很多时候，开发人员不确定每个微服务中包含的端口数量。实际上该问题是限制每个微服务中只有一个端口还是可以有多个端口（见图 4-13）。

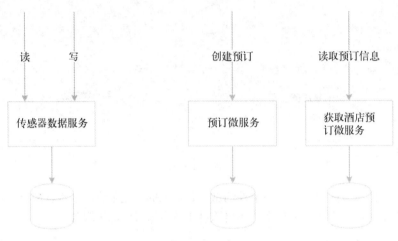

图　4-13

其实端口个数并非真正的决策点。在某些情况下，一个微服务只有一个端口，而在其他一些情况下，一个微服务会有多个端口。比如一个收集传感器信息的传感器数据服务，它有两个逻辑上的端口——创建和读取传感器数据。但正如酒店预订的例子（见图 4-13）所示，为了实现 CQRS 模式，可能需要创建两个独立的微服务。混合架构是将不同端口拆分到不同微服务中的另一种情况。

考虑一下之前提到的通知引擎，系统响应一个事件后会发出通知。对于不同的事件，通知的处理过程是不同的，比如数据准备、用户识别和传输机制等，并且在不同的时间窗口以不同的方式对待这些处理过程。在这样的情况下，可以考虑将每个通知端口拆分到单独的微服务中。

在另外一个例子中，一个忠诚度积分微服务可能有多个服务，比如积分的获得、兑换、转移和剩余等。区别对待每个这样的服务是不可行的。因为所有这些服务都是相互关联的，并且使用同一张积分表来存放数据。如果采取一个服务一个端口的方式，最终会导致很多不同的细粒度服务同时访问同一个数据库或者同时访问从同一个数据库复制而来的数据副本。

简而言之，端口的个数并非一个设计决策点。一个微服务可能包含一个或多个端口。重要的是为微服务设计合适的限界上下文。

### 4.1.5　每个虚拟机运行多少个微服务——一个还是多个

为了提高扩展性和可用性，可以通过复制部署的方式将一个微服务部署到多个**虚拟机（VM）**

上。这一点是显而易见的。然而多个微服务可以部署到同一个虚拟机上吗？这种方式有利也有弊。当服务很简单，并且流量很低时通常会遇到这样的问题。

下面举例说明。假设现有几个微服务，整体上这些服务每分钟处理的事务少于 10，可用的最小虚拟机规格是两核 8GB 内存。进一步假设在这种情况下，一台两核 8GB 内存的虚拟机每分钟可处理 10 ~ 15 项事务且不用担心性能。假如用不同的虚拟机运行每一个微服务，成本效益可能并不高。而且大多数供应商是根据 CPU 核数来收费的，因此这样做最终会导致在基础设施和软件授权上花费更多。

解决该问题的最简单做法是提出如下疑问。

- ❑ 在用量高峰期间，这台虚拟机足以同时运行这两个服务吗？
- ❑ 是否需要区别对待这些服务，以达到不同的 SLA（选择性扩容）？例如为了对系统进行扩容，假如用了一台虚拟机来运行所有服务，那么将不得不复制整台虚拟机，即复制该虚拟机上的所有服务实例。
- ❑ 不同服务之间对资源的要求是相互冲突的吗？比如不同的服务需要不同版本的操作系统、不同版本的 JDK 等。

如果以上这些问题的答案都是否定的，那么在确实需要改变部署拓扑之前，或许可以先在同一台虚拟机上部署。但是，必须确保这些服务之间不会共享任何状态信息，并且是以独立的操作系统进程来运行的。

话虽如此，但是在拥有成熟的虚拟化基础设施或者云基础设施的组织中，这可能并不算什么顾虑。在这样的组织环境中，开发人员无须关心服务具体在哪里运行。可能开发人员甚至不用考虑容量规划。服务将会部署到云计算环境中。底层的基础设施会根据基础设施的可用性、SLA 和服务自身的特性来自行管理服务的部署，例如 AWS Lambda。

## 4.1.6 规则引擎——共享还是嵌入

业务规则对于任何系统都不可或缺。例如一个价格适用性服务在做出适用或不适用的判断前可能需要执行一系列规则计算。要么手写规则，要么使用规则引擎。很多企业会在一个规则仓库中集中管理和运行业务规则。这些企业级规则引擎旨在支持业务部门编写、管理和复用规则。Drools 就是一个非常流行的开源规则引擎。IBM、FICO 和 BOSCH 则是商用规则引擎领域的先行者。这些规则引擎提高了生产力，复用了规则、事实和词汇，并且利用 Rete 算法提高了规则的执行速度。

在微服务的上下文中使用中央规则引擎，意味着微服务会向该引擎发出各种规则调用。这也意味着服务逻辑散落在了两个地方——一部分逻辑实现在服务中，另一部分逻辑实现在服务之外，也就是在规则引擎中。但在微服务的上下文中，目标就是要降低服务对外部系统的依赖（见图 4-14）。

图　4-14

如果规则本身比较简单，数量也不多，仅在服务的边界内使用，并且不需要暴露给业务用户来编写规则，那么手写业务规则可能比依赖企业级规则引擎更可取（见图 4-15）。

图　4-15

如果规则比较复杂，但仅限于在服务的上下文中使用，并且不需要暴露给业务用户，那么在服务中嵌入规则引擎会比较合适（见图 4-16）。

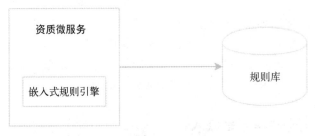

图　4-16

如果规则是由业务用户来编写和管理的，或者规则极其复杂，又或者要复用其他服务域的规则，那么应选择集中式规则仓库以及在服务中嵌入本地规则执行引擎。

请注意，必须认真评估该决策，因为并非所有供应商都支持本地执行规则，而且可能存在技术依赖，比如只能在特定应用服务器中执行规则等。

### 4.1.7　BPM 和工作流的作用

**业务流程管理**（BPM）和**智能业务流程管理**（iBPM）是设计、执行和监控业务流程的工具套件。

BPM 的典型用例如下。

❑ 协调一个长时间运行的业务流程。其中某些流程是用现成的 IT 资源实现的，另外一些流程由于比较小众，市场上尚未出现相应的具体实现。BPM 允许设计编写两类流程，并且可以提供端到端的自动化流程。这样的流程通常需要系统和人工介入来实现。

❑ 以流程为中心的组织，比如一些实现了 Six Sigma 的组织，想要监控日常的流程，以持续提高流程的执行效率。

❑ 流程重组：以自上而下的方式重新定义一个组织业务流程。

将 BPM 融入微服务之中可能存在两种情况。

图 4-17 展示了一个贷款审批的业务流程。

图 4-17

第一种情况是业务流程重组，或者之前提到的协调一个长时间运行的端到端的业务流程。在这种情况下，BPM 在更高的层次上运行，通过整合一系列粗粒度的微服务、现有遗留系统的连接器以及人工干预的方式，可以将跨职能部门且长时间运行的业务流程自动化。如图 4-17 所示，贷款审批的 BPM 流程会调用微服务和一些遗留应用提供的服务，并会整合人工的操作任务。

在这种情况下，微服务是实现其中某个子流程的无头式服务。对于微服务而言，BPM 相当于另外一种服务消费者。这种方式需要注意避免微服务和 BPM 流程共享状态，以及将业务逻辑移入 BPM 中去实现。

图 4-18 展示了一个订单配送流程，由一系列自下向上的事件构成。

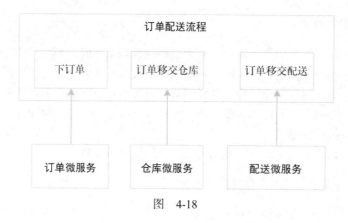

图    4-18

第二种情况是监控流程执行并提高执行效率。这和完全自动化且异步编排的微服务生态系统是密不可分的。在这种情况下，微服务和 BPM 作为独立的生态系统而工作。微服务会以不同的时间间隔发出各种事件，比如流程启动、流程状态变更和流程结束等。BPM 引擎则会利用这些事件来绘制和监控流程状态。由于只模拟一个业务流程并监控其执行效率，所以不需要一个功能完备的 BPM 解决方案。在这种情况下，订单配送流程并不是 BPM 的实现，更多的是一个用于获取和展示流程执行进度的监控仪表盘。

即便如此，BPM 仍可在更高的层次上设计编排多个微服务。在这样的场景中，端到端、跨职能部门的业务流程可以用自动化系统和人工干预来建模。一种更好且更简单的方式是第二种情况中提到的，不同的微服务将流程状态变更的事件提供给一个业务流程仪表盘，来监控和展示流程的执行状态和效率。

## 4.1.8    微服务可以共享数据库吗

原则上，微服务应抽象展现方式、业务逻辑和数据存储。如果根据该指导原则来拆分服务，那么逻辑上每个微服务都可以使用独立的数据库。

图 4-19 中订单和产品微服务共享一个数据库。

图    4-19

图 4-19 中，产品微服务和订单微服务共享了一个数据库和一个数据模型。在开发微服务时，共享数据模型、schema 和数据表都会引发灾难。这样做也许一开始是可取的，但在开发复杂的微服务时，通常会在数据模型之间加入关系和连接查询等，这样就容易导致物理数据模型紧耦合。

如果某个服务只用到了几张表，那么不值得投入完整的数据库实例（比如 Oracle）来实现该服务。在这种情况下，一开始用 schema 级的隔离就足够了。

图 4-20 表示**客户注册服务**和**客户分群服务**复用了同一个**客户数据库**。

图    4-20

在某些场景中，可能会考虑多个服务共享一个数据库。例如客户数据库或企业级客户主数据，客户注册微服务和客户分群微服务在逻辑上确实共享一个客户数据库。

如图 4-21 所示，针对特定场景，可以给这些服务增加一个本地交易型数据库，从而将微服务的交易型数据库和企业的主数据库隔离开来。

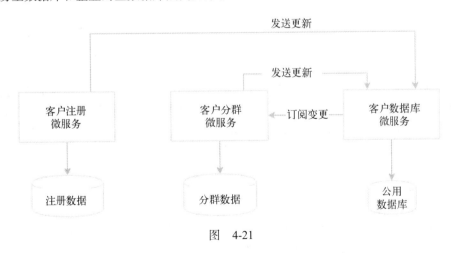

图    4-21

这样做有助于提高服务的灵活性，服务可以根据自身需要对本地数据库进行优化和重新建模。如果客户数据库中发生任何变动，企业客户数据库就会发出变更事件。同样，如果交易数据库中发生了任何变动，都会将变更事件发送到中央客户数据库中。

有时微服务是在某些共享的企业数据库（比如 Data Lake）或公用数据库（如主数据管理系统）等之上实现的。在这样的情况下，可能不得不使用共享数据库。这时，利用服务接口而不是创建本地连接来将这样的共享存储和微服务解耦就显得非常重要了。

### 4.1.9　微服务可以无头吗

很多时候可能会用到无 UI 的微服务，常称"无头服务"。有时 UI 会从多个微服务中聚合数据。

即便如此，理想情况下，微服务会将 UI、业务逻辑和数据库打包在一起，但这种做法不是实现微服务的唯一模式。当前无头式微服务模式光芒难掩。对于同一套微服务暴露到多个渠道的场景，比如音频用户界面（AUI），聊天机器人，基于手势的用户界面和可穿戴 UI 等，该模式特别有用。这些渠道的实现有时需要更复杂或更特殊的处理，而且变更也会比较频繁。

实际上，无头模式是当前最流行的微服务实现形式之一。

### 4.1.10　确定事务边界

操作系统中的事务用于维护 RDBMS 数据库中存放数据的一致性，它会将一系列数据库操作组合成一个原子操作块。这种原子操作块要么提交成功要么回滚整个操作。分布式系统涉及分布式事务，是用两阶段提交协议实现的。如果有一些异构组件（比如 RPC 服务和 JMS 消息服务等）参与了整个事务，就尤其需要分布式事务来管理了。

微服务中有事务的一席之地么？其实事务本身并不坏，但需要认真分析当前要执行的具体操作，谨慎使用事务。

对于特定的微服务而言，如果选择了 RDBMS 数据库（比如 MySQL）作为支撑数据库来保证百分之百的数据完整性（比如对于股票管理系统或库存管理系统而言，数据完整性至关重要），那么应该在微服务内部使用本地事务来定义事务边界。然而在微服务上下文中，应避免分布式的全局事务。为了确保事务边界尽可能不跨两个微服务，应详尽分析服务之间的依赖关系。

#### 1. 调整用例以简化事务方面的需求

相比于跨多个微服务的分布式事务，最终一致性是更好的选择。最终一致性减少了许多不必要的开销，但应用开发人员可能需要重新思考编写应用代码的方式。这可能包括对函数重新建模、序列化操作以最大程度减少故障、批量处理插入和更新操作、对数据结构重新建模、用补偿操作来消除影响等。

典型问题是酒店预订中最后一个房间的预订。如果酒店只剩下一间客房,而有多位客户同时预订呢?有时改变一下业务模式会减少这个场景造成的影响。可以设置一个**待订房间数**,考虑到可能有一些预订会取消,实际可预订房间的数量要比实际的房间数量少一些(可预订房间数=实际房间数–3)。这个可预订数量范围内的任意预订量都**需要确认**以表示接受,并且只在确认支付后才扣费。房间预订会在设定的时间窗口内确认。

考虑如下场景,需要在一个 NoSQL 数据库(比如 CouchDB)中创建客户个人资料。在传统的 RDBMS 数据库中,通常首先会插入一条客户记录,然后插入客户地址记录、客户详细信息和客户偏好等,所有这些操作都会在一个数据库事务中发生。使用 NoSQL 数据库时,可能就不会执行相同的操作步骤了,而可能会基于客户的所有相关信息生成一个 JSON 对象,然后将其插入 CouchDB 数据库中。这种情况无须显式定义事务边界。

### 2. 分布式事务场景

理想情况下,微服务内部需要使用事务的话,应使用本地事务,并且完全避免使用分布式事务。有时在执行完某个服务之后,可能要给另一个微服务发送一条消息。比如观光预订中包含轮椅预订的需求。预订成功后,必须发送一条消息给一个处理辅助设施预订的微服务来预订轮椅。观光预订请求本身会在一个本地事务中运行。即使发送消息失败了,它仍在事务边界内,因此可以回滚整个事务。如果创建了预订记录并且发送了一条消息,但消息发送出去后观光预订出现了错误,观光预订事务失败了,随后观光预订记录被回滚了,那该怎么办呢?当前的处境是,创建了一个不必要的轮椅预订记录,而该记录没和任何观光预订相关联,如图 4-22 所示。

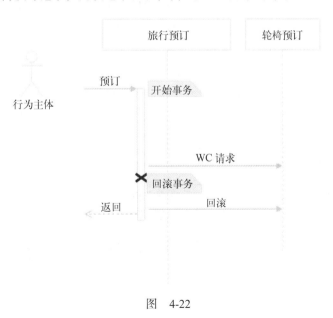

图　4-22

处理方式有很多。第一种方法是延迟消息发送，直到事务结束再发送消息，消息发送之后事务失败的可能性相对较低。如果消息发送之后事务仍失败了，那么启动异常处理程序，发送一条消息来取消轮椅预订。

## 4.1.11 服务端口设计的考量点

服务设计是微服务架构的重点之一。服务设计有两大关键元素——合约设计和协议选择。

### 1. 合约设计

服务设计的首要原则是简洁性。通常，服务设计者会花费大量时间让服务能适应日后各种变化并确保设计是可复用的。然而，这可能会导致服务复杂而难用。实际上，这些能适应未来变化的服务仍然会经历各种变化。

服务应该设计得易于使用。复杂的服务合约会降低服务的可用性。KISS（保持简单和傻瓜）原则有助于更快地开发出更高质量的服务，并且可以降低服务维护和替换的成本。YAGNI（你不会需要它的）原则也提倡这种理念。设计上，预测未来的需求并相应地进行系统开发并不能保证系统能够真正适应未来的变化，反而会导致大量不必要的前期投入，拉高维护成本。

演进式设计①是很好的理念。它提倡设计应满足当前的需求，然后不断地更新和重构原来的设计，必要时再满足新的功能需求。话虽如此，但是并不容易实现，除非有强大的服务治理能力。

**消费者驱动的合约**（CDC）贯彻了演进式设计理念。很多情况下，当服务合约发生变化时，所有消费者应用必须重新彻底测试。这使得服务难以变更。CDC 原则有助于设计消费者应用。它倡导每个消费者应用都以测试用例的形式向服务提供者表达需求，这样服务提供者可以在服务合约发生变化时用这些测试用例做集成测试。

**波斯特尔定律**也与此相关。该定律主要用于处理 TCP 通信问题，但也适用于服务设计。服务提供者应灵活地接受服务消费者的需求，而服务消费者应尽可能地遵守与服务提供者商的合约。

### 2. 协议选择

在 SOA 中，HTTP/SOAP 和消息机制几乎是服务间交互的默认协议。微服务在服务交互方面也遵循同样的设计原则。松耦合是微服务的核心原则之一。

微服务将应用分解为许多独立且可部署的服务。这样做不仅增加了服务间的通信成本，也使得服务对网络故障很敏感，可能还会导致服务性能下降。

---

① 可参考人民邮电出版社出版的《演进式架构》一书。——编者注

● **面向消息的服务**

如果选择异步通信方式，那么服务和用户之间的连接是断开的，这样对服务的响应时间没有直接影响。可以使用标准的 JMS 或者 AMQP 协议和 JSON 消息体来进行通信。以 HTTP 协议传输消息也很流行，并且可以降低系统复杂度。消息服务领域的许多新成员也都支持基于 HTTP 的通信方式。异步 REST 也有可能实现，而且它在调用需要长时间运行的服务时会很方便。

● **HTTP 和 REST 端口**

就系统互操作性、协议处理、流量路由、负载均衡和系统安全等方面而言，基于 HTTP 的通信通常更好。由于 HTTP 是无状态的，在处理不粘滞的无状态服务方面的兼容性更佳。大多数开发框架、测试工具、运行时容器和安全系统等倾向于 HTTP 通信。

随着 REST 和 JSON 被采纳与流行，HTTP 现在是微服务开发人员的默认选择。HTTP/REST/JSON 协议栈使得开发可互操作的系统变得简单而友好。HATEOAS 是一种新兴的设计模式，用于设计渐进式渲染和自助式服务导航。如前所述，HATEOAS 提供了一种将 HTTP 资源连接在一起的机制，这样 HTTP 资源的消费者就可以在各种 HTTP 资源之间轻松导航。RFC 5988 Web 连接性是另一个新标准。

● **优化的通信协议**

如果对服务的响应时间有严格要求，那么应特别注意，可能需要选择其他通信协议，比如 Avro、Protocol Buffers 或者 Thrift 协议。但这样做会限制服务间的互操作性，需要在性能和互操作性的需求之间权衡取舍。由于使用定制的二进制协议会同时在服务消费端和服务提供端绑定本地对象，因此使用这种协议前需谨慎评估。这样做还可能引发一些发布管理的问题，比如基于 Java 的 RPC 通信方式中的类版本不匹配问题。

● **API 文档**

最后，好的 API 不仅是简单的，还会给接口消费者提供足够的文档。现在很多工具可用于编制基于 REST 服务的文档，例如 Swagger、RAML 和 API Blueprint 等。

## 4.1.12 处理共享类库

微服务的根本原则是自治和自包含。为了贯彻该原则，有时不得不复制部分代码和类库，涉及技术类库或者功能组件。

例如值机和登机时会检查升舱资格（见图 4-23）。假如值机和登机是两个微服务，可能不得不将升舱资格检查的规则复制到这两个服务中。这就是在增加服务间依赖和代码冗余之间做出取舍。

图    4-23

相对于增加额外的服务依赖，嵌入冗余代码可能更简单，这样会使得版本发布更易于管理且性能更高。但这样做其实有悖于 DRY 原则。

DRY 原则指系统中的每一个知识点或逻辑都必须有且仅有一份可信且明确的表现形式。

这种代码冗余方式的缺点是，如果要修复共享类库上的一个 bug 或者进行增强，就必须在多处升级。这也许算不上严重的缺陷，因为每个服务可以包含不同版本的共享类库（见图 4-24）。

图    4-24

还可以将共享类库开发成独立的微服务，但这种方式需要仔细斟酌。从业务功能的角度看，如果它设计成微服务，可能不但无助于业务，反而会使系统复杂化。应在服务间的额外通信开销和不同服务中的冗余类库之间进行权衡。

### 4.1.13    微服务中的 UI

微服务的构建原则倡导将微服务设计成从数据库到展现层的垂直切片。

图 4-25 展示了包含 UI、业务逻辑和数据库的微服务。

图    4-25

实际上，设计需求是构建一套简单的 UI，方便移动应用将现有的 API 组合起来。这种需求很常见，因为业务部门希望 IT 部门快速交付应用（见图 4-26）。

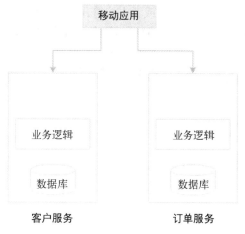

图　4-26

采取上面这种做法的一个原因是移动应用的穿透性。在许多组织中，移动开发团队和业务部门通常来往密切，可以把来自内部系统和外部系统的 API 组合起来，快速地开发移动应用。在这种情况下，只需暴露服务，然后交给移动开发团队按照业务部门的要求去实现应用。也就是说，可以构建无头式微服务，然后交给移动开发团队去开发展现层。

另一类问题是业务部门可能想针对不同的目标用户群开发一体式 Web 应用，如图 4-27 所示。

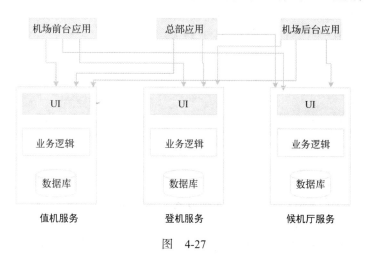

图　4-27

例如某个业务部门可能想开发一个针对机场用户的出发管制应用。出发管制 Web 应用可能包含值机管理、候机厅管理和登机管理等功能。这些功能可以设计成独立的微服务，但是从业务的角度看，这些功能都需要整合到一个 Web 应用中。在这种情况下，不得不通过组合后端的各种服务来进行开发。

一种做法是开发一个容器型 Web 应用或者占位符式 Web 应用来连接后端的各个微服务。在这种情况下，可以开发全栈式微服务，而在这些微服务中开发出来的界面可以嵌入其他占位符式 Web 应用中。这种做法的一个优势是可以开发出针对不同用户群体的多个占位符式 Web 应用，如图 4-27 所示。可以使用一个 API 网关来避免这些服务间错综复杂的交叉调用。稍后会研究 API 网关。

## 4.1.14  微服务中使用 API 网关

随着客户端 JavaScript 框架（比如 Angular）的演进，客户端期望服务器端暴露 RESTful 服务。这会导致两个问题：两边的接口合约不匹配，以及渲染一个页面需要多次调用服务端接口。

首先考虑接口合约不匹配的问题。例如 GetCustomer 接口可能会返回一个带很多字段的 JSON 字符串，如下所示。

```
Customer {
  Name:
  Address:
  Contact :
}
```

在本例中，Name、Address 和 Contact 字段都是嵌套的 JSON 对象。但某个移动客户端可能只想获取部分客户基本信息，比如名字和姓氏。在 SOA 领域，ESB 或者移动中间件会帮助客户端执行这样的数据转换。微服务的默认做法是获取 Customer 对象的所有信息，然后让客户端过滤信息。在这种情况下，网络上的开销会比较大。

有多种方式可解决该问题，代码如下。

```
Customer {
  id :1
  Name: /customer/name/1
  Address: /customer/address/1
  Contact : /customer/contact/1
}
```

第 1 种做法是用链接的方式返回尽量少的信息，这一点在上一章的 HATEOS 部分解释过了。在本例中，ID 为 1 的客户有 3 个链接，这些链接客户端访问客户的特定信息。这个例子只是逻辑上的简单表示，并不是真实的 JSON 字符串。这里的移动客户端会获取客户的基本信息，然后客户端会利用这些链接来获取所需的额外信息。

第 2 种做法是当客户端发起 REST 调用时，它会同时把需要返回的字段作为请求字符串的一部分发送过去。在本例中，客户端会用"姓"和"名"作为请求字符串发起一个请求，这表示客户端只需要这两个字段。由于服务端必须根据请求的字段来过滤结果，因此这样做最终会导致服务端逻辑复杂化，因为服务器端必须根据发送来的查询请求返回不同的数据。

第 3 种做法是引入一层间接性。在客户端和服务器之间添加一个网关组件来根据消费者/客户端的需求规范来转换数据。实际上这种做法更好，因为不会违背后端服务的合约。这就产生了所谓的 UI 服务。在很多情况下，API 网关充当了后端服务的代理，并暴露一套针对特定服务消费者的 API。

图 4-28 展示了定位 API 网关的两种方式。

 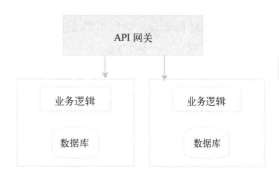

a) API 网关是微服务的一部分                    b) 公共 API 网关

图    4-28

部署 API 网关有两种方式。第一种方式是为每个微服务部署一个独立的 API 网关，如图 4-28a 所示。第二种方式是为多个微服务部署一个公共的 API 网关。这个选择实际上取决于目标需求。如果只是用 API 网关作为反向代理，那么一些现成的网关产品，比如 Apigee 和 Mashery 等，就可以用作公共的 API 平台。如果需要细粒度地控制流量调整和执行复杂的数据转换，那么为每个微服务定制一个 API 网关可能会更好。

与此相关的一个问题就是需要从客户端向服务器发起很多请求。如果参考第 1 章的假日门户网站的例子，为了渲染每一个 UI 组件，必须向服务器发起调用。即使只是传输数据，频繁的服务调用也会大大增加网络开销。但这种做法并不是完全错误的，例如响应式设计和渐进式设计会根据用户的导航行为按需加载数据。为了实现这一点，客户端的每个 UI 组件需要以懒加载的方式向服务器独立发起请求。如果网络带宽不够，那么可以用 API 网关作为中间件从多个微服务中组合并转换 API。

## 4.1.15    在微服务架构中使用 ESB 和 iPaaS

理论上，ESB 并不是 SOA 架构的全部，但实际上 ESB 一直是很多 SOA 架构实现的核心。那么，ESB 在微服务领域有什么用？

通常微服务是完全云原生的系统，其运行开销更小。其轻量级的特性使得部署自动化和服务扩容等成为可能。相比之下，企业级 ESB 在本质上是重量级产品，而且大多数商业 ESB 对云计算并不友好。ESB 主要负责调解、转换、编排协议以及用作应用适配器。在典型的微服务生态系统中，可能并不需要这些特性。

ESB 中和微服务相关的那部分很有限的功能已经由更轻量级的工具（比如 API 网关）来提供了。服务编排也从中央消息总线转移到了微服务。因此，微服务中不需要集中式服务编排能力。由于服务使用了 REST/JSON 调用，并且可以接受更为通用的消息交换方式，因此不需要在不同协议之间做调解或适配。ESB 还可以用作应用适配器连接遗留系统。在微服务中，服务本身提供了具体的实现，所以不需要遗留系统连接器。出于这些原因，ESB 对于微服务来说是多余的。

许多组织搭建 ESB 用作**企业应用集成**（EAI）的支柱。这些组织中企业架构的方针是围绕ESB 制定的。使用 ESB 集成时，在企业层面上会有一系列架构方针，比如审计、日志、安全和校验等同时起作用。然而，微服务提倡的是更加去中心化的治理方式。如果将 ESB 集成到微服务架构中去就过犹不及了。

然而，并非所有服务都会设计成为微服务。企业内部会有一些遗留应用和供应商应用等。遗留服务仍会通过 ESB 连接到微服务系统。对于遗留系统集成和在企业层面上集成供应商应用而言，ESB 仍占有一席之地。

随着云计算的发展，ESB 无力管理云产品之间的集成和云产品对本地部署产品的集成等。**集成平台即服务**（iPaaS）正作为下一代应用集成平台而不断演进，它进一步弱化了 ESB 的作用。在典型部署中，iPaaS 会通过调用 API 网关来访问后面的微服务。

## 4.1.16　服务版本化的考虑

如果允许服务演进的话，需要考虑服务版本化。一开始就应考虑服务版本化，而不是事后才设法补救。服务版本化有助于在不影响现有服务消费者的前提下发布新服务。新老版本的服务可以同时部署。

语义版本广泛用于服务版本化。一个语义版本包含 3 部分：MAJOR、MINOR 和 PATCH。其中 MAJOR 版本用于彻底不兼容的变更，MINOR 版本用于向后兼容的变更，PATCH 版本则用于向后兼容的 bug 修复。

如果一个微服务中有多个服务，服务版本化会变得很复杂。通常在服务级别上对服务进行版本化比在操作级别上实现更简单。

例如有个名为 GreetingService 的服务，它包含两个方法：sayHello()方法和 sayGoodBy()方法，分别暴露为两个 REST 端口——/greetings/hello 和 /greetings/goodby。其中 sayHello 和 sayGoodBy 就是 GreetingService 服务的两个操作。

如果其中一个操作发生了变化，该服务就会升级并部署为 V2，如下所示。

```
/api/v2/greetings    // service level
/api/v2/greetings/v2.1/sayhello    // service + operation level
/api/greetings/v2/sayhello    // operation level
```

这里的版本变化适用于该服务中的所有操作。这就是"不可变服务"的概念。

对 REST 服务进行版本化有 3 种方式。

❑ URL 版本化
❑ 媒体类型版本化
❑ 自定义请求头部

在 URL 版本化中，版本号会包含在 URL 中。在 URI 中，只需要关心主版本号，因此当次版本或者补丁版本发生变化时，服务消费者无须关心这些变化。最佳实践是用别名将最新版本指向一个非版本化的 URI，如下所示。

```
/api/v3/customer/1234
/api/customer/1234 - aliased to v3.
@RestController("CustomerControllerV3")
@RequestMapping("api/v3/customer")
public class CustomerController {

}
```

另一种稍微不同的做法是把版本号作为 URL 参数的一部分，如下所示。

```
api/customer/100?v=1.5
```

至于媒体类型版本化，客户端会在 HTTP 请求的 accept 头部设置版本信息，如下所示。

```
Accept: application/vnd.company.customer-v3+json
```

另一种不太有效的版本化方式是在自定义头部设置版本信息，如下所示。

```
@RequestMapping(value = "/{id}", method =
  RequestMethod.GET, headers = {"version=3"})
public Customer getCustomer(@PathVariable("id") long id) {
  //other code goes here.
}
```

URI 版本化更便于客户端使用服务，但这种方式有一些内在问题，比如嵌入了版本信息的 URL 资源会显得很复杂。实际上，将客户端迁移到新版本会比媒体类型版本化稍复杂，还有多个版本服务的缓存问题等，但不至于因噎废食。绝大多数大型互联网公司，比如谷歌、Twitter、领英和 Salesforce，都采用了 URL 版本化的方式。

## 4.1.17    跨域设计

对于微服务而言，无法保证不同的服务都在同一个主机或者同一个域名上运行。组合式 UI Web 应用可能会调用多个微服务来完成一项任务，这些微服务可能来自不同的域名和主机。

CORS 规范允许浏览器客户端向在不同域名下运行的服务发起请求。这一点在微服务架构中是必不可少的。

一种做法是允许所有微服务接收从其他信任域名发出的跨域请求。另一种做法是用 API 网关作为客户端唯一信任的域名。

## 4.1.18    处理共享的引用数据

在拆分大型应用时，一个常见问题是主数据或引用数据的管理。引用数据更像是不同微服务之间需要共享的数据。许多微服务会用到城市主数据和国家主数据，比如航班时刻表和航班预订等。

解决该问题有多种方法。例如对于相对静态的、不变的数据，每个服务都可以把这些主数据硬编码到自身的服务中。

另一种做法是把这些主数据设计成另外一个微服务，如图 4-29 所示。

图    4-29

这种做法很简洁，但缺点是每个服务都可能需要多次调用主数据服务。如图 4-30 所示，在机票搜索和预订的例子中，有一些交易型微服务使用了地理位置微服务来访问共享的地理位置数据。

图 4-30

另一种做法是每个微服务都复制一份共享数据。这样共享数据不存在唯一的所有者,每个服务都获得了必要的主数据。当主数据更新时,需要更新每个服务中的主数据副本。这种做法的效果很好,但必须把代码复制到每个服务中(导致代码冗余)。要保持主数据在所有微服务中始终一致也非常复杂。如果代码库和主数据比较简单,或者主数据相对静态,那么这种做法是合理的。

图 4-31 展示了将地理位置数据的本地缓存复制到了航班搜索和预订服务中。

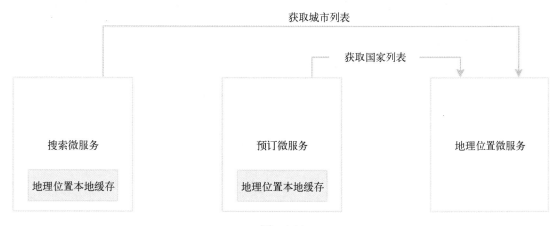

图 4-31

还有一种做法和第一种比较相似,但每个服务都有一份引用数据的本地缓存,这些主数据会逐渐加载到缓存中。根据数据量的多少,可以选用本地嵌入式/进程内缓存(比如 Ehcache),或数据网格(比如 Hazelcast 或 Infinispan)。如果大量微服务依赖共享主数据,这种做法最合适。

## 4.1.19　微服务和批量操作

将单体应用拆分成了更小而专注的服务后,就无法再使用跨微服务数据库的连接查询了。这可能会导致某个服务需要获取其他服务中的多条记录来实现自身的功能,如图 4-32 所示。

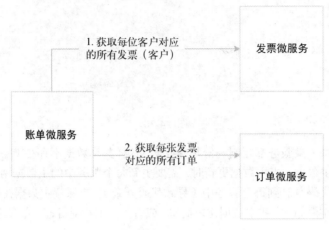

图    4-32

图 4-32 中，月账单功能需要获取很多客户的发票信息来处理账单计费。更复杂的发票功能可能需要很多订单信息。当把账单、发票和订单功能拆分成 3 个微服务后，出现的问题是账单服务必须为每位客户调用发票服务来查询所有发票信息，随后对于每条发票信息，再调用订单服务来获取相应订单信息。这并不是一个理想的方案，因为对其他微服务的调用太频繁了。

图 4-33 展示了将发票和订单数据的副本复制到账单服务中。

图    4-33

解决该问题有两种方法。第一种方法是在创建数据时做预聚合处理。当创建订单时，订单服务会发出一个事件。为了处理月账单，账单服务接收该事件后就开始在内部聚合订单数据。在这种情况下，账单微服务就无须调用其他服务去处理了。这种方式的缺点是数据冗余。

第二种方法是在预聚合不可取的情况下使用批处理 API。调用 GetAllInvoices 并使用多个批次，每个批次会进一步使用并行线程获取订单信息。Spring Batch 擅长处理这种情形。

## 4.2 小结

本章介绍了如何处理微服务开发中的一些实际场景。

首先介绍了多种可选方案和设计模式,它们可用于解决常见的微服务问题;然后讨论了开发大型微服务系统时面临的一系列挑战,以及如何有效应对。

下一章将建立一个微服务的能力成熟度参考模型。

4

# 微服务能力模型

5

第 4 章介绍了微服务开发中的一些实用的设计考量点。本章将运用所讲内容创建一个能力模型。

微服务能力模型的重要性有哪些呢？设计微服务并不像开发含 UI、业务逻辑和数据库的 Web 应用那么简单。后者对于简单的服务或者只处理少量微服务而言足够了。开发人员在开发大型微服务系统时通常需要考虑服务实现以外的问题。成功的微服务项目交付需要一系列相关生态系统的能力，确保这些前提条件到位非常重要，然而微服务实现不存在标准的参考模型。

虽然微服务实现所需的能力随着具体项目环境而异，但本书旨在构建一个通用的微服务能力模型，而不是建立一个底层参考架构。本章最后会研究一个采用微服务架构的成熟度模型。

本章主要内容如下。

□ 微服务生态系统的能力模型。
□ 每种能力的简介及其在微服务生态系统中的重要性。
□ 支撑这些能力的可选工具和技术。
□ 微服务成熟度模型。

## 5.1 微服务能力模型简介

面向服务领域有一些参考架构可作为实现 SOA 项目的基础。例如由 Open Group 定义的综合性 SOA 参考架构。

然而，微服务没有标准的参考架构，它还在不断演进。目前公开可用的架构多来自工具厂商，而且这些架构都偏向厂商自己的工具栈。

本章的微服务能力模型基于微服务设计和开发中的一些设计指南、常见模式和最佳实践方案等。

图 5-1 描述的微服务能力模型将作为参考模型贯穿余下章节。

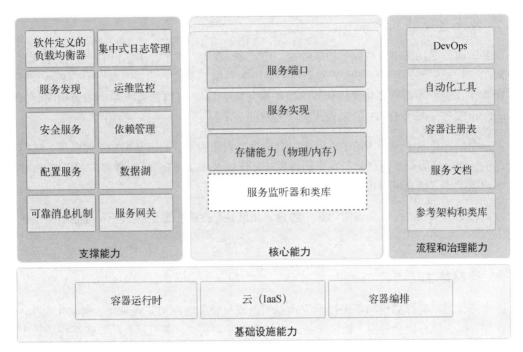

图 5-1

该能力模型大体上分为 4 类：

❑ 嵌在每个微服务中的核心能力；
❑ 支撑能力；
❑ 基础设施能力；
❑ 流程和治理能力。

## 5.2 核心能力

核心能力指通常会打包到单个微服务中的那些组件。例如订单微服务通常包含两个关键的可部署部分：用 Spring Boot 开发的 order.jar 及其数据库（订单数据库）。order.jar 会封装服务监听器、运行时需要的类库、服务的实现代码和服务 API 或端口，订单数据库则会存放订单服务需要的所有数据。小型微服务通常只需要这些核心能力。

Gartner 组织将这种核心能力命名为**内在架构**，将该核心能力之外的能力命名为**外在架构**。

第 3 章讲过如何使用 Spring Boot 实现这些核心能力。

稍后将详细介绍能力模型中的核心能力。

### 5.2.1  服务监听器和类库

服务监听器是用于接收微服务请求的端口监听器。在大多数情况下，HTTP 和消息监听器（例如 AMQP 和 JMS 等）用作服务监听器。如果微服务启用了 HTTP 端口，那么 HTTP 监听器会嵌到微服务中，因此不再需要包含任何外部应用服务器了。该 HTTP 监听器会随应用同时启动。Spring Boot 服务是基于 HTTP 的嵌入式服务实现的一个例子。

如果微服务是基于异步通信的，那么它会启动消息监听器，而不是 HTTP 监听器。这需要一个可靠的、能处理大规模消息的消息中间件系统，比如 Kafka 和 RabbitMQ 等。利用 RxJava 等响应式客户端类库，消息端口也可以用于请求-响应的场景。

针对特定场景，也可以考虑使用其他协议。如果某个微服务是定时服务，可能不需要任何监听器。

### 5.2.2  存储能力

微服务通过某类存储机制来保存服务状态信息或与业务能力相关的业务数据。如果某个服务需要存储，那么该存储会专用于该微服务。对于微服务而言，存储是可选的。在某些场景中，微服务可能仅仅是无状态的计算服务。

根据具体实现的功能不同，存储可以是一个具备物理存储能力的 RDBMS 关系型数据库，例如 MySQL，或者是 NoSQL 非关系型数据库，例如 Hadoop、Cassandra、Neo4J、Elasticsearch 等，也可以是内存数据缓存或内存数据网格，例如 Ehcache、Hazelcast、Infinispan 等，甚至可以是内存数据库，例如 solidDB、TimesTen 等。

### 5.2.3  服务实现

服务实现是微服务的核心，业务逻辑就是在这里实现的。这可以用任意适用的语言来实现，比如 Java、Scala、Conjure、Erlang 等。实现业务功能需要的所有逻辑都会嵌在微服务中。类似于常规的应用设计，服务实现往往采用一种通用的模块化且分层的架构。该服务实现会提供具体的服务端口或接口。

微服务实现的最佳实践可能会向外界发出状态变化的事件，而不在意这些事件的目标消费者。这些事件可以通过数据复制的方式被其他微服务、支持服务（例如审计服务）或者外部应用使用。这样其他微服务和应用就能对该服务的状态变化做出响应了。

### 5.2.4  服务端口

服务端口指的是由微服务暴露出来并供外界使用的 API。这些端口可以是同步的或异步的。

同步端口通常是 REST/JSON，但也可以用其他任意协议，比如 Avro、Thrift、protocol buffers 等。异步端口会通过消息监听器实现，例如 Spring AMQP、Spring Cloud Streams 等协议，这通常是由一个可靠的消息中间件方案来支持的，例如 RabbitMQ，也可能是其他任意消息服务器或其他消息形式的实现方案，例如 Zero MQ。

## 5.3　基础设施能力

成功部署和管理大型微服务系统需要一定的基础设施能力。在大规模部署微服务时，缺乏必要的基础设施能力会面临巨大的挑战而最终失败。

在某些情况下，PaaS 厂商（例如 Red Hat OpenShift）提供的所有这些能力都是开箱即用的。

第 9 章会详细介绍基础设施能力。

### 5.3.1　云计算

在传统的数据中心中，基础设施的配备周期相当长，因此很难在其中实现微服务。即使每个微服务都配备了大量专用基础设施，这样的成本效益可能并不高。在数据中心内部管理基础设施可能会增加购置和运维成本。云化的**基础设施即服务**（IaaS）基础设施更适合微服务部署。

微服务需要一种弹性的、云化的基础设施支撑，可以自动配备虚拟机或容器。

AWS、Azure、IBM Bluemix 或私有云（机房外或机房内）都是微服务部署的候选方案。

### 5.3.2　容器运行时

实际上，将很多微服务部署到大型物理机上的性价比并不高，而且难以管理。用物理机也很难实现微服务的自动容错。

许多组织已经采用**虚拟化**了，因为它支持物理资源优化利用与资源隔离，也降低了管理大型物理基础设施组件方面的开销。VMWare、Citrix 等都提供了虚拟机技术。

但虚拟机仍属于重量级，资源占用较大且启动耗时。容器是下一代虚拟机，它提供了更高的成本效益和资源隔离能力，这些正是资源开销更小的微服务所需要的。Docker、Rocket 和 LXD 等都是容器技术。

在主操作系统之上，需要一种软件来管理容器，比如启动和关闭容器。本书把这种软件叫作 "容器运行时"，例如 Linux 环境中安装的 Docker。

### 5.3.3　容器编排

对大量容器或虚拟机进行自动管理和维护比较困难。容器编排工具在容器运行时之上提供了统一的操作环境，并且可以在多个容器之间共享可用容量。Apache Mesos、Rancher、CoreOS 和 Kubernetes 等是比较流行的容器编排工具。这些工具也称容器调度器或容器即服务。

另一个挑战是人工配备基础设施和人工部署。如果部署过程中存在手动操作的部分，那么部署人员或运维管理员必须了解系统运行的拓扑结构，重新对流量进行手动路由，然后逐个部署应用，直到所有服务都升级完成。当很多服务器实例同时运行时，这种人工部署会产生巨大的运维开销，而且容易出错。

容器编排工具通常用于自动部署应用、调整流量、将新版本的应用复制到所有服务器实例上并撤掉旧版本的应用。在具有大量微服务的大型部署环境中，需要使用容器编排工具来避免人工部署的开销。

容器编排工具也有助于管理应用生命周期中的各项工作，包括管理应用的可用性和基于约束的部署，比如跨数据中心的部署，确保最低数量的应用实例启动并运行，等等。Kubernetes 支持这些能力，并且是开箱即用的，而 Mesos 需要 Marathon 等框架来实现这些能力。Mesosphere 的**数据中心操作系统（DCOS）**结合了 Mesos 和 Marathon 的能力，并且是开箱即用的。

## 5.4　支撑能力

支撑能力和微服务并不直接相关，但这些能力对于大规模微服务开发来说不可或缺。这些支撑服务依赖微服务的生产相关的运行时环境。

### 5.4.1　服务网关

服务网关或 API 网关通过代理服务端口或组合多个服务端口提供了一层间接性。API 网关对于 API 策略的执行和 API 路由也很有用。在某些情况下，API 网关也可以用于实时负载均衡。

市面上有很多 API 网关产品。API 网关的供应商有 Spring Cloud Zuul、Mashery、Apigee、Kong、WSO2 和 3scale 等。

第 7 章将详细介绍 API 网关。

### 5.4.2　软件定义的负载均衡

负载均衡器应当智能化以理解部署拓扑结构的变化并做出响应。这一点和负载均衡器中配置静态 IP 地址、域名的别名或集群地址的传统方式截然不同。当环境中加入新的服务器时，负载均衡器应当自动检测到并把这些新的服务器加入逻辑集群中而无须任何人工干预。同样，如果服务实例不可用了，负载均衡器应当把该实例移出集群。

在 Spring Cloud Netflix 框架中，结合使用 Ribbon、Eureka 和 Zuul 等就可以实现这些能力。另外，容器编排工具也自带了负载均衡的能力。例如 DCOS 工具自带了马拉松负载均衡器（marathon-lb）。

第 7 章会介绍利用 Spring Cloud 实现的软件定义负载均衡器。

### 5.4.3　集中式日志管理

日志文件有助于分析问题和排查错误。由于各个微服务是独立部署的，因此它们会生成独立的日志，也许会保存到本地磁盘上，这样会导致日志碎片化。当把服务扩展到多个机器上时，每个服务实例都会生成独立的日志文件。这样难以通过挖掘日志来排查错误和理解服务的行为。

比如对于订单服务、配送服务和通知服务这 3 个微服务，无法将在订单处理、配送和通知服务之上运行的跨服务的客户事务请求关联起来。

在实现微服务时，需要把来自各个服务的日志传输到一个集中式管理的日志仓库中。这样服务就不会依赖本地磁盘或本地 I/O 了。另一个好处是日志文件是集中管理的，且可用于各种分析，比如历史数据分析、实时数据分析和趋势分析等。通过引入一个关联 ID，易于追踪端到端的事务请求。

另外，需要利用关联 ID 集中管理不同服务实例上产生的所有日志，以根据关联 ID 来整合并追踪端到端的事务请求。

第 8 章将介绍日志方案。

### 5.4.4　服务发现

随着大量服务同时在云化的环境中运行，静态服务解析几乎是不可能的。因此，大型微服务系统需要一种自我发现机制来确定服务的最终运行之处。

服务注册表提供了一个运行时环境，使得服务可以在运行时自动发布其可用性。对于理解服务任意点的拓扑结构来说，服务注册表是很好的信息来源，因此消费者可以通过注册表来查找服务。

Spring Cloud 中的 Eureka、Zookeeper 和 Etcd 都是可用的服务注册工具。另外，容器编排工具也自带了容器发现服务。例如 DCOS 发行版的 Mesos-DNS 服务是开箱即用的。

第 7 章会介绍如何利用 Spring Cloud 发现服务。

### 5.4.5　安全服务

在单体应用中，应用安全包含在应用中，因此易于管理。对于微服务而言，由于服务的数量较多，单个服务无法容纳所有安全主数据，安全就成了突出的问题。分布式微服务的生态系统需要一个集中式服务器来管理各个服务的安全机制，包括服务的认证和令牌服务。

Spring Security 和 Spring Security OAuth 可用于构建这种能力。Microsoft、Ping 和 Okta 提供的单点登录（SSO）方案是能和微服务很好地集成的企业级安全方案。

第 3 章介绍了如何利用 Spring Boot 来实现这种能力。

### 5.4.6　服务配置

当使用自动化工具部署大量服务，尤其是部署到不同的服务器上时，和单体应用开发中的实践不同，很难保持应用的配置静态不变。

十二要素应用倡导微服务的所有服务配置都应当外部化。用一个集中式服务来管理所有配置会更好。Spring Cloud Config 配置服务器和 Archaius 都是开箱即用的。另外，如果配置变更实际上相对静态的话，也可以用 Spring Boot profiles 管理小型微服务系统的配置。

第 7 章会介绍如何利用 Spring Cloud 配置服务。

### 5.4.7　运维监控

当微服务数量众多，且每个服务都有多个版本和服务实例时，很难知晓哪个服务在哪个服务器上运行、这些服务的状态如何、服务之间的依赖关系等。对于单体应用而言这就简单多了，因为应用会在特定的或固定的一组服务器上打上标签。

除了了解微服务的部署拓扑和健康状况外，识别服务的行为、排查错误和识别热点等也会带来不少挑战。管理这样的基础设施需要强大的监控能力。

Spring Cloud Netflix Turbine 和 Hysterix 仪表盘等都能提供服务级别的信息。端到端的监控工具，比如 AppDynamic、NewRelic、Dynatrace 等，和其他工具，比如 Statd、Sensu、Simian Viz 等，可用于微服务监控。Datadog 等工具有助于高效地管理基础设施。

第 8 章将介绍微服务监控方案。

### 5.4.8　依赖管理

依赖管理是大型微服务部署的一个关键问题。如何识别并降低某个变更对系统的影响呢？如何知晓所有依赖的服务是否已经启动并运行了呢？如果某个依赖的服务不可用的话服务会如何运行呢？

在微服务中，依赖过多会带来不少挑战。以下 4 个设计考量点非常重要。

❏ 恰当地设计服务边界以减少服务间的依赖。
❏ 设计尽可能松耦合的服务间依赖来降低服务变更的影响。同样，通过异步通信方式来设计服务间的交互。
❏ 服务间的依赖问题需要使用断路器等模式来解决。
❏ 使用可视化的依赖图表来监控服务间的依赖关系。

如果微服务数量众多，**可配置项**的数量也会非常多，并且部署这些可配置项的服务器数量也可能无法预估。这样在传统的**配置管理数据库**（CMDB）中管理配置数据会变得极其困难。在大多数情况下，动态发现当前的运行时拓扑比 CMDB 方式静态配置的部署拓扑更有用。使用基于图形计算的 CMDB 来处理这些场景会更直观。

市面上有很多工具可用，综合运用这些工具就可以解决服务依赖的问题。其中一些运维监控或者性能管理工具是很有用的，例如 AppDynamic。其他工具还包括 Cloud Craft、Light Mesh 和 Simian Viz。

第 8 章将讨论微服务依赖管理方案。

### 5.4.9 数据湖

出于不同事务的目的，微服务抽象了各自的本地事务数据库。数据库的类型和数据结构会针对微服务提供的具体服务来进行优化。

假如要开发一个客户关系图谱，可能会使用一个图形数据库，比如 Neo4J、OrientDB 等。根据任意相关信息，比如护照号、地址、电子邮箱、手机号码等，来查找客户信息的预测性文本搜索功能，可以使用全文索引搜索数据库来实现，比如 Elasticsearch 或 Solr。

然而这种做法会导致数据分散到各种异构的数据孤岛上。例如客户服务、忠诚度积分服务和预订服务等是不同的微服务，因此使用不同的数据库。如果想针对所有高价值的客户，将来自这三个数据库的数据合并，做近实时的分析呢？对于单体应用而言这太简单了，因为所有客户数据都存放在同一个数据库中。

为了满足这种需求，需要一个数据仓库或数据湖。传统的数据仓库（比如 Oracle 和 Teradata 等）主要用于批量报表。然而对于 NoSQL 数据库（比如 Hadoop）和微批处理技术而言，利用数据湖可以实现近实时的分析。和传统数据仓库主要用于批量报表的目的不同，数据湖存储的是原始数据，而不会限定这些数据的用途。那么现在的问题实质上就是如何将数据从微服务迁移到数据湖中。

实际上，有多种方式可以将数据从微服务迁移到数据湖或数据仓库中，例如传统的 ETL 工具。由于要允许 ETL 工具从后门进入微服务获取数据，这样做会破坏微服务的抽象原则，所以这种做法不够理想。更好的方式是当且仅当事件发生时，从微服务内部向外发出事件，比如客户注册和客户更新事件等。数据采集工具会接收这些事件，并以恰当的方式向数据湖传播服务的状态变化。数据采集工具都是高度可扩展的平台，比如 Spring Cloud 数据流、Kafka、Flink 和 Flume 等。

第 8 章将讨论微服务监控方案。

### 5.4.10  可靠的消息机制

微服务开发推荐采用响应式编程，这样有助于微服务间解耦，进而可以增强扩展能力。响应式系统中需要一个可靠的、高可用的消息基础设施服务。

流行的消息服务器有 RabbitMQ、ActiveMQ 和 Kafka 等。IBM MQ 和 TIBCO EMS 是可行的企业级消息服务平台。云消息服务或消息即服务（比如 Iron.io）是实现互联网级消息服务的流行选项。

## 5.5  流程和治理能力

该话题的最后一点是微服务所需的流程和治理能力，涉及微服务实现的流程、工具和指南。

### 5.5.1  DevOps

微服务实现中，最大的挑战是组织文化。为了充分利用微服务的快速交付能力，组织应当采用敏捷开发流程、持续集成、自动化 QA 测试、自动化交付管道、自动化部署和自动化基础设施配备。

那些采用瀑布式开发流程或发布周期不规则的重量级发布管理流程的组织在开发微服务时会困难重重。

DevOps 是成功实现微服务的关键之一。DevOps 支持敏捷开发、快速交付、自动化和变更管理，与微服务开发可形成互补。

第 11 章会介绍这些能力。

### 5.5.2  自动化工具

敏捷开发、持续集成、持续交付和持续部署中使用的自动化工具对于微服务的成功交付是不可或缺的。没有了自动化，管理众多小型服务的交付对任何企业来说都会是噩梦。由于每个微服务的变更频度不同，不同的微服务应考虑采用不同的交付管道。

测试自动化在微服务交付中极其重要。通常微服务也会对服务的可测试性提出挑战。为了实现完整的服务功能，一个服务可能依赖另一个服务，而那个服务可能依赖又一个服务——以同步或异步的方式依赖。那么如何测试一个端到端的服务来验证其行为呢？测试时被依赖的服务也许可用，也许不可用。

在没有实际产生依赖的情况下，可通过**服务虚拟化**和**服务模拟**测试服务。在测试环境中，当服务不可用时，模拟服务可以模仿真实服务的行为。微服务生态系统需要服务虚拟化能力，然而服务模拟无法解决所有问题，因为有许多极端情况是无法模拟的，尤其是服务间存在深度依赖时。

另一种做法是使用消费者驱动的合约。转换后的集成测试用例可以覆盖大多数服务调用的极端情况。

在自动化功能测试、真实用户测试、综合测试、集成测试、发布测试和性能测试中有很多地方需要注意。测试自动化和持续交付方法都可以降低生产环境发布的风险，比如 A/B 测试、功能开关、金丝雀测试、蓝绿部署和红黑部署等。

在生产环境中，破坏性测试也是微服务开发中一个实用技巧。Netfix 使用 Simian Army 进行抗脆弱测试。成熟的服务需要不断地接受挑战来检验服务的可靠性和回退机制的水平。Simian Army 的组件会制造许多错误场景来研究系统在失效场景中的行为。

第 11 章会介绍这些能力。

### 5.5.3　容器注册表

微服务注册表是版本化的微服务二进制代码的存放之处。这些注册表可以是简单的构件仓库或真正的容器注册表，比如 Docker 注册表。通常 Docker 注册表中存放着基础镜像和利用这些基础镜像构建出来的应用镜像。作为微服务开发和交付管道的一部分，自动化工具会和 Docker 注册表集成在一起，用于上传和下载这些镜像。

把容器注册表作为支撑能力或者流程和治理能力的一部分是有争议的。容器注册表作为流程和治理能力的一部分加入该参考模型中主要因为它更多的是自动化工具的一部分，而且除了部署之外别无他用。容器注册表对服务治理也是不可或缺的。很多组织制定了和基础容器镜像相关的策略来避免安全问题。

Docker Hub、Google Container Repository、Core OS Quay 和 Amazon EC2 容器注册表的一些例子。根据组织的网络安全策略，容器注册表可以是私有的或公共的。

第 9 章会介绍 Dockcer 注册表。

### 5.5.4　微服务文档化

微服务实行非集中式治理，这和传统的 SOA 治理显著不同。某些组织可能会发现很难赶上这一变化，而不能适应该变化的话会影响微服务开发。

非集中式服务治理模型带来了一系列挑战。如何知晓谁在使用某个服务？如何确保服务的复用性？如何确定组织中哪些服务是可用的？如何确保企业 IT 策略正确执行？

其中一个重点是所有利益相关方都可以在某处查看当前所有服务、服务的文档、服务合约和服务级协议。尤其在分布式敏捷开发环境中，Scrum 团队获拥有自主设计的权力，那么必须了解哪些服务端口是可用的、这些服务端口所提供的服务，以及如何访问这些服务端口等，所有这些信息都应当集中存放。

良好的 API 仓库应具备以下特点。

- ☐ 通过 Web 浏览器访问 API 仓库。
- ☐ 提供了简单的 API 导航方式。
- ☐ 良好的组织结构。
- ☐ 可以使用样例来调用和测试服务端口。

Swagger、RAML 和 API 蓝图都有助于实现良好的微服务文档。Swagger 很流行且已被很多企业采用了。

> Spotify 的服务文档存放在其公开的开发者门户中，它是一个微服务文档化的典范。

第 3 章介绍过微服务文档化。

## 5.5.5　参考架构和类库

非集中式服务治理也给采用不同模式、工具和技术且相互隔离地开发微服务带来了挑战。这不利于组织部署高性价比的方案，也会限制服务的复用性。

在非集中式服务治理模式中，首要的考虑因素是要具备实现良好服务的一整套标准、参考模型、最佳实践和指南。这些应当以标准类库、工具和技术的形式对整个组织开放。这样可以确保开发出来的服务质量最高，并且是以一致的方式开发出来的。

参考架构提供了一份组织级别的蓝图，确保服务是根据一定的标准和指南，且以一致的方式开发出来的。这些标准和指南中的大部分内容都可以转化为一系列贯彻服务开发原则的可复用类库。

工具的标准化有助于企业避免实现不同风格且不可互操作的微服务，比如不同的团队使用不同的文档化工具、不同的镜像注册表或不同的容器编排工具。

该参考架构和类库，连同服务文档化对于非集中式微服务治理是不可或缺的。

第 11 章将介绍这些能力。

## 5.6　微服务成熟度模型

采用微服务需要仔细斟酌。快捷的成熟度评估有助于了解组织当前的成熟度，并能预见一些挑战。

图 5-2 中的成熟度模型是从前面讲过的能力模型派生而来的。

| | 第0级<br>传统 | 第1级<br>基础 | 第2级<br>中级 | 第3级<br>高级 |
|---|---|---|---|---|
| 应用 | 单体 | 面向服务<br>的集成 | 面向服务<br>的应用 | 以API为中心 |
| 数据库 | 万能型企<br>业数据库 | 企业数据库+<br>NoSQL数据库<br>和轻量级数据库 | 混合数据库，<br>数据库即服务<br>（DBaaS） | 成熟的数据湖/<br>近实时分析 |
| 基础设施 | 物理机 | 虚拟化 | 云 | 容器 |
| 监控 | 基础设施 | 应用和基础<br>设施监控 | APMs | APM和集中<br>式日志管理 |
| 流程 | 瀑布模式 | 敏捷和持<br>续集成 | 持续集成和<br>持续交付 | DevOps |

图　5-2

该 4×5 成熟度模型非常简单，可用于快速自我评估。成熟度的 4 个级别分别映射到应用开发的 5 个特性——应用、数据库、基础设施、监控和流程。

### 5.6.1　第 0 级——传统

传统成熟度的特征如下。

❑ 组织固守单体应用开发模式。也许他们通过子系统设计实现了内部模块化，但应用最终还是以单体 war 文件的方式打包的。使用的是专有的服务接口，而不是 RESTful 服务接口。

❑ 组织根据企业标准和软件许可证模型使用了通用数据库模型，而不考虑应用的具体类型和大小。

❑ 基础设施主要基于物理机，并未实现虚拟化。

❑ 也许有基础设施监控，但也仅限于应用级的监控，比如监控应用 URL 地址。

❑ 这些组织主要采用瀑布式开发方式，发布周期冗长。

这些特征完全不适合微服务开发。这样的组织在尝试大规模微服务开发时会困难重重。建议从小处着手，小规模地采用微服务，而大步迈进需要认真计划并采用微服务的所有相关能力。

## 5.6.2　第 1 级——初级

初级成熟度的特征如下。

❑ 组织还在用单体模式开发应用，但使用面向服务的集成方式实现了应用之间的通信。
❑ 虽然这些组织仍主要使用通用的数据库模型，但可能使用了 NoSQL 和其他轻量级数据库。
❑ 基础设施主要基于虚拟机，但尚未采用云计算模型。
❑ 基础设施监控可能比较完善，包括某些成熟的应用层监控。
❑ 这些组织采用敏捷开发方式和持续集成所需的自动化工具。

这些特征仍不能完全适应微服务开发。这样的组织在提高基础设施利用率和应用交付速度方面存在问题。建议识别出微服务实现的候选对象，开始时可以谋划好基础设施的使用，比如共享同一个数据库实例，并认认真真一步步实施。跟传统级别相比风险较低。

## 5.6.3　第 2 级——中级

中级成熟度的特征如下。

❑ 组织专注于基于服务的开发，并且开发出了基于 SOA 的应用。为了实现某些优化，可能仍在应用级别使用了专有协议来进行开发。
❑ 这些组织将混合存储视作一等公民。其企业文化是：为了达到目的而选择合适的数据库，且不太在意扩容的成本。
❑ 基础设施主要基于云计算——公有云或者私有云。
❑ 组织同时使用基础设施监控和应用性能监控工具来实现端到端的应用监控。
❑ 这些组织会使用敏捷开发方式和自动化工具来实现持续集成和交付。

这些组织离全面的微服务开发可能只有一步之遥了。其下一阶段的系统架构采用微服务是顺理成章的事情。风险也很低。

## 5.6.4　第 3 级——高级

高级成熟度的特征如下。

❑ 组织在开发中将 API 作为一等公民，其设计原则是 API 优先。

- 这些组织将混合存储作为一等公民对待。此外，这些组织在应用数据湖和近实时分析方面也很成熟。
- 基础设施将主要基于云计算，但同时也在使用容器和容器编排工具。
- 组织同时在使用基础设施监控和应用性能监控工具来实现端到端的应用监控，包括综合性的监控和真实用户监控。他们同时也在使用集中式日志管理方案。
- 这些组织将 DevOps 的所有原则应用于应用或产品开发。

这样的组织可能已经在使用某种微服务了，并且准备好快速迁移到大规模微服务开发了。

## 5.7  微服务采用的入口

在采用微服务时，组织通常会使用图 5-3 所示的两个入口。

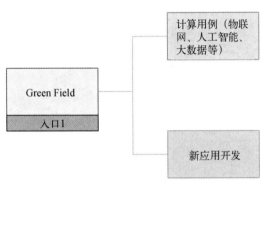

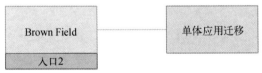

图    5-3

第一个入口称为"Green Field"方法。组织会通过这种方法使用微服务开发新的业务功能，示例如下。

- 开发计算服务，例如物联网、人工智能算法、大数据处理，等等。
- 从零开始开发新应用。

第二个入口称为"Brown Field方法"。组织会通过这种方法使用微服务来迁移单体应用。

## 5.8  小结

本章受到了业界成功的微服务项目实现的启发，基于最佳实践、常用模式和设计准则，建立了一个与技术和工具无关的微服务能力模型。该能力模型有助于组织思考自己的微服务实践和了解采用微服务之前需要考虑的方方面面。

本章论述了该能力模型的各项能力，介绍了这些能力对微服务实现的重要性，还讨论了支撑这些能力的各种可选技术方案，最后研究了组织采用微服务的成熟度模型。

下一章以一个使用微服务架构的实际问题和模型为例，介绍如何将所讲内容应用于实际项目。

# 第 6 章

# 微服务演进案例研究

类似于 SOA，不同的组织会根据具体问题，以不同的方式阐释微服务架构。除非细致地研究过真实的复杂问题，否则难以理解微服务的那些概念。

本章会引入一个虚构的廉价航空公司 BrownField Airline（BF），探究如何将其从一个单体式客运销售和服务（PSS）应用向下一代微服务架构演进。本章会深入研究 PSS 应用，并在遵循上一章介绍的设计原则和实践方法的基础上，解释该应用从一个单体系统向一个基于微服务的架构迁移的挑战、方法和演进步骤。

该案例研究旨在还原真实场景，从而明确相关架构概念。

本章主要内容如下。

❑ 以 BrownField 航空公司的 PSS 应用为例，研究从单体系统迁移到基于微服务系统的真实案例。
❑ 单体应用迁移到微服务的各种途径和迁移策略。
❑ 用 Spring 框架的组件设计一个全新的现代微服务系统来替代 PSS 应用。
❑ 使用 Spring 框架和 Spring Boot 实现微服务。

本章的完整源代码位于本书代码文件的 chapter6 目录下，下载地址为：https://github.com/rajeshrv/Spring5Microservice。

## 6.1 理解 PSS 应用

BrownField 航空公司是发展最快的廉价区域性航空公司之一，从其航运中心可以直接飞往 100 多个目的地。作为一个初创航空公司，BrownField 航空公司运营之初只有几架飞机和几条航线，因此自己开发了 PSS 应用来处理其客运销售和服务业务。

### 6.1.1 业务流程视图

为了方便讨论，简化了该用例。图 6-1 所示的流程图展示了 BrownField 航空公司端到端的旅客服务业务，当前 PSS 方案已经覆盖了该业务。

面向内部
面向客户
面向客户
面向客户
面向内部
起飞前
搜索
预订
值机
起飞后

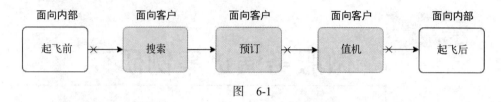

图 6-1

当前的方案将某些面向客户和面向内部员工的功能自动化了。**起飞前**和**起飞后**是两个面向内部员工的功能。**起飞前**是在航班计划阶段用于准备航班时刻表、飞行计划和承运机型等的功能。**起飞后**是后台员工用于管理营收和会计等的功能。**航班搜索**和**航班预订**是在线选座流程的部分功能，**值机**功能则是机场接收旅客的流程。终端用户也可以通过互联网在线使用值机功能。

图中箭头开始处的叉号表示这两个功能并不是连续的，而且发生在不同的时间段内。例如允许旅客提前 360 天预订航班，但值机通常发生在航班起飞前 24 小时内。

## 6.1.2 功能视图

图 6-2 呈现了 BrownField 航空公司 PSS 业务蓝图中的功能组件。每个业务流程及其相关子功能都在同一行中显示。

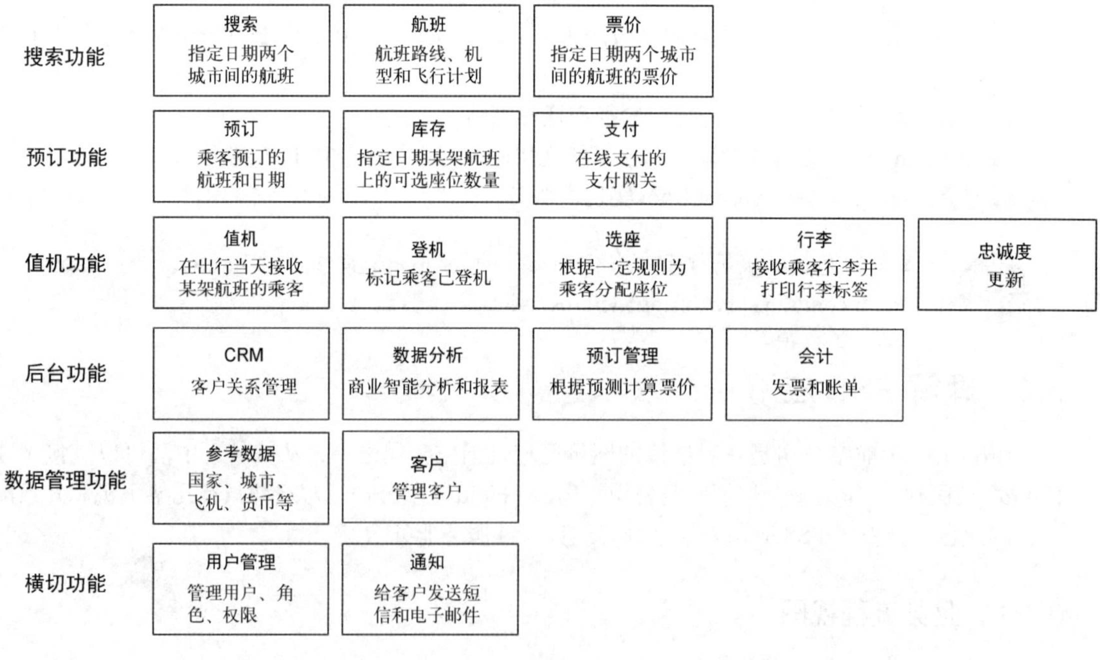

搜索功能
搜索
指定日期两个城市间的航班
航班
航班路线、机型和飞行计划
票价
指定日期两个城市间的航班的票价
预订功能
预订
乘客预订的航班和日期
库存
指定日期某架航班上的可选座位数量
支付
在线支付的支付网关
值机功能
值机
在出行当天接收某架航班的乘客
登机
标记乘客已登机
选座
根据一定规则为乘客分配座位
行李
接收乘客行李并打印行李标签
忠诚度
更新
后台功能
CRM
客户关系管理
数据分析
商业智能分析和报表
预订管理
根据预测计算票价
会计
发票和账单
数据管理功能
参考数据
国家、城市、飞机、货币等
客户
管理客户
横切功能
用户管理
管理用户、角色、权限
通知
给客户发送短信和电子邮件

图 6-2

图 6-2 解释了每个子功能在整个业务流程中的作用。某些子功能参与了多个业务流程，比如**库存**功能同时用于搜索和预订流程。为了避免复杂化，这一点并未在图中体现。**数据管理**和**跨流程**的子功能用于很多业务功能。

### 6.1.3　架构视图

为了高效地管理端到端的旅客运营，BrownField 航空公司在十年前就自行开发了一个 PSS 应用。这个架构设计良好的应用是用 Java 和 JEE，并结合当时最好的开源技术开发出来的。

图 6-3 展示了该应用的整体架构和技术。

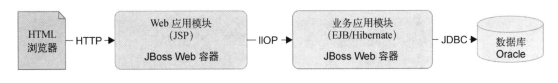

图　6-3

该架构拥有定义良好的边界，不同的关注点也分离到了不同的应用层上。该 Web 应用是使用基于组件的 *N* 层模块化系统开发出来的。该应用的不同功能之间通过 EJB 端口明确定义了服务合约而相互调用。

### 6.1.4　设计视图

该应用有许多逻辑上的功能组或子系统，并且每个子系统中的很多组件是以图 6-4 所示的方式组织起来的。

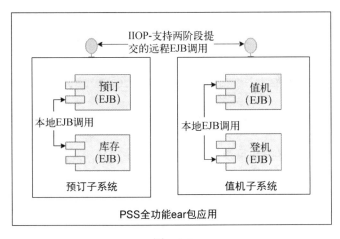

图　6-4

子系统之间通过远程 EJB 调用，使用 IIOP 协议来交互。事务边界跨不同的子系统。子系统内部的组件通过本地 EJB 组件接口进行通信。理论上，由于子系统使用了远程 EJB 端口，所以不同的子系统可以在物理上隔离的不同应用服务器上运行。这是设计目标之一。

## 6.1.5　实现视图

图 6-5 中的实现视图展示了一个子系统的组件及其内部组织方式和不同类型的构件。

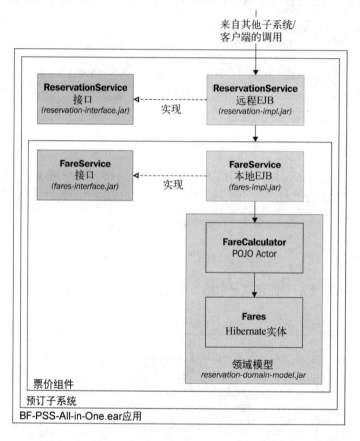

图　6-5

如图所示，带灰色阴影的方块可视作不同的 Maven 项目，并且可映射到不同的物理构件。子系统和组件是遵循**面向接口编程**原则设计的。接口是作为不同的 jar 文件打包的，因此客户端可以抽象具体的实现。业务逻辑的复杂性则隐没在领域模型之中。本地 EJB 用作了组件接口。最后，所有的子系统都打包并部署到了一个全功能的 ear 包中。

### 6.1.6 部署视图

如图 6-6 所示，该应用的初始部署架构非常简单。

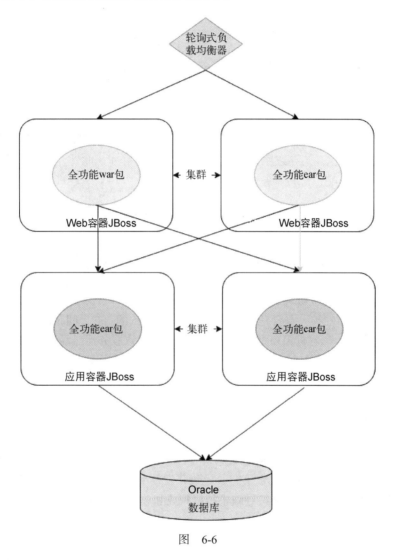

图 6-6

Web 模块和业务模块部署到了不同的应用服务器集群中。该应用通过向集群中加入更多应用服务器而实现水平扩容。

零宕机部署是通过创建一个备份集群并将流量合理地分流到备份集群来实现的。一旦主集群通过新版本打好补丁并重新对外服务后，就会销毁备份集群。大多数数据库变更设计为向后兼容，但遇到不兼容的破坏性变更时，系统会以应用宕机提示用户。

## 6.2 单体之死

该 PSS 应用运行良好，成功地支撑了所有业务需求，也达到了预期的服务级别。在开始的几年里，业务逐渐增长，该系统在扩容方面没有出现任何问题。

随着时间推移，业务取得了巨大的发展，航班规模显著增长，新的航班目的地也不断增加。航班预订量随之上升了，导致交易量陡增——达到了原先预估的 200 倍到 500 倍。

### 6.2.1 痛点

业务的快速增长最终给 PSS 应用带来了压力。一些奇怪的稳定性问题和性能问题也开始出现。新的应用版本发布也开始导致原先正常运行的代码不工作了。此外，变更的成本之大和交付的速度之慢开始严重影响正常的业务运营。

通过一次端到端的架构审查，他们发现了系统中的弱点和导致系统失效的根本原因，如下所示。

- ❑ **稳定性**：稳定性问题主要是由于卡住的线程限制了应用服务器接收更多事务，这主要是由数据库表级锁导致的。内存问题是导致系统不稳定的另一个因素。此外，某些资源密集型操作中的问题也影响了整个应用。
- ❑ **宕机**：宕机窗口的扩大主要是由服务器启动变慢导致的。这个问题的根本原因是 ear 包太大了。在任意一个宕机窗口期间堆积的消息都会导致服务器启动后的瞬间超负荷使用应用。由于所有功能都打包到了一个 ear 文件中，因此对应用代码的任意微小的变更都需要重新部署一遍。之前提过的零宕机部署模式的复杂性，加上服务器的启动变慢都增加了宕机的次数和时长。
- ❑ **敏捷性**：随着时间的推移，代码愈发复杂，部分原因是缺乏实现变更的指导原则。因此，需求变更变得越来越难以实现，变更的影响分析也变得过于复杂而难以执行。而不准确的变更分析经常导致一些 bug 修复破坏了原来正常工作的代码。应用代码的构建时间大幅延长，从几分钟涨到了几个小时，导致开发效率急剧下降。代码构建时间的延长也使得自动化构建难以实现，最终导致了**持续集成**和单元测试停止。

### 6.2.2 应急修复

性能问题已经应用第 1 章介绍的扩展立方体中的 $Y$ 轴方法部分解决了。单体式全功能 ear 包部署到了多个隔离的集群中。安装一个软件代理以便将流量路由到指定集群中，如图 6-7 所示。

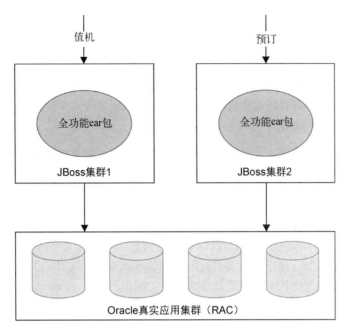

图 6-7

这样有助于 BrownField 航空公司的 IT 部门对应用服务器进行扩容，因此稳定性问题得到了控制。然而，这样做很快就遇到了数据库级别的瓶颈。解决方案是在数据库层面实现 Oracle 真实应用集群（RAC）。

虽然这种新的扩容模式缓解了稳定性问题，但系统复杂度和拥有成本都急剧上升了。技术债在一段时间内也上升了，最终导致彻底重写是降低这种技术债的唯一出路。

### 6.2.3 复盘

该应用架构设计良好，不同的功能组件之间也明确隔离。这些功能组件之间是松耦合的、基于接口编程的、通过标准的接口来访问的，并且拥有丰富的领域模型。

但问题是，这样一个架构设计良好的应用怎么会表现不佳呢？还有什么工作是架构师应该做但还没做到的呢？

关键是要理解在这段时间内到底哪里出了问题。在本书中，还要弄清楚微服务如何可以避免这些场景再次发生。稍后会研究其中一些场景。

#### 1. 数据共享优先于模块化

几乎所有功能模块都需要引用数据，比如航班信息、飞机信息、机场和城市列表、国家和货币等。例如机票价格是基于始发地（城市）计算的，一架航班是介于始发地和目的地（机场）之间的，值机是在始发地机场进行的，等等。在某些功能中，引用数据是信息模型的一部分，然而在其他一些功能中，引用数据用于进行数据校验。

大多数这样的引用数据既不是完全静态的，也不是完全动态的。当航空公司增加新航线时，可能需要增加国家、城市和机场等。当航空公司购入一架新飞机，或者更改一架现有飞机的座位配置信息时，飞机的引用数据可能会发生变化。

引用数据的常见使用场景之一是根据某些引用数据来过滤操作型数据。例如一个用户想查看飞往某个国家的所有航班。这种情况下的事件流可能是这样的：找到选定国家的所有城市，然后找到这些城市的所有机场，接着发起请求获取飞往这些机场的所有航班。

架构师在设计系统时考虑了多种设计方式。类似于其他子系统，他们曾考虑将引用数据隔离为单独的子系统，但这样做可能会引发性能问题。与其他处理方式不同，该团队决定按照一种非常方式来处理引用数据。考虑到前面讲过的查询模式的本质，这里将引用数据用作共享类库。在这种情况下，子系统允许按引用传递数据来直接访问引用数据，而不是通过 EJB 接口来访问。这就意味着，在任意子系统中，Hibernate 实体对象都可以将引用数据用作其实体关系的一部分（见图 6-8）。

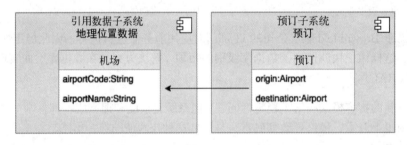

图　6-8

如图 6-8 所示，航班预订子系统中的"预订"实体对象允许使用引用数据来作为其对象关系的一部分，这里是"机场"实体对象。

### 2. 同一个单体数据库

虽然中间应用层已经实现了很多隔离机制，但应用中的所有功能都是指向同一个数据库的，甚至是同一个数据库 schema。单一的 schema 方案导致了一系列问题。

● 本地查询

Hibernate 框架能很好地抽象底层数据库。它会生成高效的 SQL 语句，大多数情况下针对特定数据库使用特定的语法，然而有时编写本地 JDBC SQL 语句能提升表现和资源利用率。在某些情况下，使用本地数据库中的函数表现更好。

单一数据库方案在开始时可以很好地工作。随着时间推移，这种方案的开口使得开发人员可以连接不同子系统之间的数据库表，这使用本地 JDBC SQL 语句可以实现。

图 6-9 展示了使用本地 JDBC SQL 语句连接两个子系统之间的数据库表。

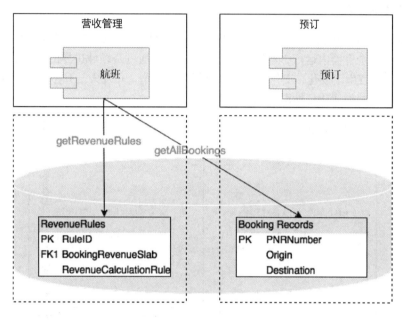

图　6-9

如图 6-9 所示，会计组件需要从预订组件获取指定城市和日期的所有航班预订记录来处理日账单。基于子系统的设计要求，会计组件向预订组件发出一个服务调用以获取指定城市的所有航班预订记录。假设有 $N$ 条航班预订记录符合条件，那么会计组件必须根据每条航班预订记录附带的机票代码执行一次数据库查询来查找该航班预订适用的计费规则。这样会导致效率低下的 $N+1$ JDBC 查询问题。这个问题有变通方法，比如使用批量查询语句或者并行批处理等，但那样会导致编码量和系统复杂度增加。实现的捷径是开发人员使用本地 JDBC 查询。实际上，这种方式可以把数据库查询次数从 $N+1$ 减少到 1，而只需要少量编码。

这种用很多 JDBC 本地查询来连接多个组件和子系统数据库表的编码方式，不仅会导致组件之间的紧耦合，还会导致代码缺少注释、难以排错。

● **存储过程**

使用单一数据库的另一个问题是数据库存储过程复杂。在中间应用层编写的一些以数据为中心的复杂逻辑的执行效率并不高，导致了响应迟缓、内存和线程阻塞等问题。

为了解决这些问题，开发人员决定直接在数据库存储过程中实现业务逻辑，将一些复杂的业务逻辑从中间应用层移到数据库层。该做法在某些事务处理中表现更佳，也避免了一些系统稳定性问题。系统在后面的一段时间内加入了越来越多的存储过程，然而这样做最终还是破坏了应用的模块化。

● **破坏了领域边界**

虽然领域边界建立好了，但所有系统组件都是打包到同一个 ear 文件中的。由于所有系统组件都设置为在同一个容器内运行，因此无法阻止开发人员通过跨领域边界的方式引用对象。一段时间之后，项目组发生了变化，交付压力和系统复杂度大增。开发人员开始寻找快速的而非正确的解决方案。应用的模块化特性渐渐消失了。

如图 6-10 所示，Hibernate 实体对象关系的创建跨越了不同的子系统边界。

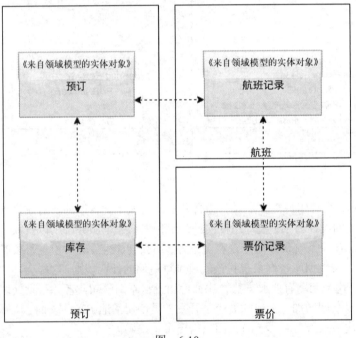

图　6-10

## 6.3　诉诸微服务——有计划地迁移

BrownField 航空公司的业务不断增长，为了满足需求，改进势在必行。BrownField 航空公司开始尝试以演进的方式而非革命的方式来重新设计整个系统。

在这种情况下，为了尽可能降低对业务的影响，用微服务对遗留的单体应用进行转型是比较理想的选择（见图 6-11）。

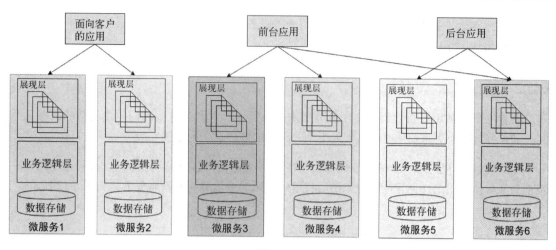

图 6-11

如图 6-11 所示，目标是迁移到基于微服务且与业务能力一致的架构。每个微服务都有各自的**数据存储**、**业务逻辑层**和**展现层**。

BrownField 航空公司的做法是搭建一系列针对特定用户的（比如面向客户的、前台的跟后台的）Web 门户应用。这种方式的好处是可以灵活地建模，也支持区别对待不同用户群体。比如面向互联网 Web 应用的策略、架构和测试方法跟面向企业内网的 Web 应用是完全不同的。面向互联网的应用可能会利用 CDN（**内容分发网络**）将网页部署到尽可能接近客户的地方，而企业内网应用可能会直接从数据中心响应页面请求。

## 6.3.1 业务用例

在编写系统迁移的业务用例时，经常要考虑一个问题：在下一个五年中微服务架构如何避免同样的问题再次出现？

微服务带来了一系列好处，第 1 章已经讨论过了，但这里有必要列出微服务迁移的几个关键好处。

❑ **服务依赖性**：在从单体应用向微服务迁移的过程中，可以更好地理解服务之间的依赖关系，确保架构师和开发人员不破坏这些依赖关系，进而防范服务依赖问题的发生。学习单体应用有助于架构师和开发人员设计出更好的系统。
❑ **物理边界**：微服务在各个方面都会强制设定物理边界，包括数据存储、业务逻辑层和展现层。跨子系统或微服务的访问确实会因各自的物理边界而受限。在物理边界之外，微服务甚至可以在不同的技术栈上运行。
❑ **选择性扩容**：在微服务架构中可以实现选择性水平扩容。选择性扩容比单体应用中使用的 $Y$ 轴扩展的性价比高。

❏ **技术淘汰**：技术的升级换代可以应用于微服务，而不是整个应用，因此微服务在技术升级方面无须巨大的投入。

## 6.3.2 迁移方法

要将一个含数百万行代码的应用拆分出来并不简单，尤其当这些代码包含复杂的依赖关系时。如何拆分呢？更重要的是，从何处下手，又如何解决这个问题呢？

更好的解决办法是制订一份迁移计划，然后逐步将业务功能迁移到微服务。迁移过程的每一步都会从单体应用之外创建微服务，然后将单体应用的流量分流到新服务上，如图 6-12 所示。

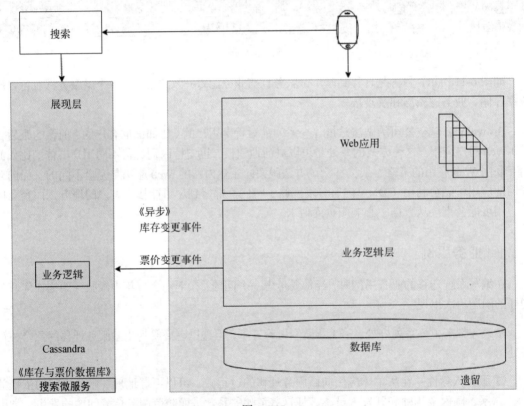

图 6-12

为了确保该迁移过程成功，有一系列关键问题需要从迁移的角度来考虑，如下所示。

❏ 确定微服务的边界。
❏ 列出微服务迁移的优先级。
❏ 在迁移阶段处理数据同步。

- ❑ 处理新旧 UI 的集成。
- ❑ 在新系统中处理引用数据。
- ❑ 确保业务能力不变并能正确重现的测试策略。
- ❑ 确定微服务开发的所有前提条件，例如微服务能力、框架和流程等。

## 6.3.3　确定微服务边界

首要的工作是确定微服务的边界，这是迁移过程最有趣也最难的部分。如果微服务边界确定不当，迁移过程可能会导致复杂的管理问题。

类似于 SOA，服务分解是确定服务的最佳方式，但需要注意服务分解止于业务能力或限界上下文。在 SOA 中，服务分解会进一步分解到原子粒度的服务。

通常自上而下进行领域分解。但自下而上的方式在分解现有系统时也很有用，因为可以利用很多实用的领域知识、业务功能和现有单体应用的行为等。

前面的服务分解步骤会得到一份可供参考的微服务清单。

值得注意的是，虽然这不是最终的微服务清单，但可以作为一个很好的起点。之后会使用一系列过滤机制来得到最终的微服务清单。在这种情况下，功能分解的首次尝试会和前面介绍过的功能视图很相似。

## 6.3.4　分析服务依赖关系

下一步是分析最初拆解出来的那些候选微服务之间的依赖关系。前面创建了这些微服务。这项工作结束后，会生成一张服务间的依赖关系图。

这项工作需要一个由架构师、业务分析师、开发人员、发布管理组和技术支持组组成的团队。

生成服务依赖关系图的一种方法是列出遗留系统的所有组件及其之间的依赖关系。可以通过下面列出的一种方法或结合多种方法来实现。

- ❑ 人工分析代码以厘清依赖关系。
- ❑ 利用开发团队的经验厘清依赖关系。
- ❑ 使用 Maven 依赖关系图。可以使用一系列工具重新生成依赖关系图，比如 PomExplorer 和 PomParser 等。
- ❑ 利用性能监控工具（比如 AppDynamics）来确定调用栈并向上追溯依赖关系。

假设厘清了业务功能及其依赖关系，如图 6-13 所示。

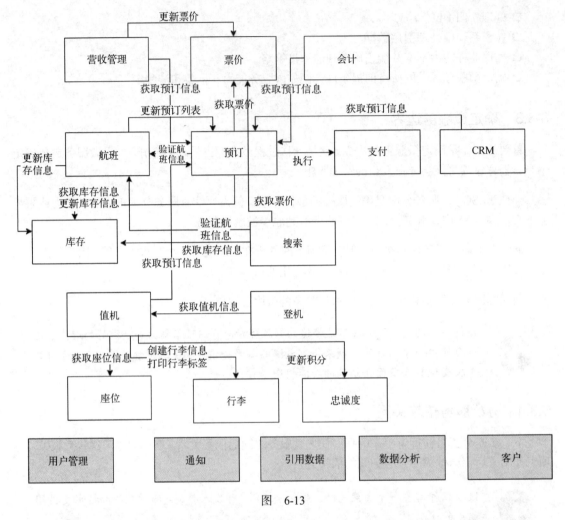

图   6-13

不同模块之间有很多正向和反向的依赖关系。最底下一层显示了跨多个模块使用的横切功能。在该阶段，这些模块之间的依赖关系看起来很杂乱，而不是自治的单元。

下面分析这些依赖关系，以得到一张更清晰、更简单的依赖关系图。

**1. 事件而非查询**

依赖关系可以基于查询或事件，而基于事件的依赖关系便于系统扩展。有时可能把基于查询的通信方式转变为基于事件的通信方式。在很多情况下，这些依赖关系的存在是因为业务组织是以那种方式进行管理的，或者是由旧系统处理业务的方式导致的。

下面研究图6-13中的**营收管理模块**和**票价服务模块**的关系（见图6-14）。

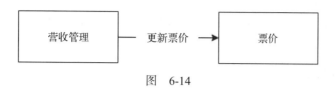

图　6-14

**营收管理**是一个用于计算最优机票价格的模块,该价格是根据对机票预订需求的预测计算得到的。如果始发机场和抵达机场之间的机票价格发生了变化,**营收管理**模块会调用**机票价格模块**的更新票价功能来更新**机票价格模块**中的相应价格。

另一种思路是**机票价格**模块为了获取价格变动信息而订阅了**营收管理**模块,而当票价发生变化时,**营收管理**模块都会发布相应的信息。这种响应式编程方式提供了一种额外的灵活性,使得**机票价格模块和营收管理模块**可以各自独立存在,也可以通过一个可靠的消息系统互相连接。相同的模式也可以应用于其他很多场景中,比如**值机**、**忠诚度**和**登机**。

接下来研究 **CRM 模块**和**机票预订模块**的关系(见图 6-15)。

图　6-15

该场景跟前面介绍过的场景略有区别。**CRM** 模块用于管理乘客投诉。当它收到乘客投诉时,会获取相应的乘客**航班**预订信息。实际上,乘客投诉量跟机票预订量相比,小到可以忽略不计。如果盲目地应用前面的模式,让 CRM 模块订阅所有航班预订信息,其性价比并不高(见图 6-16)。

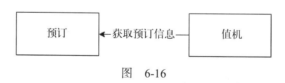

图　6-16

下面研究**值机**模块和**预订**模块的关系。除了**值机**模块调用**预订**模块的**获取预订信息服务**外,**值机**模块可以监听预订事件么? 这是可能的,但这里的挑战是**机票预订**可能提前 360 天发生,而**值机**通常发生在航班起飞前 24 小时内。将所有预订信息和预订变更信息提前 360 天复制到**值机**模块并不可取,因为**值机**模块在航班起飞前的 24 小时才需要这些数据。

另一个选择是,当某架航班的**值机**开放(起飞前 24 小时内)时,**值机**模块调用**预订**模块中的某个服务来获得指定航班预订信息的快照。一旦获得快照,**值机**模块就可以订阅该航班的特定预订事件了。这种做法是基于查询方法和基于事件方法的结合。这样做减少了不必要的事件和存储,也减少了这两个服务之间查询调用的次数。

简而言之，没有统一的模式可以涵盖所有场景。每个场景都需要仔细分析，然后选用最合适的模式。

### 2. 事件而非同步更新

除了查询模式，更新事务也可能会导致依赖。下面研究**营收管理模块**和**预订模块**之间的关系（见图 6-17）。

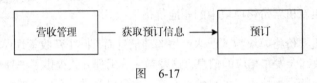

图    6-17

为了分析和预估当前需求，**营收管理模块**需要获取所有航班的所有预订信息。当前在模块依赖图中描述的方法是，**营收管理模块**有一个调度作业会调用**预订模块**中的**获取预订信息**服务来获取自上一次同步到目前为止的所有增量式预订信息（新的预订和变更的预订）。

另一种做法是当**预订模块**中发生预订时，立即以异步推送的方式发出新预订和预订变更的事件。同样的模式可以应用于其他许多场景中，比如从**预订**到**会计**、从**航班**到**库存**和从**航班**到**预订**。在该方法中，源服务将所有状态变化事件发布到一个主题中。对该主题感兴趣的所有模块都可以订阅该事件流，并且可以存储在本地。这种方式消除了很多硬编码绑定，使得系统可以保持松耦合。

依赖关系如图 6-18 所示。

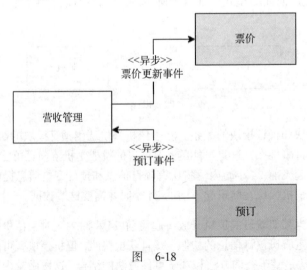

图    6-18

在这种情形下，我们同时改变了两个依赖关系，并将依赖关系转化成了异步事件。

最后一个例子是**预订模块**向**库存模块**发起**更新库存**调用（见图 6-19）。

图 6-19

当完成一个预订后，系统必须使用库存服务中存储的**库存**数据来更新库存状态。假设当前有 10 个经济舱座位可预订，在某个预订完成后，必须将库存降低到 9。在当前的系统中，**预订**和**更新库存**是在同一个事务边界中执行的。这样做是为了处理几位客户同时预订最后一个座位的场景。在新的设计中，如果应用同样的事件驱动模式，即把库存更新信息作为一个事件发送给**库存模块**，会使得系统处于不一致的状态。该问题需要进一步分析，稍后会讨论。

### 3. 挑战需求

在很多情况下，可以通过重新审视需求来达到目标状态（见图 6-20）。

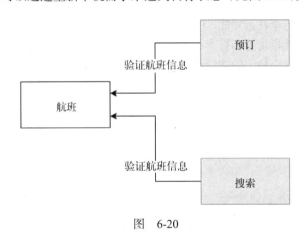

图 6-20

这里有两个验证航班信息的调用，一个是**预订模块**发起的，另一个是**搜索模块**发起的。验证航班信息的调用用于验证来自不同渠道的航班数据，以避免存储和对外提供不正确的数据。当某位客户搜索航班（比如 BF100）时，系统会按照以下步骤验证该航班信息。

❑ 这架航班是有效的吗？
❑ 在指定日期确实存在该航班吗？
❑ 该航班对预订设置过什么约束或限制条件吗？

解决该问题的另一种做法是根据前面列出的这些条件调整该航班的库存。比如该航班对预订有约束或限制，那么就把航班库存更新为 0。在这种情况下，智能决策仍保留在**航班模块**上，且会不断更新航班库存。**搜索模块**和**预订模块**只需查询航班库存即可，而无须对每个请求进行验证航班信息。这种做法比原来的做法更高效。

接下来考虑支付的用例。由于支付卡行业数据安全标准（PCI-DSS）等带来的安全性约束或限制，支付通常是隔离开来的功能。扣款时往往将浏览器重定向到由第三方支付服务运行的支付页面。由于支付卡处理类的应用受到 PCI-DSS 条款的限制，明智的做法是消除对支付服务的任何直接依赖关系。因此，可以去除**预订模块**对**支付模块**的直接依赖，而选择 UI 级别的集成。

### 4. 挑战服务边界

下面根据需求和模块依赖图审查某些服务边界，并且研究**值机模块**及其对**选座**和**行李托运**功能的依赖。

选座功能会根据当前飞机上的座位分配情况执行某些算法，找出安排下一位乘客座位的最佳方式，以此满足承重和平衡方面的需求。这是基于一系列预定义的业务规则实现的。然而，除了**值机模块**外，其他模块不会用到选座功能。从业务能力的角度看，选座只是值机模块的一项功能，其本身并不是业务能力。因此，将选座功能的逻辑嵌在值机模块中会更合适。

这种做法也适用于**行李托运**功能。BrownField 航空公司有单独的行李托运处理系统。在 PSS上下文中的行李托运功能负责打印行李标签，同时会保存与**值机**记录相关的行李托运数据。系统中没有一项业务能力跟这个特定的功能相关联，因此将该功能移至**值机模块**中会比较合适。

重新设计之后的**预订**、**搜索**和**库存**等功能如图 6-21 所示。

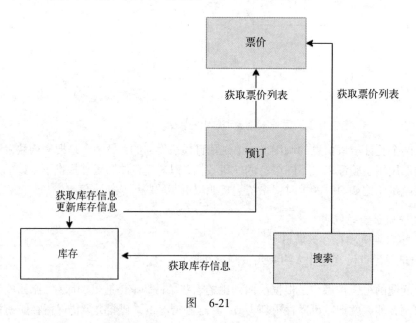

图　6-21

同样，**库存**和**搜索**更多的是**预订**模块的支撑功能，因此它们并不对应任何业务能力。类似于之前的判断，将**搜索**和**库存**功能移至**预订**模块会比较合理。暂时假设将**搜索**、**库存**和**预订**（Booking）移至一个叫作**预订**（Reservation）的微服务中。

根据 BrownField 航空公司的统计，搜索业务发生的频率是预订业务的 10 倍以上。跟预订不同，搜索并不是一个创收的业务。出于这些原因，针对搜索和预订业务，需要采用不同的扩容模式。即使在搜索业务量陡增时，预订业务也不应受影响。从业务的角度看，为了一个有效的预订请求而放弃一个搜索请求更可取。

这是需求多样性的一个例子，它违背了业务能力一致性的原则。在这种情况下，将**搜索**从**预订**服务中抽离出来，作为一个单独的服务更为合理。假设移除**搜索**，那么只有**库存**和**预订**仍然保留在**预订**中。现在**搜索**必须回调**预订**模块来执行库存搜索操作。这样可能会影响预订业务，如图 6-22 所示。

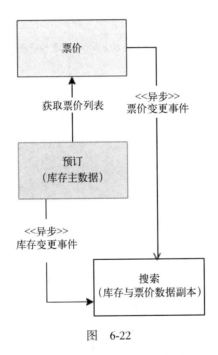

图　6-22

更好的做法是在**预订**模块中保留**库存**主数据，然后在**搜索**模块中保留库存的一份只读副本，并且通过一个可靠的消息系统持续同步库存数据。**库存**和**预订**放在一起，也有助于解决两阶段提交的问题。由于**库存**和**预订**都在本地，它们用本地事务就可以很好地工作。

下面考虑一下**机票价格**模块的设计。当客户搜索指定日期从 A 到 B 的航班时，需要同时向客户显示航班和票价信息。这就意味着库存中的只读副本中也可以将票价和库存结合起来。搜索模块就可以订阅**票价**模块从而获取与票价变化相关的任何事件了。这里的逻辑处理仍保留在**票价**服务中，但票价服务要不断地对外发出价格变更事件，因为票价数据已经缓存在**搜索**模块中了。

### 5. 最终的依赖图

暂时保留一些原先设计中的同步调用。通过应用上面的所有改动，最终的依赖图如图 6-23 所示。

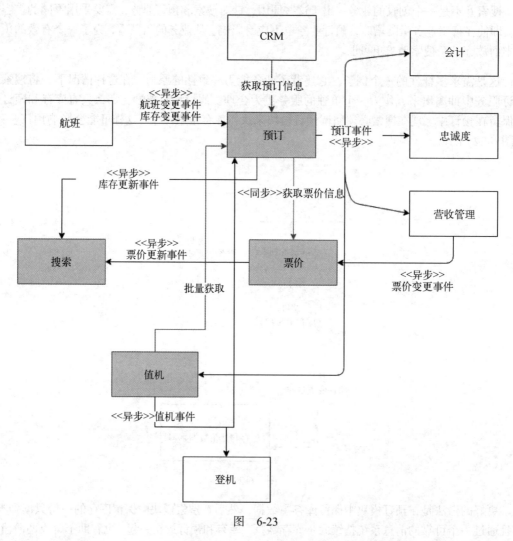

图    6-23

至此，可以将图 6-23 中的每个方块看作一个个微服务了。前面厘清了很多依赖关系，也将它们设计成异步通信了。现在整个系统或多或少地设计成响应式的了。但图 6-23 中仍有一些用粗线表示的同步调用，比如**值机**服务中的 GetBulk 方法、**CRM** 服务中的 getBooking 方法和**预订**服务中的 GetFare 方法。根据前面的权衡分析，这些同步调用实际上是必需的。

### 6.3.5　微服务迁移的优先级

确定好了基于微服务架构的第一个版本后，下面分析这些服务的优先级，并确定服务迁移的次序。这需要考虑多种因素，下面逐一解释。

- ❑ **依赖关系**：决定服务迁移优先级的因素之一是服务间的依赖关系图。在服务依赖关系图中，依赖较少的或者根本没有依赖的服务容易迁移，而复杂的依赖关系难以迁移。具有复杂依赖关系的服务需要将其依赖的模块也一并迁移过去。跟预订和值机模块相比，**会计**、**忠诚度**、CRM 和**登机**模块的依赖关系更少。模块的依赖度越高，迁移过程中的风险就越高。

- ❑ **业务量**：另一个考虑因素是业务量。迁移业务量最高的服务可以减轻现有系统的负载。从 IT 支撑和维护的角度看，这样做获益更多。然而，这种方式的弊端是风险更高。之前提过，**搜索**请求的流量是**预订**请求的流量的十倍之多。**值机**请求的流量排在**搜索**和**预订**之后，是系统中第三高的。

- ❑ **资源利用率**：资源利用率是根据当前的 CPU、内存、连接池和线程池等的利用率来衡量的。从遗留系统中迁移出资源密集型服务可以提高其他服务的资源利用率，也有助于其他模块更好地工作。**航班**、**营收管理**和**会计**是资源密集型服务，因为它们包含了数据密集型的处理，比如预测、账单和航班变更等。

- ❑ **复杂度**：系统复杂度或许可以用某个服务相关的业务逻辑来衡量，比如功能点、代码行数、数据库表的数量和服务的个数等。相比于复杂的模块，复杂度较低的模块更容易迁移。和**登机**、**搜索**与**值机**服务相比，**预订**服务是极其复杂的。

- ❑ **业务关键度**：业务关键度可以根据营收或者客户体验来衡量。关键的模块通常会带来更高的业务价值。从业务角度来说，**预订**服务产生的营收最高。**值机**服务也是关键业务，因为值机服务不好的话可能会导致航班延误，进而导致营收受损和客户不满。

- ❑ **变更频率**：变更频率指的是在较短的一段时间内针对某个功能发生变更请求的次数。这等同于交付的速度和敏捷度。同稳定的模块相比，变更请求频率高的服务更适合迁移。统计数据表明，**搜索**、**预订**和**票价**一直在频繁地变更，而**值机**是系统中最稳定的功能。

- ❑ **创新性**：由于后台功能是基于相对更为确定的业务流程的，因此在颠覆性创新流程内的服务的优先级要比后台功能更高。跟微服务领域的创新相比，基于遗留系统的创新会更困难。与后台**会计**模块相比，大多数创新都是围绕**搜索**、**预订**、**票价**、**营收管理**和**值机**模块开展的。

根据 BrownField 航空公司的分析，**搜索**服务的优先级最高，因为搜索业务需要不断创新，变更频率较高，业务关键度较低，并且可以更好地缓解业务和 IT 的压力。**搜索**服务的依赖关系最少，且无须将数据同步至遗留系统。

### 6.3.6   迁移过程中的数据同步

在迁移阶段，遗留系统和新的微服务系统会并行，因此两个系统之间需要保持数据同步。

一种简单直接的做法是在数据库级别使用数据同步工具来同步两个系统间的数据。当新旧系统都建立在相同的数据存储技术之上时，这种方式是有效的。如果数据存储技术不同，数据同步会比较复杂。这种方式的第二个问题是允许通过后门进入微服务，因此向外界暴露了微服务的内部数据存储，这违背了微服务原则。

在构想出通用方案之前，先来逐个分析以下几个场景。图 6-24 表示**搜索**业务迁移出去后，系统的数据迁移和同步。

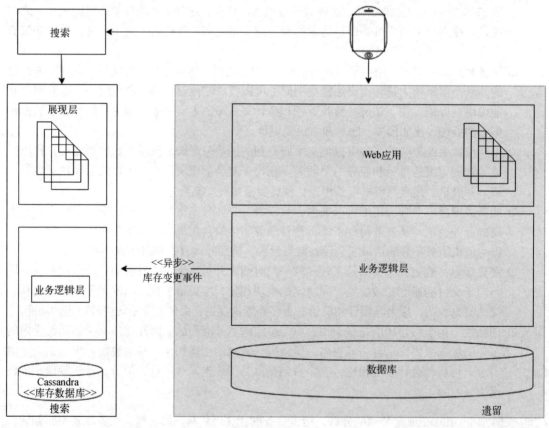

图    6-24

假设使用了一个 NoSQL 数据库来保存**搜索**服务中的库存和票价信息。在这种情况下，只需要遗留系统利用异步事件来给新服务提供数据即可。必须在遗留系统中做出某些修改，以事件的形式发出票价变更或库存变更的信息，然后**搜索**服务才能接收这些事件，并将这些信息保存到本地的 NoSQL 数据库中。

对于复杂的**预订**服务而言，操作会更为烦琐。

在这种情况下，新的**预订**微服务向**搜索**服务发送库存变更事件。此外，遗留系统也必须向**搜索**服务发送票价变更事件。随后**预订**功能会在新的**预订**服务中将库存信息保存到其 MySQL 数据库中，如图 6-25 所示。

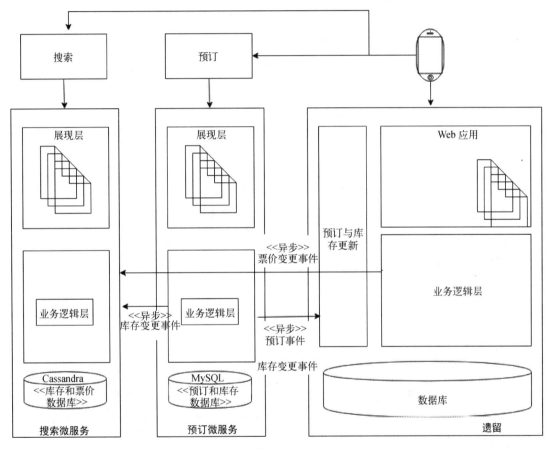

图 6-25

其中**预订**服务最为复杂，它必须将预订事件和库存事件发送回遗留系统，以确保遗留系统中的功能跟之前一样继续工作。最简单的做法是编写一个更新组件，接收这些事件然后更新预订记录表，这样就无须修改其他遗留模块了。按照这种方式操作，直到所有遗留组件都不再引用预订和库存数据。这样有助于最大限度地减少遗留系统中的变更，降低失败的风险。

简而言之，单个方案可能还不够，往往需要基于不同模式多管齐下。

### 6.3.7　管理引用数据

在从单体应用向微服务迁移的过程中，一个最大的挑战是管理引用数据。一种简便的做法是将引用数据设计成独立的微服务，如图 6-26 所示。

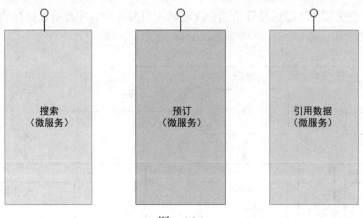

图　6-26

在这种情况下，如果需要引用数据，都应通过微服务端口来访问这些引用数据。这种方式结构设计良好，但可能会引发性能问题，就像在原来的遗留系统中遇到的问题一样。

另一种方式是将所有引用数据的管理和 CRUD 操作功能设计成一个微服务，然后在每个服务中会创建一个近缓存来增量式地缓存来自主数据服务中的数据。每个服务中都会嵌入一个访问这些引用数据的瘦代理类库。该引用数据访问代理抽象了或屏蔽了数据来源，无论数据是从缓存还是从某个远程服务中来的。

如图 6-27 所示，其中的**主节点**实际上就是引用数据微服务。

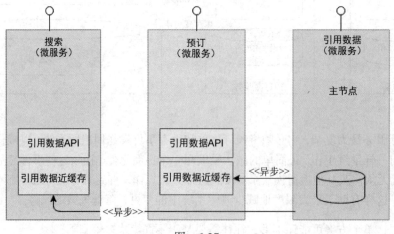

图　6-27

这里的挑战是在主节点和从节点之间同步数据。那些频繁变更的数据缓存需要一种订阅机制。

更好的做法是将本地缓存替换为内存数据网格，如图 6-28 所示。

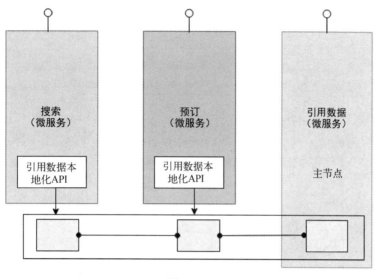

图　6-28

引用数据微服务会将数据写入数据网格，而嵌在其他服务中的访问代理类库会访问只读 API。这样就无须订阅数据了，而并且更为高效和一致。

## 6.3.8　UI 和 Web 应用

在迁移阶段，必须同时保留新旧 UI。对于这种场景，有 3 种通用的方式可选用。

第 1 种方式是将新旧 UI 做成独立的应用，中间没有任何连接和通信，如图 6-29 所示。

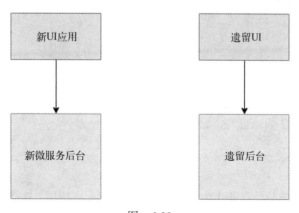

图　6-29

用户需要登录新旧两个应用，就像两个没有实现**单点登录**（SSO）功能的应用一样。这种方式比较简单，且不存在额外的开销。但在大多数情况下，业务上这样做可能不可取，除非这两个应用是针对两个用户群体的。

第 2 种方式是将遗留 UI 当作主要的应用，当用户请求新应用的页面时再将页面控制转向新 UI（见图 6-30）。

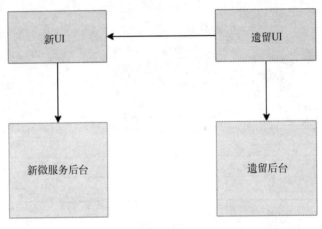

图    6-30

在这种情况下，由于新旧应用都是在 Web 浏览器窗口中运行的基于 Web 的应用，用户会获得一种平滑无缝的体验，但在新旧 UI 必须实现单点登录。

第 3 种方式是直接将现有的遗留 UI 和新的微服务后端集成在一起，如图 6-31 所示。

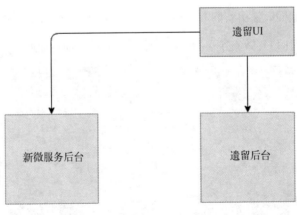

图    6-31

在这种情况下，将新的微服务作为了没有展现层的无头式应用。这样做比较有挑战性，因为可能需要修改旧 UI 的多处，比如引入服务调用、数据模型的转换等。

后两种情况还存在另外一个问题：如何处理资源和服务的认证。

**会话处理和安全**

假设新服务是基于 Spring Security 编写的，这是一种基于令牌的授权策略。然而旧的应用使用的是一种定制的、带有本地身份数据库的认证机制。

图 6-32 展示了如何在新旧服务之间做集成。

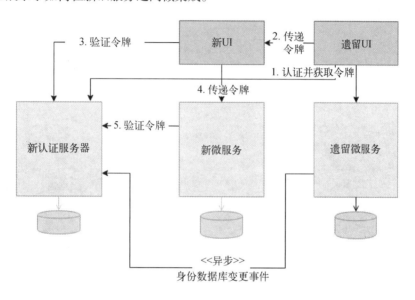

图 6-32

如图 6-32 所示，最简单的做法是搭建一个新的身份数据库和一个身份认证服务，这是一个用 Spring Security 实现的新微服务。该服务用于保护所有新资源和服务。

现有的 UI 应用利用新的认证服务进行身份认证和令牌加密。令牌会传递给新的 UI 或新的微服务。在这两种情况下，UI 或微服务会调用身份认证服务来验证指定令牌。如果令牌是有效的，那么 UI 或者微服务就会接收这次请求或服务调用。

值得注意的是遗留身份数据库必须和新的身份数据库保持同步。

## 6.3.9 测试策略

对于测试而言，一个很重要的问题是如何确保所有功能和迁移之前一样正常工作。

在迁移或者重构之前，应当为将要迁移的服务编写集成测试用例。这样可以确保迁移之后可以得到跟迁移之前相同的理想结果，并且可以保持系统的行为不变。必须准备一个自动化的回归测试包，每当在新旧系统中做出变更时就必须执行这些回归测试。

在图 6-33 中，对于每一个服务，都需要一个测试用例来测试 EJB 端口，用另一个测试用例来测试微服务端口。

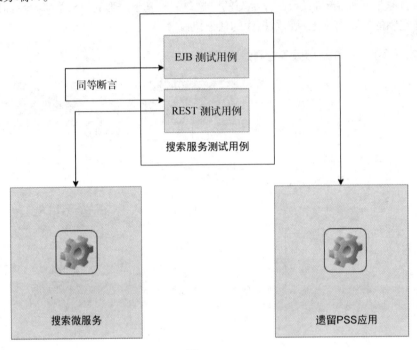

图　6-33

## 6.3.10　构建生态系统能力

在开始实际的迁移之前，必须构建好微服务能力模型中所需的所有微服务能力，参见第 3 章。这些是开发基于微服务的系统的前提条件。

除了这些能力外，有些应用功能也需要一开始就搭建好，比如引用数据、安全认证和 SSO、客户主数据和系统通知等。作为前提条件，还需要准备好数据仓库或者数据湖。

 一种行之有效的方式是渐进式地构建这些能力，到真正需要的时候再开发。

## 6.3.11　只迁移必要的模块

在前面介绍了将单体转变成微服务的方式和步骤。除非确实需要，否则无须将所有模块都迁移到新的微服务架构。这一点非常重要，一个主要的原因是这些迁移会产生一定的费用。

首先回顾案例。BrownField航空公司决定使用外部的营收管理系统来替代PSS系统中的营收管理功能。此外，BrownField航空公司正在将其会计功能中心化，因此不需要从遗留系统中迁移会计功能了。此时迁移CRM也不会给业务带来太多价值。因此他们决定在遗留系统中保留CRM。作为其云战略的一部分，业务部门计划了迁移到基于SaaS的CRM的方案。请注意，迁移中止会使系统大大复杂化。

### 6.3.12    微服务的内部层次结构

下面深入研究微服务的内部结构。微服务的内部架构没有具体标准。一条经验法则是要抽象那些简单的服务端口背后的复杂关系。

图6-34所示的是一种典型的结构。

图    6-34

UI通过一个服务网关来访问REST服务。这里的API网关可能是每个微服务一个网关或者多个微服务共用一个网关，这取决于API网关的具体用途。微服务可能会暴露一个或多个REST

端口。这些端口相应地连接到服务中的某些业务组件。这些业务组件会在领域实体对象的协助下执行所有业务功能。仓库组件用于跟后端的数据库进行交互。

## 6.3.13    微服务编排

预订业务的编排逻辑和业务规则的执行都在预订服务内部实现。逻辑处理还是以一个或多个预订业务组件的形式存在于预订服务内部。这些业务组件会编排其他业务组件甚至是外部服务暴露出来的私有 API（见图 6-35）。

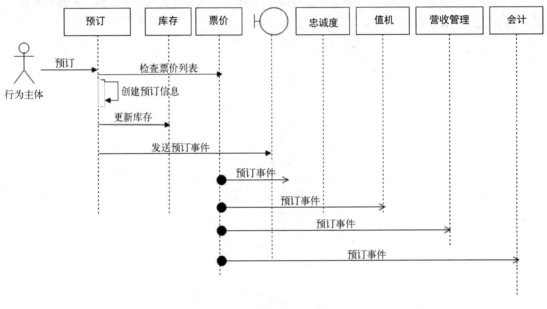

图　6-35

如图 6-35 所示，预订服务内部会调用自身的组件来更新库存，同时会调用**票价**服务。

上面这项工作需要什么编排引擎呢？这取决于具体需求。在复杂的场景中，可能必须同时执行一系列处理。例如在内部创建预订信息，应用一系列预订规则，验证票价和在创建预订前验证库存信息等。如果想要同时执行这些操作，可能会用到 Java 并行处理 API 或响应式 Java 类库。

 对于极端复杂的情况，可能会选择一个嵌入式集成框架，比如 Spring Integration 或 Apache Camel。

## 6.3.14    与其他系统的集成

在微服务领域，可以使用 API 网关或者可靠的消息总线来集成其他非微服务的系统。

假设 BrownField 航空公司还有一个系统需要访问预订数据，但该系统无法订阅预订微服务发布的机票预订事件。在这种情况下，可以利用一个企业应用集成（EAI）方案来监听预订事件，并用一个本地适配器来更新数据库。

### 6.3.15    迁移共享类库

某些业务逻辑或类库可能会在多个微服务中使用，而这些类库或逻辑本身并不具备作为独立业务服务的条件。例如搜索和预订微服务可能会使用开发好的技术类库来进行自然语言处理。在这种情况下，这些共享的类库会复制到这两个微服务中。

### 6.3.16    处理异常

下面考虑预订场景，以便理解处理异常的不同方式。

在图 6-36 所示的服务交互序列图中，有 3 条线标记了"×"符号，这些地方可能发生异常。

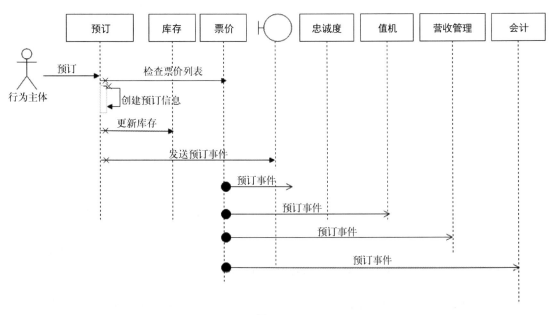

图    6-36

预订和票价服务之间存在一个同步通信。假如票价服务不可用，把错误抛给客户可能会导致营收流失。另外一个考虑是信任从搜索请求中传递过来的票价信息。当响应搜索请求时，搜索结果就会包含票价信息了。如果客户选择了某架航班并提交了查询请求，请求中就会包含相应的票价信息。假如票价服务不可用，系统会信任该预订请求并接收预订。可以使用一个断路器和备选服务来直接创建特定状态的预订信息，并将该预订记录放入队列中等待人工处理或系统自动重试。

如果创建预订记录意外失败了，更好的做法是把预订失败消息返回给客户。也可以尝试其他方式，但那样会使系统整体的复杂度增加。同样的做法也适用于库存更新。

创建一条预订记录并更新库存时，要避免出现这样的情况——预订记录创建成功了但库存更新不知为何失败了。由于库存非常关键，将创建预订记录和更新库存放在同一个本地事务中执行更好。这是可以实现的，因为这两个组件都在同一个子系统中。

下面考虑**值机**的场景，**值机**会发送一个事件给**登机**和**预订**，如图 6-37 所示。

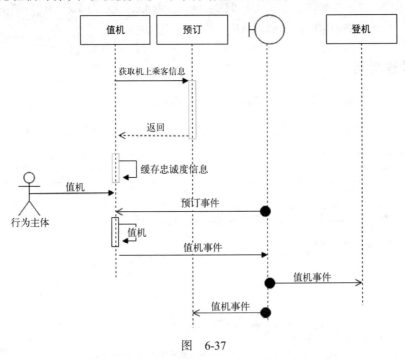

图    6-37

假设值机服务在发出值机完毕事件之后立即失败了，系统中其他使用方处理了该事件，但实际上值机操作被回滚了。这是因为没有使用两阶段提交。在这种情况下，需要一种机制来撤回该事件。这可以通过捕获异常并发出另一个值机取消事件来实现。

请注意，在前面的例子中，为了尽可能少用补偿事务，发送值机事件移动到了值机事务的末尾。这样可以降低发出事件后事务失败的概率。

假如值机成功了，而发送事件失败了呢？可以考虑下面两种方式。一种做法是调用一个备用服务把该事件保存在本地，然后使用另一个扫描程序稍后再尝试发送该事件，也可以重试多次。这样会使操作复杂化，而且并不总是有效的。另一种做法是将异常信息抛给客户，客户可以选择重试。但从客户体验或交互的角度看，这样做并不好。另外，这种方式更有利于系统的稳健性。需要权衡利弊来找出既定场景的最佳解决方案。

## 6.4 目标实现

图 6-38 所示为 BrownField 航空公司 PSS 微服务系统的实现视图。

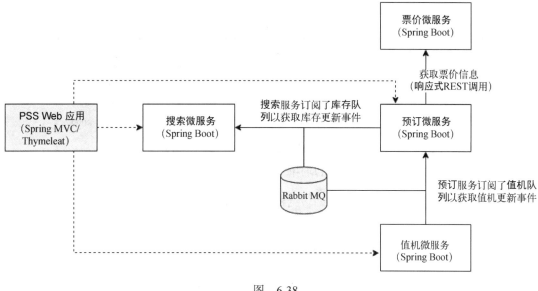

图 6-38

如图 6-38 所示，示例实现了 4 个微服务——搜索、票价、预订和值机。为了测试该应用，用 Spring MVC 框架和 Thymeleaf 模板开发了一个 Web 站点应用。异步消息机制是用 RabbitMQ 实现的。在该示例实现中，使用默认的 H2 数据库作为内存数据库来进行演示。

如图 6-38 所示，从预订服务到票价服务的调用采用了 Spring WebFlux。这里使用了 Mono 结构响应式地收集远程的票价数据，如以下代码片段所示。

```
public void validateFareReactively(BookingRecord record){
  Mono<Fare> result = webClient.get().uri("/fares/get?
  flightNumber="+record.getFlightNumber()
  +"&flightDate="+record.getFlightDate())
  .accept(MediaType.APPLICATION_JSON)
  .exchange().flatMap(response ->
  response.bodyToMono(Fare.class));
  result.subscribe(fare ->
  checkFare(record.getFare(),fare.getFare()));
}
```

如果微服务配置成使用某种响应式数据库驱动程序的话，那么基于响应式结构来修改所有内部代码就更合理了。在本例中，由于使用了一个不支持响应式编程的嵌入式数据库，所以只有服务间的调用才用非阻塞的方式来实现。

## 6.4.1　项目实现

　　如表 6-1 所示,BrownField 航空公司 PSS 微服务系统的基础实现包含 5 个核心项目。表格中也列出了这些项目所使用的端口范围,以确保全书一致。

表　6-1

| Microservices 微服务 | 项　　　目 | 端口范围 |
|---|---|---|
| 预订微服务 | chapter6.book | 8060~8069 |
| 值机微服务 | chapter6.checkin | 8070~8079 |
| 票价微服务 | chapter6.fares | 8080~8089 |
| 搜索微服务 | chapter6.search | 8090~8099 |
| Web 站点 | chapter6.website | 8001 |

　　Web 站点用于测试 PSS 微服务的 UI 应用。

　　本例中所有微服务项目采用了同样的包结构模式,如图 6-39 所示。

图　6-39

　　上面这些包名及其用途解释如下。

❑ root 目录(com.brownfield.pss.book)包含了默认的 Spring Boot 应用。

❑ Component 包包含了所有实现业务逻辑的服务组件。

❑ Controller 包包含了 REST 端口和消息端口。Controller 类内部使用了 Component 类来执行业务逻辑。

❑ Entity 包包含了用于映射数据库表的 JPA 实体类。

❑ 基于 Spring Data JPA 的 Repository 类打包在 repository 包中。

## 6.4.2 项目运行和测试

执行下面的步骤来构建并测试本章开发的微服务。

(1) 用 Maven 构建每个项目。确保测试标志是关闭的。测试程序需要其他依赖的服务启动并运行着。如果依赖的服务不可用，测试程序就会失败。

```
mvn -Dmaven.test.skip=true install
```

(2) 启动 RabbitMQ 服务器，如下所示：

```
rabbitmq_server-3.5.6/sbin$ ./rabbitmq-server
```

(3) 在不同的命令行窗口执行下面的命令：

```
java -jar target/fares-1.0.jar
java -jar target/search-1.0.jar
java -jar target/checkin-1.0.jar
java -jar target/book-1.0.jar
java -jar target/website-1.0.jar
```

(4) Web 站点项目有一个命令行启动器，它会在启动时执行所有测试用例。当所有服务都成功启动后，在浏览器中打开以下 URL 地址：http://localhost:8001。

(5) 浏览器会要求输入基本的安全凭证（如果启用了 HTTP 基本认证方式的话）。用 guest/guest123 作为登录凭证。本例只展示了利用 HTTP 基本认证机制实现的网站安全。如第 3 章所讲的，服务级别的安全可以使用 OAuth2 来实现。

(6) 接着会显示如下界面（见图 6-40），这是 BrownField 航空公司 PSS 应用的首页。

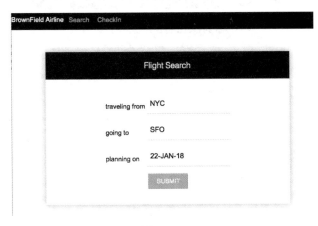

图 6-40

(7) SUBMIT 按钮会调用搜索微服务来获取满足设定条件下的可选航班信息。有一些航班是在搜索微服务启动时预先加载的。可以修改搜索微服务的代码以包含更多航班信息。

(8) 图 6-41 显示的是航班搜索的输出界面，返回了一组航班信息。预订链接会链接到选定航班的预订界面。

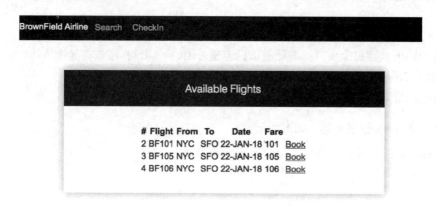

图    6-41

(9) 图 6-42 显示的是预订界面。客户可以输入乘客详细信息，然后点击 CONFIRM 按钮来创建预订记录。这里会调用预订微服务，同时会在其内部调用票价服务，并将消息发送回搜索微服务。

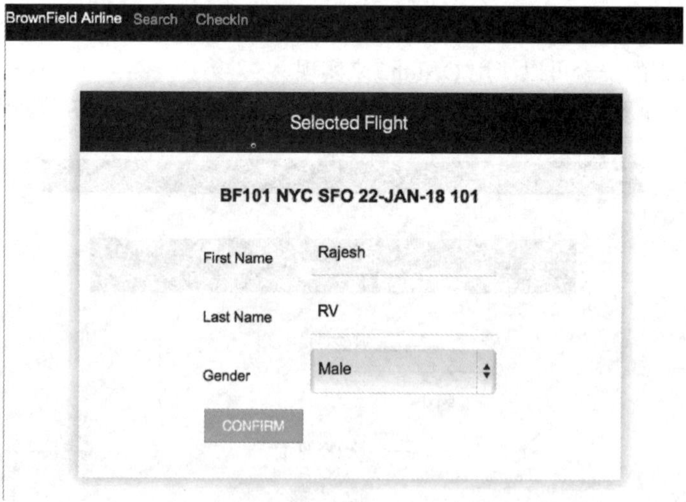

图    6-42

(10) 如果预订成功了，图 6-43 所示的确认界面会显示预订编号。

图 6-43

(11) 下面测试一下值机微服务。在顶层菜单中点击 CheckIn 即可。使用上一步获得的预订编号来测试值机服务，如图 6-44 所示。

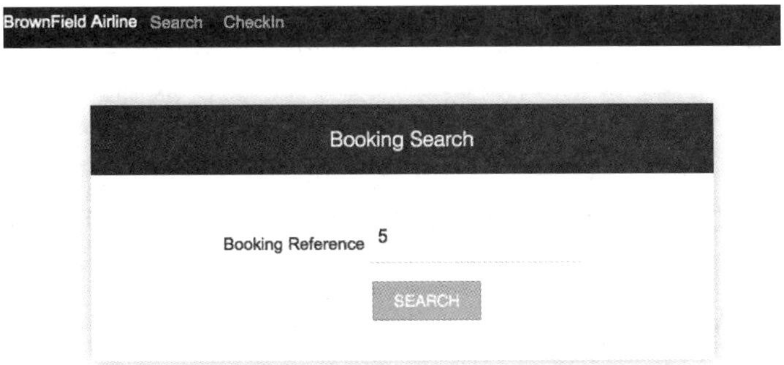

图 6-44

(12) 点击上一步界面中的 SEARCH 按钮来触发预订微服务并获取预订信息。点击 CheckIn 链接进行值机，这里会触发值机微服务（见图 6-45）。

图 6-45

(13) 值机成功的话会显示如图 6-46 所示的确认信息和确认号。这是通过在内部调用值机服务实现的。值机服务内部会向预订服务发送一条消息来更新值机状态。

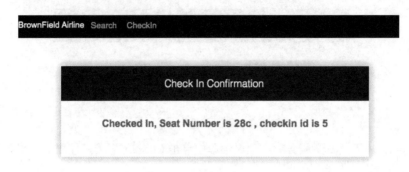

图    6-46

本章用 Spring Boot 的基本功能实现并测试了 BrownField 航空公司的 PSS 微服务。

## 6.5    后续工作

至此，本书文行过半。前面用 Spring Boot 开发了一套微服务，已经圆满完成了目标。

❑ 理解微服务架构的基本概念。
❑ 学习最佳设计实践和在不同设计决策之间进行权衡取舍。
❑ 通过从头开发一个复杂的用例来理解实际挑战。
❑ 用 Spring Boot 实现了 5 个微服务，还研究了 Spring Boot 用于开发微服务的一系列有用的特性。

该实现很好，并且可以作为基本构件。后面会介绍如何在一个企业环境中扩展这些微服务。

    现在有两条路可选：选择容器（比如 Docker）还是选择简单的 Spring Boot 应用。

两个选项如下。

❑ 使用 Spring Boot 开发微服务，并运行为独立的服务。在这种方式中，采用 Spring Cloud 来对微服务进行扩展和管理更好。第 7 章和第 8 章会阐述该方法。
❑ 如果选用容器，那么 Docker 和一些容器服务工具（比如 Mesos 和 Marathon）是最佳选择。第 9 章和第 10 章会阐述该方法。

这两种方式是不相容的。话虽如此，Spring Cloud 组件也可以和容器方式结合使用，但这样会导致部署环境复杂化。

## 6.6　小结

本章介绍了如何用微服务架构来处理实际用例。

本章研究了在现实世界中从单体应用向微服务演进的不同阶段，也评估了迁移单体应用的多种方式的利弊和障碍，最后讲解了对 BrownField 航空公司的应用进行端到端的微服务设计的过程，还验证了设计和实现成熟微服务的过程。

下一章将介绍如何通过 Spring Cloud 项目将开发好的 BrownField 航空公司 PSS 微服务转型为互联网级的部署。

**6**

# 用 Spring Cloud 组件扩展微服务

要管理互联网级微服务,仅有 Spring Boot 框架还不够,还需要更多能力。Spring Cloud 项目拥有一整套专门的组件,可轻松实现这些能力。

本章会详细介绍 Spring Cloud 项目中的各种组件,比如 Eureka、Zuul、Ribbon 和 Spring Config,并将这些组件放置在第 4 章介绍的微服务能力模型的相应位置。本章会演示如何使用 Spring Cloud 组件对前一章开发的 BrownField 航空公司的 PSS 微服务系统进行扩展。

本章主要内容如下。

❑ 用 Spring Cloud Config 服务器将配置信息外部化。
❑ 用 Eureka 服务器实现服务的注册和发现。
❑ 讲解 Zuul 作为服务代理和网关的重要性。
❑ 实现微服务的自动注册和自动发现。
❑ 用 Spring Cloud 消息机制实现异步响应式微服务编排。

## 7.1 什么是 Spring Cloud

Spring Cloud 项目是 Spring 团队的一个一揽子项目,该项目以一套易用的 Java Spring 类库的形式实现了分布式系统所需的通用模式。尽管名字中带 Cloud,但 Spring Cloud 本身并不是云方案。然而 Spring Cloud 提供的一系列能力对于开发针对云部署且遵循十二要素云应用原则的应用而言是必不可少的。借助 Spring Cloud,开发人员只需关注如何使用 Spring Boot 构建业务功能,并且可以利用 Spring Cloud 自带的分布式能力、容错能力和自愈能力。

Spring Cloud 方案和部署环境无关,并且可以开发并部署到桌面 PC 或弹性云环境中。用 Spring Cloud 开发的云就绪方案也和具体的公有云无关,并且可以在不同的云供应商之间迁移,比如 Cloud Foundry、AWS 和 Heroku 等。如果不用 Spring Cloud,开发人员最终会使用各个云供应商提供的本地服务,这样会导致跟 PaaS 供应商的深度耦合。开发人员的另一个选择是编写大量样板代码来自行构建这些服务。Spring Cloud 也提供了简单易用且对 Spring 友好的 API，这些 API 抽象了不同云供应商的服务 API，比如 AWS 通知服务中提供的那些 API。

基于 Spring "约定优于配置" 的方式，Spring Cloud 的所有配置都有默认值，这样有助于开发人员快速启动项目。Spring Cloud 也提供了简单的声明式配置来构建系统。Spring Cloud 组件的系统开销很小，对开发人员很友好，并且简化了云原生应用的开发。

Spring Cloud 根据开发人员的需求提供了许多可选方案。例如服务注册可以用比较流行的工具来实现，比如 Eureka、Zookeeper 和 Consul。Spring Cloud 的组件之间的耦合度很低，因此开发人员可以自由选用所需的组件。

Spring Cloud 和 Cloud Foundry 有何区别？Spring Cloud 是一个用于开发互联网级 Spring Boot 应用的开发者工具集，而 Cloud Foundry 是一个开源的 PaaS 服务，用于构建、部署和扩展应用。

## 7.2　Spring Cloud 的版本

Spring Cloud 项目是 Spring 的一个顶级项目，包含一系列组件。这些组件的版本信息定义在 spring-cloud-starter-parent 这个 BOM 中。

本书使用的是 Spring Cloud 的 Dalston SR1 版本。Dalston 版本不支持 Spring Boot 2.0.0 和 Spring Framework 5。2018 年年中发布的 Spring Cloud Finchley 版本开始支持 Spring Boot 2.0.0。因此，前面章节的例子需要降级到 Spring Boot 1.5.2.RELEASE 版本。

为了使用 Spring Cloud Dalston 依赖，需要在 pom.xml 文件中加入如下依赖。

```
<dependency>
  <groupId>org.springframework.cloud</groupId>
  <artifactId>spring-cloud-dependencies</artifactId>
  <version>Dalston.SR1</version>
  <type>pom</type>
  <scope>import</scope>
</dependency>
```

## 7.3　搭建 BrownField 航空公司 PSS 系统的项目环境

本章会修改第 6 章为 BrownField 航空公司开发的 PSS 微服务，以便使用 Spring Cloud 的各项功能，还会介绍如何使用 Spring Cloud 的各种组件将这些服务转变为企业级服务。

为了准备本章的开发环境，请将上一章的项目导入一个新的 STS 工作空间，并重命名（chapter6.*改为 chapter7.*）。

本章的完整源代码在 https://github.com/rajeshrv/Spring5Microservice 的 chapter7 项目代码文件中。

## 7.4   Spring Cloud Config

Spring Cloud Config 服务器是一个外部化的配置服务器，应用和服务可以存储、访问和管理所有运行时配置属性。Spring Cloud Config 服务器也支持配置属性的版本控制。

在之前的 Spring Boot 示例中，所有配置参数都是从一个打包在项目中的属性文件中读取的，即 application.properties 或 application.yaml。这种做法很好，因为所有属性都从代码中抽取到一个属性文件中了。然而当微服务向其他环境迁移时，就需要修改这些属性并重新构建应用。这一点违背了十二要素应用原则中的一条，即应用代码一次性构建后可以在不同环境间灵活迁移。

更好的做法是使用 profile，它可以为不同环境隔离出不同的属性。profile 的特定配置会命名为 application-{profile}.properties。例如 application-development.properties 代表一个针对开发环境的属性文件。

然而这种做法的弊端是配置信息是跟应用一起静态打包进去的。如果配置属性发生任何变更，都需要重新构建应用。

还有其他一些办法可以从应用的部署包中抽取配置属性并将其外部化。也可以从外部数据源读取配置属性，下面列出其中一些方式。

❑ 使用 JNDI 命名空间（`java:comp/env`）从外部 JNDI 服务器读取。
❑ 使用 Java 系统属性（`System.getProperties()`），或者使用 -D 命令行参数来读取。
❑ 使用 PropertySource 标记来进行配置。

```
@PropertySource("file:${CONF_DIR}/application.properties")
public class ApplicationConfig {
}
```

❑ 使用命令行参数将文件指向一个外部路径。

```
java -jar myproject.jar --spring.config.location=<file location>
```

JNDI 操作成本高，缺乏灵活性，复制困难，而且缺乏版本控制。System.properties 对于大规模部署而言不够灵活。最后两种方式依赖本地文件或挂载在服务器上的共享文件系统。

大规模部署需要一种简单而强大的集中式配置管理方案（见图 7-1）。

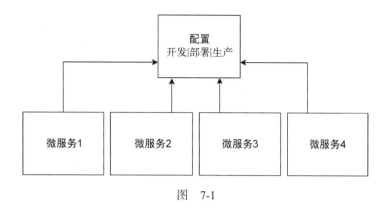

图　7-1

如图 7-1 所示，所有微服务都指向一个集中式配置服务器，并从中获取各自所需的配置参数。这些微服务随后将配置参数缓存到本地以方便读取。配置服务器会将配置状态的变化推送给所有订阅的微服务，这样微服务本地缓存的配置状态就可以更新最新的变化了。配置服务器也使用 profile 来解析环境的特定属性值。

如图 7-2 所示，Spring Cloud 项目提供多种方式来搭建配置服务器，包括 Config Server、Zookeeper Configuration 和 Consul Configuration。本章只介绍 Spring Config Server 配置服务器的实现。

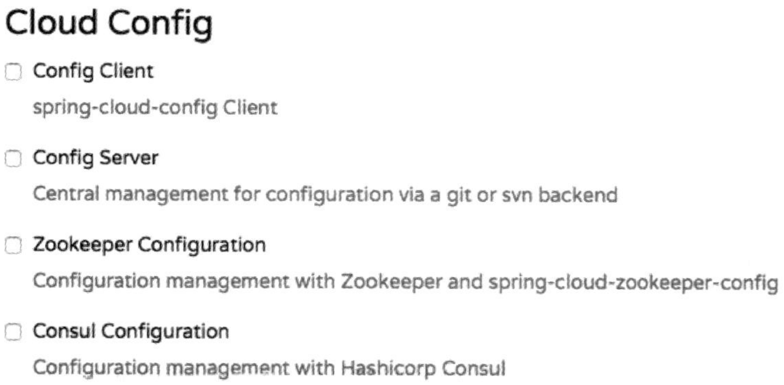

## Cloud Config

☐ **Config Client**
spring-cloud-config Client

☐ **Config Server**
Central management for configuration via a git or svn backend

☐ **Zookeeper Configuration**
Configuration management with Zookeeper and spring-cloud-zookeeper-config

☐ **Consul Configuration**
Configuration management with Hashicorp Consul

图　7-2

Spring Cloud Config 服务器将配置属性存储在一个版本控制仓库中，比如 Git 或 SVN。Git 仓库可以是本地的或远程的。大规模分布式微服务部署往往使用高可用的远程 Git 服务器。

Spring Cloud 配置服务器架构如图 7-3 所示。

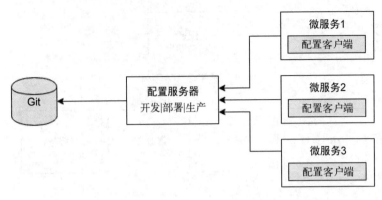

图    7-3

如图 7-3 所示，嵌在 Spring Boot 微服务中的**配置客户端**使用简单的声明机制，从一个集中式配置服务器查找配置信息，然后将该配置属性存储到 Spring 运行环境中。配置属性可以是应用级别的配置（比如每日交易限额），或是基础设施相关配置（比如服务器 URL 地址和用户认证信息等）。

与 Spring Boot 不同，Spring Cloud 使用了引导上下文，它是主应用的父上下文。引导上下文负责从**配置服务器**处加载配置属性。引导上下文会查找 bootstrap.yaml 或 bootstrap.properties 文件来加载初始配置属性。为了在 Spring Boot 应用中使用引导上下文，需要将 application.* 文件重命名为 bootstrap.*。

## 7.4.1    用配置服务器构建微服务

下面介绍如何在实践中使用配置服务器。为此，需要修改之前的搜索微服务（chapter7.search），如图 7-4 所示。

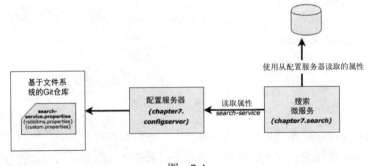

图    7-4

在本例中，搜索服务会在启动时通过传递服务名来读取**配置服务器**。这里搜索服务的服务名是 search-service，其配置的属性包括 RabbitMQ 属性和定制属性。

## 7.4.2　搭建配置服务器

使用 STS 创建新的配置服务器的步骤如下。

(1) 创建一个新的 Spring Starter 启动项目，然后选择 Config Server 和 Actuator，如图 7-5 所示。

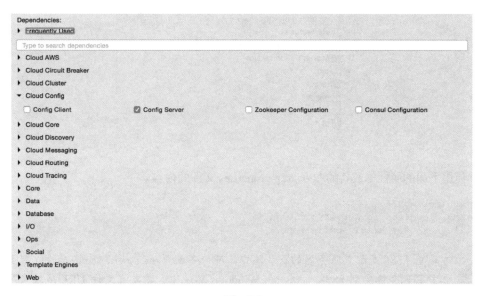

图　7-5

(2) 设置一个 Git 仓库，指向一个远程 Git 配置仓库，比如 https://github.com/spring-cloud-samples/config-repo。该 URL 是 Spring Cloud 示例使用的 Git 仓库。具体操作时必须使用自己的 Git 仓库。

(3) 此外，可以使用一个基于本地文件系统的 Git 仓库。在实际生产环境中，建议使用外部的 Git 仓库。作为演示，本章的配置服务器将使用一个基于本地文件系统的 Git 仓库。

(4) 使用如下命令搭建一个本地 Git 仓库。

```
$ cd $HOME
$ mkdir config-repo
$ cd config-repo
$ git init .
$ echo message : helloworld > application.properties
$ git add -A .
$ git commit -m "Added sample application.properties"
```

上面的命令会在本地文件系统中创建一个新的 Git 仓库，同时会创建一个名为 application.properties 的属性文件和一个名为 message 的属性，值为 helloworld。

　创建 application.properties 文件只是作为演示，稍后会修改。

(5) 下面要修改配置服务器中的配置来使用上一步创建的 Git 仓库。为此要将 application.properties 文件重命名为 bootstrap.properties 文件，如图 7-6 所示。

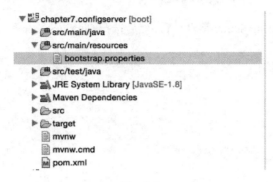

图　7-6

(6) 使用下面的属性修改新的 bootstrap.properties 文件的内容。

```
server.port=8888
spring.cloud.config.server.git.uri:
  file://${user.home}/config-repo
```

 端口 8888 是配置服务器的默认端口。即使不配置 server.port 属性，配置服务器也会绑定到 8888 端口。在 Windows 环境中，需要在文件 URL 地址末尾再加上一个/。

(7) 添加 management.security.enabled=false 属性来禁用安全验证。

(8) 将自动生成的 Application.java 文件的默认包名由 com.example 重命名为 com.brownfield. configserver。在 Application.java 文件中加入@EnableConfigServer标注。这一步是可选的。

```
@EnableConfigServer
@SpringBootApplication
public class ConfigserverApplication {
```

(9) 右键点击该项目，选择以 Spring Boot App 方式启动配置服务器。

(10) 在命令行运行 curl http://localhost:8888/env来检查配置服务器是否在运行。如果一切正常，该 curl 命令会列出所有环境配置。请注意，/env 是一个 Actuator 端口。

(11) 访问http://localhost:8888/application/default/master 地址检查 application.properties文件特定的属性，这些属性是在前面加入的。浏览器会显示 application.properties 文件中配置的属性，如下所示。

```
{"name":"application","profiles":["default"],"label":"master",
  "version":"6046fd2ff4fa09d3843767660d963866ffcc7d28",
  "propertySources":[{"name":"file:///Users/rvlabs
  /config-repo /application.properties","source":
  {"message":"helloworld"}}]}
```

### 7.4.3   理解配置服务器 URL

前面使用了 http://localhost:8888/application/default/master 来查看属性。可是如何解释这个指定的 URL 呢?

URL 中的第一部分是应用的名字。上一个例子中, 应用的名字应为 application。应用的名字取的是逻辑名, 使用的是 Spring Boot 应用配置文件 bootstrap.properties 中的 `spring.application.name` 属性。每个应用都必须有唯一的名字。配置服务器会使用该名字来解析并从配置服务器仓库中选取对应的属性。应用名有时也称 "服务 ID"。假如有一个应用的名字叫 myapp, 那么在配置仓库中应该有个名为 myapp.properties 的文件来存储该应用的所有相关属性。

URL 的第二部分代表 profile。在配置仓库中一个应用可以配置多个 profile。这些 profile 可以用于不同的场景。常见的两个场景是隔离不同的环境, 比如开发、测试、发布和生产等, 或是隔离不同服务器的配置, 比如主服务器和备用服务器等。第一个场景代表了一个应用的不同环境, 第二个场景代表了部署应用的不同服务器。

profile 的名字是逻辑名, 用于匹配配置仓库中的文件名。默认的 profile 命名为 default。如下所示, 为了给不同的环境配置属性, 必须配置不同的文件。在本例中, 第一个文件是配置开发环境的, 第二个文件是配置生产环境的。

```
application-development.properties
application-production.properties
```

这些属性可以通过以下 URL 来访问。

http://localhost:8888/application/development
http://localhost:8888/application/production

URL 中的最后一部分是标签, 默认命名为 master。该标签是可选的 Git 标签, 需要时可以使用。

简而言之, URL 是基于如下模式的。

http://localhost:8888/{name}/{profile}/{label}

省略应用 profile 也可以访问配置信息。在这个例子中, 下面 3 个 URL 都指向同一个配置。

http://localhost:8888/application/default
http://localhost:8888/application/master
http://localhost:8888/application/default/master

也可以对不同的 profile 使用不同的 Git 仓库。对于生产系统来说这是合理的, 因为不同仓库的访问方式可能不同。

### 从客户端访问配置服务器

前面搭建好了配置服务器，并可以使用 Web 浏览器来访问了。为了使用配置服务器，下面会修改搜索微服务。这里的搜索微服务会充当配置客户端。

按照以下步骤使用配置服务器，而不是从 application.properties 文件中读取属性。

(1) 在 pom.xml 文件中加入 Spring Cloud Config 依赖和 Actuator（如果 Actuator 不在里面的话）。Actuator 是刷新配置属性所必需的。

```
<dependency>
  <groupId>org.springframework.cloud</groupId>
  <artifactId>spring-cloud-starter-config</artifactId>
</dependency>
```

(2) 由于是在修改上一章的 Spring Boot 搜索微服务，所以必须加入以下代码来引入 Spring Cloud 依赖。如果项目是从零开始创建的，则不需要这么做。

```
<dependencyManagement>
  <dependencies>
  <dependency>
<groupId>org.springframework.cloud</groupId>
<artifactId>spring-cloud-dependencies</artifactId>
<version>Dalston.BUILD-SNAPSHOT</version>
<type>pom</type>
<scope>import</scope>
</dependency>
</dependencies>
</dependencyManagement>
```

(3) 图 7-7 展示的是 Spring Cloud 启动类库的选择界面。如果应用是从零开始构建的，请选择如下所示的类库。

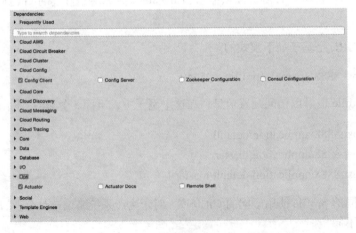

图　7-7

(4) 将 application.properties 重命名为 bootstrap.properties，并在其中加入应用名和配置服务器 URL 地址的属性。如果配置服务器在本机的默认端口（8888）上运行，那么配置服务器 URL 地址就不是必需的。

新的 bootstrap.properties 文件内容大致如下。

```
spring.application.name=search-service
spring.cloud.config.uri=http://localhost:8888
server.port=8090
spring.rabbitmq.host=localhost
spring.rabbitmq.port=5672
spring.rabbitmq.username=guest
spring.rabbitmq.password=guest
```

search-service 是给搜索微服务起的一个逻辑名，这个名字会用作服务 ID。配置服务器会在配置仓库中查找 search-service.properties 来解析应用属性。

(5) 为 search-service 创建一个新的配置文件。在创建 Git 仓库的目录 config-repo 中创建一个新的 search-service.properties 文件。请注意，在 bootstrap.properties 文件中，search-service 是指定给搜索微服务的服务 ID。将 bootstrap.properties 文件中服务特定的属性移到新的 search-service.properties 文件中。下面这些属性会从 bootstrap.properties 文件中删除并添加到 search-service.properties 文件中。

```
spring.rabbitmq.host=localhost
spring.rabbitmq.port=5672
spring.rabbitmq.username=guest
spring.rabbitmq.password=guest
```

(6) 为了演示集中式属性配置和属性变更的推送，需要在属性文件中加入一个应用特定的新属性。加入 originairports.shutdown 属性来暂时将某个机场从搜索结果中移除。用户使用 shutdown 列表中的机场进行搜索时，将无法获取任何航班信息。

```
originairports.shutdown=SEA
```

在上面的例子中，当用 SEA 作为始发机场进行搜索时，不会返回任何航班信息。

(7) 执行如下命令，将该新文件提交到 Git 仓库中。

```
git add -A .
git commit -m "adding new configuration"
```

最终的 search-service.properties 文件内容大致如下。

```
spring.rabbitmq.host=localhost
spring.rabbitmq.port=5672
spring.rabbitmq.username=guest
spring.rabbitmq.password=guest
originairports.shutdown:SEA
```

chapter7.search 项目的 bootstrap.properties 文件内容大致如下。

```
spring.application.name=search-service
server.port=8090
spring.cloud.config.uri=http://localhost:8888
```

(8) 修改搜索微服务的代码，以使用配置好的参数 `originairports.shutdown`。在类级别必须加一个 `RefreshScope` 标注，方能在属性变化时允许应用刷新属性值。这里给 `SearchRest-Controller` 类添加一个刷新范围。

```
@RefreshScope
```

(9) 为该新属性预先添加以下实例变量。search-service.properties 文件中的属性名必须匹配。

```
@Value("${originairports.shutdown}")
private String originAirportShutdownList;
```

(10) 修改应用代码以使用该新属性，可以通过修改搜索方法来实现，如下所示。

```
@RequestMapping(value="/get", method = RequestMethod.POST)
List<Flight> search(@RequestBody SearchQuery query){
  logger.info("Input : "+ query);
  if(Arrays.asList(originAirportShutdownList.split(","))
  .contains(query.getOrigin())){
    logger.info("The origin airport is in shutdown state");
    return new ArrayList<Flight>();
  }
  return searchComponent.search(query);
}
```

这样就修改了搜索方法来读取 `originAirportShutdownList` 参数，并检查请求的始发地是否在 shutdown 列表中。如果匹配到了，搜索方法就会返回一个空的航班列表，而不是继续处理实际的搜索请求。

(11) 启动配置服务器，然后启动搜索微服务，确保 RabbitMQ 服务器在运行。

(12) 按照如下 bootstrap.properties 文件中的内容来修改 chapter7.website 项目，以使用配置服务器。

```
spring.application.name=test-client
server.port=8001
spring.cloud.config.uri=http://localhost:8888
```

(13) 修改 Application.java 文件中 `CommandLineRunner` 的 `run` 方法来查询始发机场为 SEA 的航班。

```
SearchQuery searchQuery = new SearchQuery(
  "SEA","SFO","22-JAN-18");
```

(14) 运行 chapter7.website 项目。`CommandLineRunner` 会返回一个空的航班列表。服务器会

输出如下信息。

```
The origin airport is in shutdown state
```

## 7.4.4 处理配置变更

/refresh 端口会刷新本地缓存的配置属性，并从配置服务器重新加载新的属性值。

为了强制重新加载配置属性，需要调用微服务的/refresh 端口，实际上是 Actuator 的刷新端口。下面的命令会向/refresh 端口发送一个空的 POST 请求。

```
curl -d {} localhost:8090/refresh
```

## 7.4.5 用 Spring Cloud 总线推送配置变更

使用上面这种方式，不重启微服务即可修改配置参数。当只有一或两个服务实例在运行时，这样做是可行的。如果有很多实例，要怎么处理呢？

假设有 5 个实例，那么必须调用每个服务实例的/refresh 端口来刷新配置参数。这无疑是项繁重的任务。

图 7-8 给出了使用 Spring Cloud 总线解决该问题的方案。

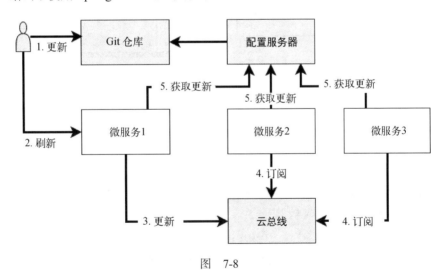

图 7-8

Spring Cloud 总线提供了一种机制来刷新不同服务实例的配置属性，而无须知道运行的服务实例的数量，以及具体运行位置。当某个微服务有多个实例在运行，或者有不同类型的微服务在运行时，使用 Spring Cloud 总线尤为方便。这可以通过将所有服务实例连接到同一个消息代理来实现。每一个服务实例要订阅配置变更事件，然后在需要时刷新本地配置。调用任意服务实例的

/bus/refresh 端口，就可以触发配置的刷新，然后这些配置的变更就会通过 Spring Cloud 总线和公共消息代理推送给其他服务实例了。

## 7.4.6 搭建配置服务器的高可用集群

前面介绍了如何搭建配置服务器，允许服务实例实时刷新配置属性。然而在该架构中，配置服务器是个单点故障。

前面搭建的默认架构中存在 3 个单点故障。第 1 个是配置服务器本身的可用性，第 2 个是 Git 仓库的可用性，第 3 个是 RabbitMQ 服务器的可用性。

图 7-9 展示了配置服务器的高可用架构。

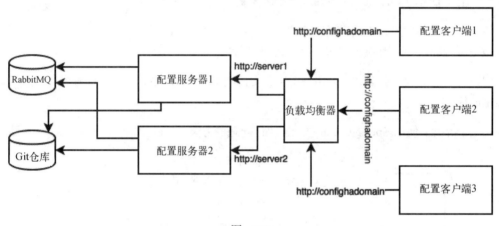

图　7-9

该架构的机制和原理解释如下。

配置服务器需要实现高可用，因为配置服务器不可用的话，服务也会无法启动。因此，需要冗余的配置服务器来实现高可用。然而在服务启动后，如果配置服务不可用了，应用仍可继续运行。在这种情况下，服务会用最近一次获得的配置状态来运行。因此，配置服务器的可用性和微服务的可用性并不在同一个关键级别。

为了使配置服务器高可用，需要配置服务器的多个实例。由于配置服务器是一个无状态的 HTTP 服务，所以配置服务器的多个实例可以并行。实例的数量必须根据配置服务器的实际负载来调整。bootstrap.properties 配置文件无法处理多个服务器地址，因此可以在负载均衡器或者具备故障切换和回退机制的本地 DNS 服务器后面配置并运行多个配置服务器。负载均衡器或 DNS 服务器的 URL 地址会配置在微服务的 bootstrap.properties 配置文件中。这基于如下假设：DNS 服务器或者负载均衡器是高可用且能够实现故障切换。

在生产场景中，不推荐使用基于本地文件的 Git 仓库。配置服务器通常应由一个高可用的 Git 服务支撑。使用一个外部的高可用 Git 服务或者内部的高可用 Git 服务都行，也可以考虑使用 SVN。

话虽如此，已经启动的配置服务器永远都可以使用配置信息的本地副本工作，因此只有在配置服务需要扩容时才需要一个高可用的 Git 仓库。可见与微服务的可用性或配置服务器本身的可用性相比，Git 工具并不那么关键。

RabbitMQ 也必须配置为高可用的。RabbitMQ 的高可用性只在将配置变更动态推送到所有服务实例时才需要。由于这更多的是一种离线的、可控的动作，因此并不需要达到微服务组件所要求的同等高可用性。

RabbitMQ 的高可用性可以用 RabbitMQ 云服务或者本地配置好的高可用 RabbitMQ 服务来实现。

### 7.4.7　监控配置服务器的健康状态

配置服务器无非是一个 Spring Boot 应用，而且默认是用 Actuator 配置的，因此所有 Actuator 端口都适用于配置服务器。其健康状况可以用 Actuator 的如下 URL 来监控：

http://localhost:8888/health

### 7.4.8　用配置服务器管理配置文件

有时需要将整个配置文件外部化，比如 logback.xml 文件。配置服务器提供了配置和存储这种配置文件的机制。这是通过以下 URL 格式实现的。

```
/{name}/{profile}/{label}/{path}
```

其中 name、profile 和 label 跟之前解释过的含义相同。path 表示文件名，比如 logback.xml。

### 7.4.9　完成修改以使用配置服务器

为了将这种能力构建到 BrownField 航空公司的整个 PSS 应用中，必须将配置服务器应用于所有服务。

chapter7.*例子中的所有微服务都需要通过类似的修改来查询配置服务器来获取配置参数。

至此，还没有将搜索、预订和值机服务中用到的消息队列名外部化。稍后会修改这些服务来使用 Spring Cloud Streams。

## 7.5　将 Eureka 用于服务注册和发现

前面实现了配置参数外部化,以及跨多个服务实例的负载均衡。

基于 Ribbon 的负载均衡可以满足微服务的大多数需求。

然而,这种方式在以下场景中是不够用的。

- □ 如果存在大量微服务,而且想提高基础设施的利用率,就必须动态地改变服务实例的个数及其绑定的服务器。在配置文件中预估和预先配置这些服务器的 URL 地址是很难的。
- □ 为了实现可高度扩展的微服务,可诉诸云部署。考虑到云环境的弹性本质,静态的服务注册和发现并不是好的解决方案。
- □ 在云部署的场景中,IP 地址是不可预测的,所以很难以静态的方式配置到一个文件中。当 IP 地址变化时,将不得不修改该配置文件。

Ribbon 的做法部分解决了该问题。可以使用 Ribbon 动态地改变服务实例,但每当增加新的服务实例或关闭某些服务实例时,都必须手动访问并更新配置服务器。虽然配置变更会自动推送给所有相关实例,但手动修改配置对于大规模部署来说是不切实际的。在管理大规模部署时,应尽量实现自动化。

为了填补这一空白,微服务应通过动态地注册服务可用性和方便服务消费者自动发现服务来自我管理生命周期。

### 7.5.1　理解动态服务注册和发现

动态注册主要是基于服务提供者视角的。使用动态注册,当某个新服务启动后,它会自动在一个集中式服务注册表中登记其可用性。同样,如果某个服务不可用了,它会自动从服务注册表中除名。服务注册表永远会保留当前可用服务的最新信息及其服务元数据。

动态发现适用于服务消费者的角度。动态发现指客户端查找服务注册表以获取服务拓扑的当前状态,然后相应地调用服务。在这种方式中,服务 URL 地址是从服务注册表中选取的,而不是静态配置服务 URL 地址。

客户端可能会保留一份注册表数据的本地缓存以加速访问。有些注册表的实现允许客户端查看感兴趣的服务信息。在这种方式中,注册表服务器中的状态变化会推送到对其感兴趣的客户端,这样可以避免客户端使用脏数据。

有多种方法可以实现动态服务注册和发现,例如 Netflix Eureka、Zookeeper 和 Consul,它们都包含在 Spring Cloud 中,如图 7-10(start.spring.io 截图)所示。Etcd 是一个 Spring Cloud 框架外的服务注册表,用于实现动态服务注册和发现。本章会探讨 Eureka 的实现。

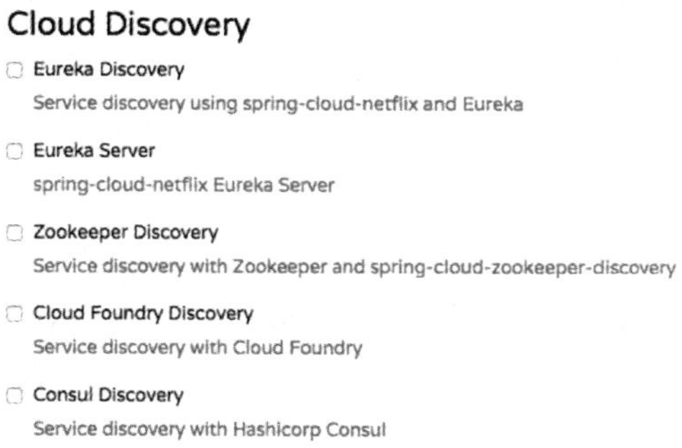

Cloud Discovery
Eureka Discovery
Service discovery using spring-cloud-netflix and Eureka
Eureka Server
spring-cloud-netflix Eureka Server
Zookeeper Discovery
Service discovery with Zookeeper and spring-cloud-zookeeper-discovery
Cloud Foundry Discovery
Service discovery with Cloud Foundry
Consul Discovery
Service discovery with Hashicorp Consul

图 7-10

## 7.5.2 理解 Eureka

Spring Cloud Eureka 也来自 Netflix OSS 项目。Spring Cloud 项目提供了一种对 Spring 友好的声明方式来将 Eureka 集成到基于 Spring 的应用中。Eureka 主要用于自我注册、动态发现和负载均衡。Eureka 内部使用 Ribbon 实现负载均衡（见图 7-11）。

Eureka 服务器
获取服务器列表
微服务客户端
Eureka 客户端
注册
微服务A
实例1
Eureka 客户端
微服务A
实例2
Eureka 客户端
微服务A
实例3
Eureka 客户端
注册
注册

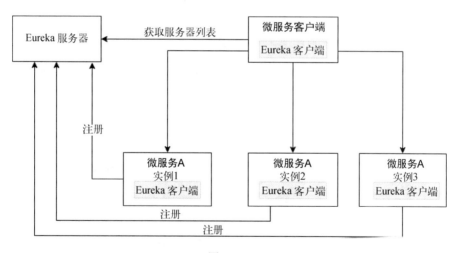

图 7-11

如图 7-11 所示，Eureka 由服务器端组件和客户端组件构成。服务器端组件是一个注册表，所有微服务都向它注册服务可用性。服务注册通常包含服务标识和服务 URL 地址。微服务使用 **Eureka 客户端**来注册其可用性。消费者组件也会使用 **Eureka 客户端**来发现服务实例。

当微服务启动后，它会连接到 **Eureka 服务器**并用服务绑定信息将自身的可用性状态告知 **Eureka 服务器**。服务注册成功后，服务端口就会每隔 30 秒钟向服务注册表发送 ping 请求，以刷新服务状态信息。如果某个服务端口几次都没能刷新其状态信息，服务注册表就会将其移除。服务注册信息会复制到所有 Eureka 客户端上，因此客户端无须每次请求都访问远程的 Eureka 服务器了。Eureka 客户端从 Eureka 服务器上获取服务注册信息后会缓存在本地。此后，Eureka 客户端会使用缓存的信息来查找其他服务。通过上一次查询和当前查询之间的增量更新，就可以定期（每 30 秒）更新这些信息了。

当客户端想调用某个微服务的端口时，Eureka 客户端会根据客户端请求的服务 ID 来提供一个当前可用服务的列表。Eureka 服务器能感知不同的服务区域。在注册服务时也可以提供服务的区域信息。

当客户端请求某个服务实例时，Eureka 服务会查找在同一个区域内运行的服务，然后 Ribbon 客户端会在 Eureka 客户端提供的这些可用的服务实例之间实现负载均衡。Eureka 客户端和 Eureka 服务器之间采用 REST 和 JSON 进行通信。

### 7.5.3　搭建 Eureka 服务器

下面讲解搭建 Eureka 服务器的完整步骤。

这部分的完整源代码在 Git 仓库（https://github.com/rajeshrv/Spring5Microservice）中 chapter7.eurekaserver 项目的代码文件中。请注意，Eureka 服务器的注册和刷新周期可达 30 秒。因此，在运行服务和客户端时，请等待 40～50 秒。

启动一个新的 Spring Starter 项目，并选择 Config Client、Eureka Server 和 Actuator，如图 7-12 所示。

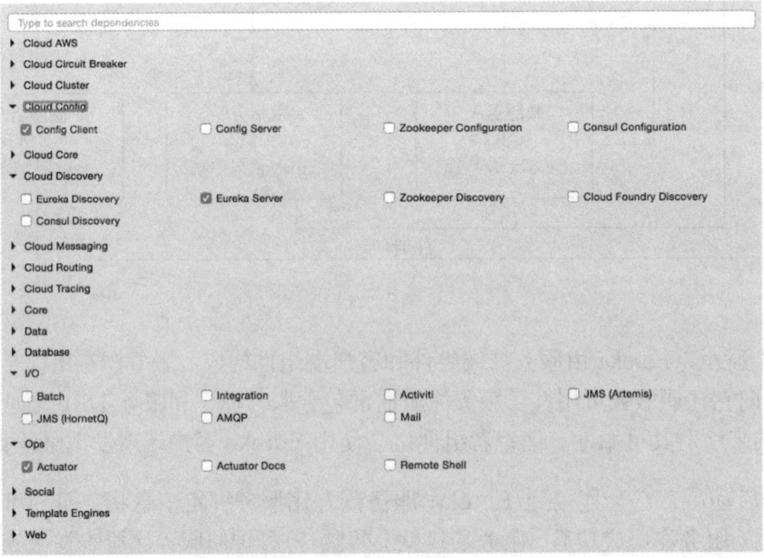

图　7-12

Eureka 服务器项目的结构如图 7-13 所示。

图　7-13

请注意，主应用的名字是 EurekaserverApplication.java。

由于该项目使用了配置服务器，所以需将 application.properties 文件重命名为 bootstrap.properties。如前所示，需要在 bootstrap.properties 文件中设置配置服务器的详细信息，以定位配置服务器的实例。bootstrap.properties 文件的内容大致如下。

```
spring.application.name=eureka-server1
server.port:8761
spring.cloud.config.uri=http://localhost:8888
```

Eureka 服务器可以设置为独立/单机模式或集群模式。下面从单机模式开始。Eureka 服务器本身默认是 Eureka 客户端，这一点在多个 Eureka 服务器并行以实现高可用时极为有用。Eureka 服务器中的客户端组件负责从其他 Eureka 服务器中同步服务状态。配置好 `eureka.client.serviceUrl.defaultZone` 属性，Eureka 客户端就可以找到 Eureka 服务器了。

在单机模式中，把 `eureka.client.serviceUrl.defaultZone` 属性指回到同一个单机实例上。稍后会介绍如何在集群模式中运行 Eureka 服务器。

搭建 Eureka 服务器的步骤如下。

(1) 创建一个 eureka-server1.properties 文件，并更新到 Git 仓库中。eureka-server1 是应用的名字，这是在上一步应用的 bootstrap.properties 文件中指定的。如下所示，serviceUrl 指回到了同一个服务上。添加下面的属性后，将该文件提交到 Git 仓库。

```
spring.application.name=eureka-server1
eureka.client.serviceUrl.defaultZone:http://localhost:8761/eureka/
eureka.client.registerWithEureka:false
eureka.client.fetchRegistry:false
```

（2）修改默认的 Application.java 文件。在本例中，包名重命名为了 com.brownfield.pss.eurekaserver，类名也改成了 EurekaserverApplication。在 EurekaserverApplication 中加入 @EnableEurekaServer 标注。

```
@EnableEurekaServer
@SpringBootApplication
public class EurekaserverApplication {
```

（3）然后启动 Eureka 服务器。请确保配置服务器也启动了。右键点击应用并选择 Run As, Spring Boot App。应用启动后，在浏览器中打开如下链接即可看到 Eureka 控制台。

http://localhost:8761

（4）在 Eureka 控制台中，注意 "instances currently registered with Eureka" 下面还未注册任何服务实例。由于目前还未启动带 Eureka 客户端的服务，所以此时的服务列表是空的。

（5）稍微修改一下微服务就可以利用 Eureka 服务来启用动态注册和发现了。首先必须在 pom.xml 文件中加入 Eureka 的依赖。如果服务是用 Spring Starter 项目从头开始构建的，那么需要选择 Config Client、Actuator、Web 和 Eureka Discovery，如图 7-14 所示。

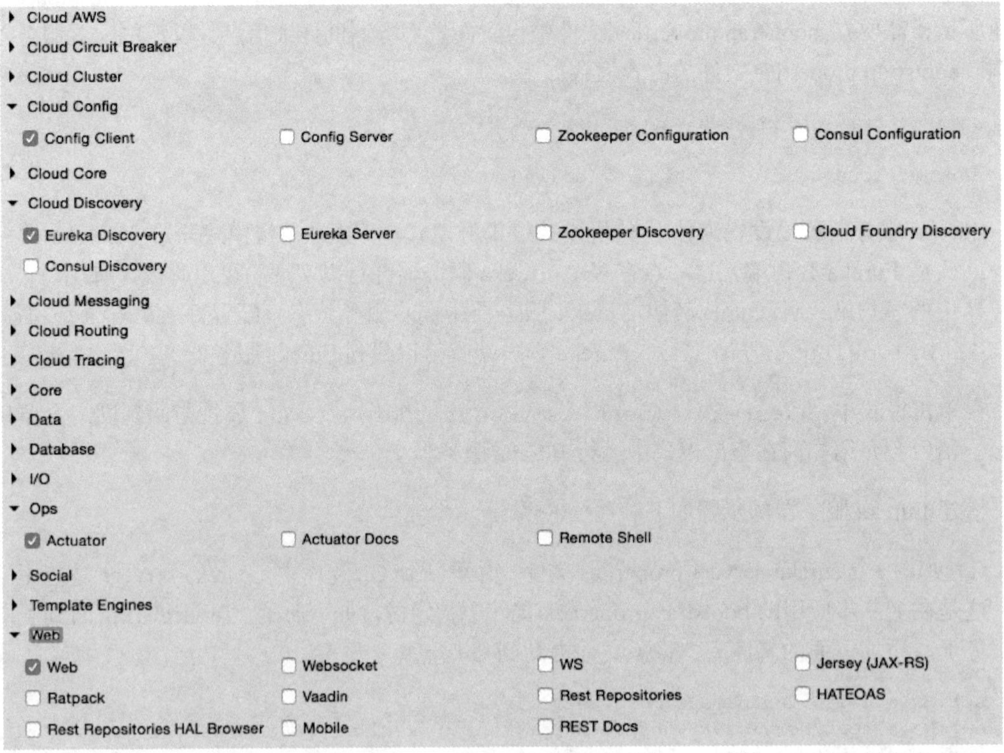

图　7-14

(6) 由于是在修改所有微服务，所以需要在这些微服务的 pom.xml 文件中加入如下额外的依赖。

```
<dependency>
  <groupId>org.springframework.cloud</groupId>
  <artifactId>spring-cloud-starter-eureka</artifactId>
</dependency>
```

必须将如下属性添加到所有微服务的 config-repo 下各自的配置文件中，以便微服务连接到 Eureka 服务器。配置文件修改完后提交到 Git。

```
eureka.client.serviceUrl.defaultZone:
  http://localhost:8761/eureka/
```

(7) 在所有微服务的 Spring Boot 主类中分别加入 @EnableDiscoveryClient 标注。该标注会要求 Spring Boot 在启动时注册这些服务并暴露其可用性。

(8) 本例会使用 @FeignClient 标注，而不是 RestTemplate，来引入 FareServciesProxy 接口。

```
@FeignClient(name="fares-service")
public interface FareServiceProxy {
  @RequestMapping(value = "fares/get",
  method=RequestMethod.GET)
  Fare getFare(@RequestParam(value="flightNumber")
  String flightNumber, @RequestParam(value="flightDate")
  String flightDate);
}
```

(9) 为此，必须加入一个 Feign 依赖。

```
<dependency>
  <groupId>org.springframework.cloud</groupId>
  <artifactId>spring-cloud-starter-feign</artifactId>
</dependency>
```

(10) 除了 Web 站点服务外，启动所有服务。

(11) 访问 Eureka 的 URL 地址（http://localhost:8761），可以看到 3 个服务实例都已经启动并运行了（见图 7-15）。

## Instances currently registered with Eureka

| Application | AMIs | Availability Zones | Status |
| --- | --- | --- | --- |
| BOOK-SERVICE | n/a (1) | (1) | UP (1) - 192.168.0.102:book-service:8060 |
| CHECKIN-SERVICE | n/a (1) | (1) | UP (1) - 192.168.0.102:checkin-service:8070 |
| FARES-SERVICE | n/a (1) | (1) | UP (1) - 192.168.0.102:fares-service:8080 |
| SEARCH-SERVICE | n/a (1) | (1) | UP (1) - 192.168.0.102:search-service:8090 |

图  7-15

(12) 修改 Web 站点项目的 bootstrap.properties 文件，使用 Eureka 而不是直接连到服务实例上。使用具有负载均衡能力的 RestTemplate 将这些修改提交到 Git 仓库。

```
spring.application.name=test-client
eureka.client.serviceUrl.defaultZone:
  http://localhost:8761/eureka/
```

(13) 在应用类中加入 @EnableDiscoveryClient 标注，让客户端能感知 Eureka。

(14) 修改 Application.java 和 BrownFieldSiteController.java 文件。加入 RestTemplate 实例方法。这次用 @Loadbalanced 来标注它，以确保使用 Eureka 和 Ribbon 的负载均衡功能。RestTemplate 无法自动注入，因此必须提供一个配置入口，如下所示。

```
@Configuration
class AppConfiguration {
  @LoadBalanced
  @Bean
  RestTemplate restTemplate() {
    return new RestTemplate();
  }
}
@Autowired
RestTemplate restClient;
```

(15) 使用这些 RestTemplate 来调用微服务，并用 Eureka 服务器中注册的服务 ID 来替代硬编码的 URL 地址。下面的代码使用了服务名 search-service、book-service 和 checkin-service，而不是显式的主机名和端口。

```
Flight[] flights = searchClient.postForObject(
  "http://search-service/search/get",
  searchQuery, Flight[].class);=

  long bookingId = bookingClient.postForObject(
    "http://book-service/booking/create", booking, long.class);

  long checkinId = checkInClient.postForObject(
    "http://checkin- service/checkin/create", checkIn, long.class);
```

(16) 现在可以测试了。运行 Web 站点项目。如果一切正常，CommandLineRunner 会成功执行搜索、预订和值机操作。

(17) 也可以用浏览器测试上面的操作，将浏览器指向 http://localhost:8001 即可。

## 7.5.4　Eureka 的高可用性

前面的例子只有一个 Eureka 服务器以单机/独立模式运行。对真实的生产系统而言这是不够的。

Eureka 客户端连接到 Eureka 服务器，获取服务注册信息，然后将信息存储到本地缓存中。

客户端永远都使用这份本地缓存来工作。Eureka 客户端会定期检查 Eureka 服务器，看状态是否有变化。如果状态有变化，Eureka 客户端会从 Eureka 服务器下载变化后的状态，并更新本地缓存。如果无法访问 Eureka 服务器，那么 Eureka 客户端仍然可以根据客户端缓存的数据，使用服务器最近一次获取的状态来工作。但这样可能很快会出现脏数据/状态问题。

下面研究 Eureka 服务器的高可用性，如图 7-16 所示。

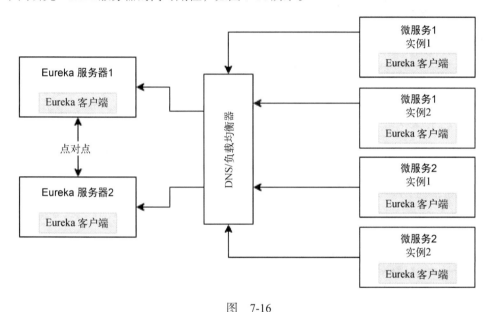

图    7-16

Eureka 服务器是用一种点对点的数据同步机制构建的。其运行时状态信息并不存放在数据库中，而是用一个内存级缓存来管理。其高可用的实现方式倾向于 CAP 理论中的可用性和分区容错性，而牺牲了一致性。由于 Eureka 服务器的实例之间是通过异步机制同步的，所以这些服务器实例的状态可能并不总是一致的。点对点的同步是通过将各自的服务 URL 地址指向对方来实现的。如果有多台 Eureka 服务器，那么每台 Eureka 服务器都必须连接到对等服务器中的至少一台服务器上。由于状态是复制到所有对等服务器的，因此 Eureka 客户端可以连接到任意一台可用的 Eureka 服务器。

实现 Eureka 高可用的最佳方法是用多台 Eureka 服务器组成集群，并在一个负载均衡器或者一个本地 DNS 服务器之后运行它们。Eureka 客户端永远都是通过 DNS 服务器或者负载均衡器来连接到 Eureka 服务器的。在运行时，负载均衡器会选取合适的 Eureka 服务器来处理客户端请求。这个负载均衡器的地址会提供给 Eureka 客户端。

下面介绍如何在一个集群中运行两台 Eureka 服务器，以实现高可用。首先定义两个属性文件——eureka-server1 和 eureka-server2。它们是对等服务器，如果其中一个失效了，另一个会接管。这些服务器中的每一台都会充当另外一台的客户端，因而它们之间可以同步状态。然后定义刚才定义的两个属性文件。将这些属性文件上传并提交到 Git 仓库中。下面的配置中，客户端 URL 地址都指向了对方服务器，从而形成一个对等网络。

```
#eureka-server1.properties
eureka.client.serviceUrl.defaultZone:http://localhost:8762/eureka/
eureka.client.registerWithEureka:false
eureka.client.fetchRegistry:false

#eureka-server2.properties
eureka.client.serviceUrl.defaultZone:http://localhost:8761/eureka/
eureka.client.registerWithEureka:false
eureka.client.fetchRegistry:false
```

修改 Eureka 服务器的 bootstrap.properties 文件，并将应用名改为 eureka。由于使用了两个 profile，配置服务器会根据启动时提供的活跃 profile 来寻找 eureka-server1 或 eureka-server2。

```
spring.application.name=eureka
spring.cloud.config.uri=http://localhost:8888
```

启动 Eureka 服务器的两个实例——server1 在 8761 端口上，server2 在 8762 端口上。

```
java -jar -Dserver.port=8761 -Dspring.profiles.active=server1
  demo-0.0.1-SNAPSHOT.jar

java -jar -Dserver.port=8762 -Dspring.profiles.active=server2
  demo-0.0.1-SNAPSHOT.jar
```

所有服务都还指向第一台服务器 server1 上。打开两个浏览器窗口并访问如下地址。

http://localhost:8761

http://localhost:8762

启动所有微服务。使用 8761 端口的服务会立即发生变化，另一个则要 30 秒钟后才能看到变化。由于两台服务器都在集群中，所以它们之间会同步状态。如果将这些服务器放到一个负载均衡器或者 DNS 服务器之后，那么客户端永远都会连接到其中一台可用的服务器。

完成该练习后，请将 Eureka 服务器配置切换回单机模式，方便后面的练习。

## 7.6    用 Zuul 代理作为 API 网关

在大多数的微服务实现中，内部的微服务端口是不会向外界暴露的。这些端口仅用作私有服务，而一套公有服务会通过 API 网关向客户端暴露。这样做有很多原因，部分如下。

❑ 客户端只需要一部分选定的微服务。

❑ 如果需要应用客户端特定的策略，在一处应用比在多处应用要容易得多，例如跨域访问策略。

❑ 要在服务端口上实现客户端特定的转换比较困难。

❑ 如果需要聚合数据，尤其是为了在带宽受限的环境中避免多次调用客户端，那么需要在中间设一个 API 网关。

Zuul 是一个简单的网关服务或边缘服务，非常适合此类场景。Zuul 也来自 Netflix 的微服务产品家族。跟许多企业级 API 网关产品不同，借助 Zuul，开发人员可以完全控制基于特定需求的配置或编码。

图 7-17 所示的是 Zuul 作为微服务 A 的一个代理或负载均衡器。

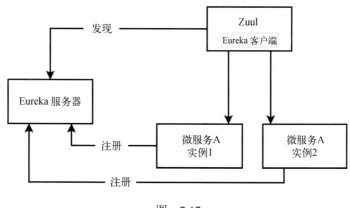

图 7-17

Zuul 代理内部使用 Eureka 服务器实现服务发现，并且使用 Ribbon 实现服务实例间的负载均衡。

Zuul 代理也能够实现路由、监控、弹性管理和安全等。简而言之，可以把 Zuul 看作一个反向代理服务。使用 Zuul，甚至可以通过在 API 层上覆盖服务来改变底层服务的行为。

## 7.6.1 搭建 Zuul

跟 Eureka 服务器和配置服务器不同，典型部署中的 Zuul 是特定于某个微服务的，然而在某些部署中，API 网关覆盖了很多微服务。下面为每个微服务——搜索、预订、票价和值机，添加 Zuul。

 这部分的完整源代码在 chapter7.*-apigateway 项目的代码文件中。

搭建 Zuul 的步骤如下。

(1) 将微服务分别转变为 API 网关。从搜索 API 网关开始。创建一个新的 Spring Starter 项目并选择 Zuul、Config Client、Actuator 和 Eureka Discovery（见图 7-18）。

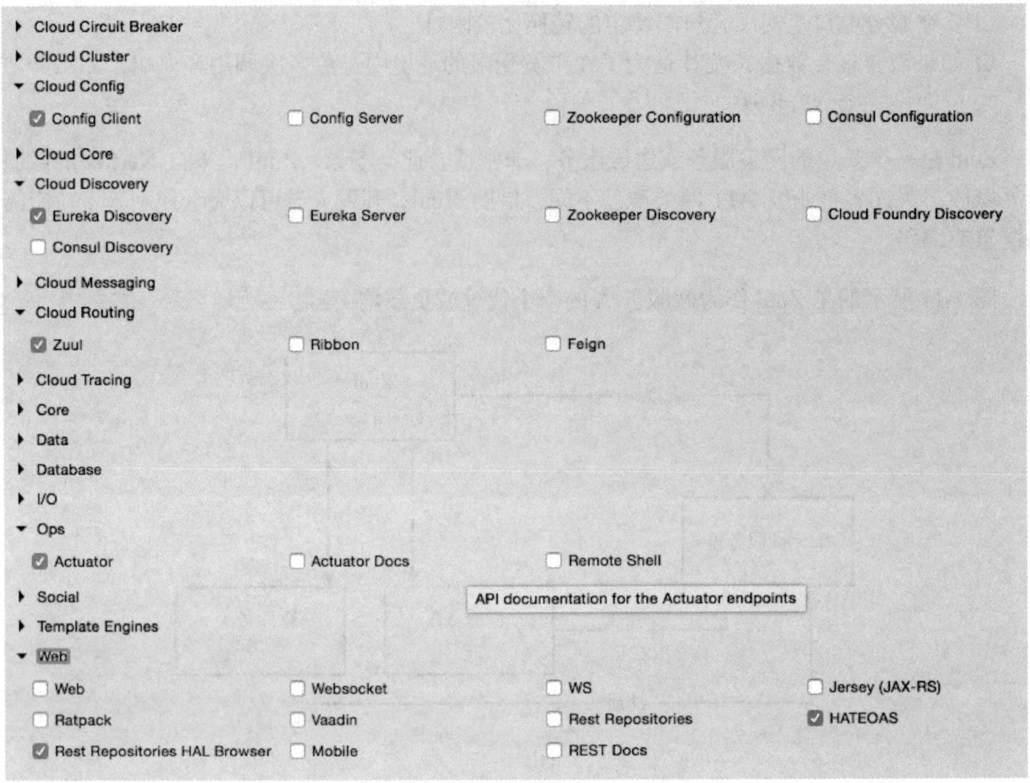

- ▶ Cloud Circuit Breaker
- ▶ Cloud Cluster
- ▼ Cloud Config
  - ☑ Config Client
  - ☐ Config Server
  - ☐ Zookeeper Configuration
  - ☐ Consul Configuration
- ▶ Cloud Core
- ▼ Cloud Discovery
  - ☑ Eureka Discovery
  - ☐ Eureka Server
  - ☐ Zookeeper Discovery
  - ☐ Cloud Foundry Discovery
  - ☐ Consul Discovery
- ▶ Cloud Messaging
- ▼ Cloud Routing
  - ☑ Zuul
  - ☐ Ribbon
  - ☐ Feign
- ▶ Cloud Tracing
- ▶ Core
- ▶ Data
- ▶ Database
- ▶ I/O
- ▼ Ops
  - ☑ Actuator
  - ☐ Actuator Docs
  - ☐ Remote Shell
- ▶ Social
  - API documentation for the Actuator endpoints
- ▶ Template Engines
- ▼ Web
  - ☐ Web
  - ☐ Websocket
  - ☐ WS
  - ☐ Jersey (JAX-RS)
  - ☐ Ratpack
  - ☐ Vaadin
  - ☐ Rest Repositories
  - ☑ HATEOAS
  - ☑ Rest Repositories HAL Browser
  - ☐ Mobile
  - ☐ REST Docs

图 7-18

search-apigateway 项目的结构如图 7-19 所示。

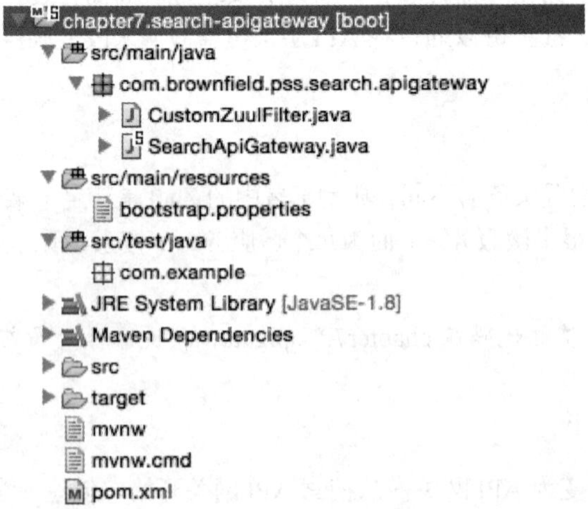

```
chapter7.search-apigateway [boot]
  ▼ src/main/java
    ▼ com.brownfield.pss.search.apigateway
      ▶ CustomZuulFilter.java
      ▶ SearchApiGateway.java
  ▼ src/main/resources
      bootstrap.properties
  ▼ src/test/java
      com.example
  ▶ JRE System Library [JavaSE-1.8]
  ▶ Maven Dependencies
  ▶ src
  ▶ target
      mvnw
      mvnw.cmd
      pom.xml
```

图 7-19

(2) 然后将 API 网关与 Eureka 和配置服务器集成在一起。如下所示创建一个 search-apigateway.property 文件，并提交到 Git 仓库。

下面的配置也设定了流量转发的规则。在本例中，任何访问 API 网关上 /api 端口的请求都会发送到 search-service 搜索服务。

```
spring.application.name=search-apigateway
zuul.routes.search-apigateway.serviceId=search-service
zuul.routes.search-apigateway.path=/api/**
eureka.client.serviceUrl.defaultZone:
http://localhost:8761/eureka/
```

search-service 是搜索服务的服务 ID，Eureka 服务器会将其解析出来。

(3) 如下所示修改 search-apigateway 的 bootstrap.properties 文件。该配置并不陌生——涉及服务的名称、端口和配置服务器的 URL 地址。

```
spring.application.name=search-apigateway
server.port=8095
spring.cloud.config.uri=http://localhost:8888
```

(4) 修改 Application.java 文件。在本例中，包名和类名分别改为 com.brownfield.pss.search.apigateway 和 SearchApiGateway，还要加上 @EnableZuulProxy 标注来告诉 Spring Boot 此为 Zuul 代理。

```
@EnableZuulProxy
@EnableDiscoveryClient
@SpringBootApplication
public class SearchApiGateway {
```

(5) 以 Spring Boot 应用的方式运行该应用。在此之前，请确保配置服务器、Eureka 服务器和搜索微服务都在运行。

(6) 修改 Web 站点项目的 CommandLineRunner 和 BrownFieldSiteController 以利用 API 网关。

```
Flight[] flights = searchClient.postForObject(
  "http://search-apigateway/api/search/get",
  searchQuery, Flight[].class);
```

在本例中，Zuul 代理充当了一个反向代理，它为服务消费者代理了所有微服务端口。在前面的例子中，Zuul 代理并没有起到多大作用，只是将传入的请求传递给了相应的后端服务。

对于下列需求，Zuul 特别有用。

❑ 可以在网关上实现身份认证和其他一些安全策略，而无须在每个微服务的端口上实现。在将请求传给后端相关服务之前，网关可以实现一定的安全策略和令牌处理等。网关也可以根据某些业务策略实现基本的请求拒绝逻辑，比如阻止来自黑名单用户的请求。

❑ 可以在网关级别实现业务观察和监控。在网关上可以实时收集统计数据并推送到外部系统进行分析。这样非常方便，因为可以在一处而不是在许多微服务上进行这样的处理。

❑ 根据对细粒度的控制实现动态路由。比如基于特定业务价值（比如金牌客户），把请求传给不同的服务实例，或者把来自某区域的所有请求都传给特定的服务实例群组，又或者把对某个商品的所有请求都路由到特定的服务实例群组。

❑ 使用 API 网关处理负载分解和流量控制需求。例如必须根据设定好的流量阈值（比如一天的请求次数）控制负载，比如控制来自低价值的第三方在线渠道的请求。

❑ 实现细粒度负载均衡。综合运用 Zuul、Eureka 客户端和 Ribbon 可以为负载均衡方面的需求提供细粒度的控制。由于 Zuul 实现是一个 Spring Boot 应用，所以开发人员能完全控制负载均衡的行为。

❑ 聚合数据。如果服务消费者想要高层次的粗粒度服务，那么 Zuul 网关可以代表客户端，通过调用多个服务在内部聚合数据。这尤其适用于客户端在低带宽环境中工作的场景。

Zuul 也提供了一系列过滤器。这些过滤器可以分为预过滤、路由过滤、后过滤和错误过滤等几大类。如名所示，这些过滤可以应用于服务调用生命周期的不同阶段。Zuul 也支持开发人员自定义过滤器。为了自定义过滤器，需要扩展抽象类 ZuulFilter，并实现如下所示的方法。

```java
public class CustomZuulFilter extends ZuulFilter{
public Object run(){}
public boolean shouldFilter(){}
public int filterOrder(){}
public String filterType(){}
```

完成后将该类加入应用的主上下文中。在本例中，将如下代码加入 SearchApiGateway 类中。

```java
@Bean
public CustomZuulFilter customFilter() {
  return new CustomZuulFilter();
}
```

如前所述，Zuul 代理是一个 Spring Boot 服务。可以按照需求自定义 Zuul 网关。如以下代码所示，可以在网关中加入自定义的端口，该端口可以转而调用后端服务。

```java
@RestController
class SearchAPIGatewayController {
  @RequestMapping("/")
  String greet(HttpServletRequest req){
    return "<H1>Search Gateway Powered By Zuul</H1>";
  }
}
```

前面的例子只是加入了一个新的端口，然后从网关返回一个值。可以进一步使用@Loadbalanced 标注的 RestTemplate 模板来调用后端服务。由于能够完全控制，所以可以实现数据转换和数据聚合等。也可以使用 Eureka 的 API 来获取服务器列表，然后实现完全不同的负载均衡或流量控制机制，而不是使用 Ribbon 默认提供的负载均衡功能。

### 7.6.2 Zuul 的高可用性

Zuul 仅仅是一个带 HTTP 端口的无状态服务，因此需要几个 Zuul 实例就运行几个。Zuul 不需要实现会话粘滞。然而 Zuul 的可用性极其关键，因为所有从服务消费者到服务提供者的流量都会流经 Zuul 代理。Zuul 对弹性伸缩的需求不像后端微服务那么关键，因为许多处理都发生在微服务中。

Zuul 的高可用架构取决于 Zuul 的使用场景。典型的使用场景如下。

❏ 客户端基于 Javascript 的 MVC 框架（比如 Angular）从远程浏览器访问 Zuul 服务。
❏ 另一个微服务或非微服务应用通过 Zuul 访问服务。

在某些情况下，客户端可能无法使用 Eureka 客户端类库，比如用 PL/SQL 编写的遗留应用。有时组织策略并不允许互联网客户端实现客户端负载均衡。对于浏览器客户端而言，可以用第三方 Eureka Javascript 库。

Zuul 高可用架构最终归结于客户端是否使用了 Eureka 客户端类库。基于这一点，可以用两种方式搭建 Zuul 的高可用集群。

#### 1. 当客户端也是 Eureka 客户端时的 Zuul 高可用架构

在这种情况下，由于客户端是另外一个 Eureka 客户端，因此 Zuul 可以像其他微服务一样配置。Zuul 本身会向 Eureka 注册服务 ID，然后客户端就可以使用 Eureka 和服务 ID 来解析 Zuul 实例了（见图 7-20）。

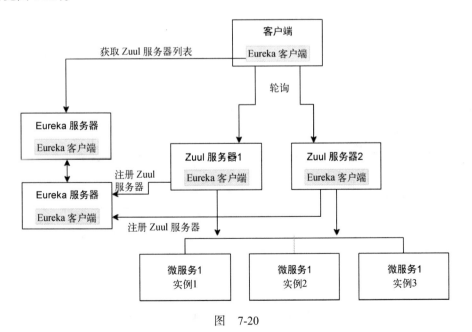

图 7-20

如图 7-20 所示，Zuul 服务使用服务 ID（在本例中是 search-apigateway）将自己注册到 Eureka。**Eureka 客户端**会用服务 ID search-apigateway 来查找服务器列表。**Eureka 服务器**则根据当前的 Zuul 拓扑信息返回一个服务器列表。**Eureka 客户端**根据这个返回的列表，选取其中一台服务器并发起服务调用。

如前所示，客户端会使用服务 ID 来解析 Zuul 实例。在下面的例子中，search-apigateway 是注册到 Eureka 的 Zuul 实例 ID。

```
Flight[] flights = searchClient.postForObject(
   "http://search-apigateway/api/search/get",
   searchQuery, Flight[].class);
```

**2. 当客户端不是 Eureka 客户端时的 Zuul 高可用架构**

在这种情况下，客户端无法使用 Eureka 服务器实现负载均衡。如图 7-21 所示，客户端向负载均衡器发出请求，随后负载均衡器找到合适的 Zuul 服务实例。

在本例中，Zuul 服务实例会在一个负载均衡器之后运行，比如 HAProxy 或硬件负载均衡器 NetScaler。

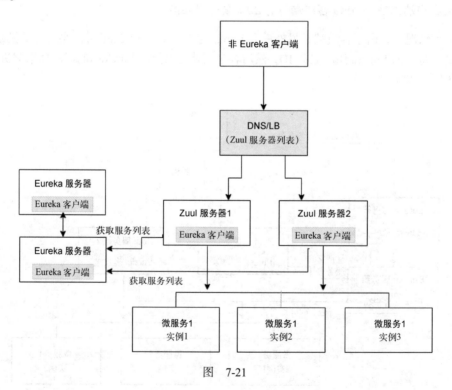

图　7-21

这里的微服务仍会通过 Zuul 实现负载均衡，Zuul 则使用了 Eureka 服务器。

### 3. 为其他所有服务完成 Zuul 改造

为了完成练习，需要给所有微服务添加 API 网关，步骤如下。

(1) 为每个服务创建新的属性文件，并提交到 Git 仓库。
(2) 将 application.properties 文件改为 bootstrap.properties 文件，并加入必要的配置。
(3) 在应用中加入@EnableZuulProxy 标注。
(4) 修改默认生成的包名和文件名，这一步是可选的。
(5) 最后可得到下列 API 网关项目。

❑ chapter7.fares-apigateway
❑ chapter7.search-apigateway
❑ chapter7.checkin-apigateway
❑ chapter7.book-apigateway

## 7.7  响应式微服务流

Spring Cloud Streams 提供了在消息通信基础设施之上的一层抽象。底层的消息机制实现可以是 RabbitMQ、Redis 或 Kafka。Spring Cloud Streams 通过声明来发送和接收消息（见图 7-22）。

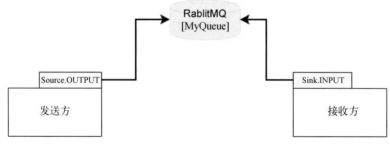

图  7-22

如图 7-22 所示，Spring Cloud Streams 的工作基于 Source 和 Sink 的概念。Source 代表消息通信的发送方视角，Sink 代表消息通信的接收方视角。

在本例中，**发送方**定义了一个用于发送消息的逻辑队列，叫作 Source.OUTPUT；**接收方**定义了一个用于从那里接收消息的逻辑队列，叫作 Sink.INPUT。从 OUTPUT 到 INPUT 的物理绑定是通过配置来管理的。在本例中，二者都连接到了同一个物理消息队列——RabbitMQ 服务器上的 MyQueue。因此，在一头，Source.OUTPUT 会指向 MyQueue；在另一头，Sink.INPUT 会指向同一个 MyQueue。

Spring Cloud Streams 支持在一个应用中使用多个消息提供者，比如将来自 Kafka 的输入流连接到 Redis 输出流，而无须管控其复杂性。Spring Cloud Streams 是基于消息集成的基础。Cloud Stream Modules 子项目是另一个 Spring Cloud 类库，它提供了许多端口实现。

下面重新用 Spring Cloud Streams 构建微服务间的的消息通信机制。如图 7-23 所示，定义一个 `SearchSink` 连接到搜索微服务下的 `InventoryQ`。预订微服务会定义一个 `BookingSource` 连接到 `InventoryQ`，用于发送库存变更消息。同样，值机微服务会定义一个 `CheckinSource`，用于发送值机消息。预订微服务会定义一个 `BookingSink`，用于接收消息。预订微服务和值机微服务都绑定到 RabbitMQ 服务器上的 `CheckinQ`。

图 7-23 展示了使用基于流式架构的示例设置。

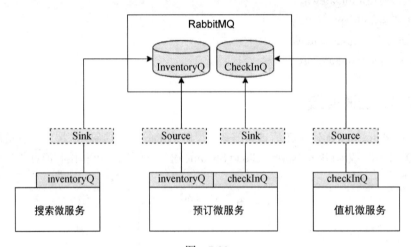

图　7-23

本例使用 RabbitMQ 作为消息代理，步骤如下。

(1) 在预订、搜索和值机微服务中加入以下 Maven 依赖，因为这三个模块使用了消息机制。

```
<dependency>
  <groupId>org.springframework.cloud</groupId>
  <artifactId>spring-cloud-starter-stream-rabbit</artifactId>
</dependency>
```

(2) 在 booking-service.properties 文件中加入以下两个属性。这些属性用于绑定逻辑队列，即把逻辑队列 inventoryQ 绑定到物理队列 inventoryQ，把逻辑队列 checkinQ 绑定到物理队列 checkinQ。

```
spring.cloud.stream.bindings.inventoryQ.destination=inventoryQ
spring.cloud.stream.bindings.checkInQ.destination=checkInQ
```

(3) 在 search-service.properties 文件中加入以下属性，用于把逻辑队列 inventoryQ 绑定到物理队列 inventoryQ。

```
spring.cloud.stream.bindings.inventoryQ.destination=inventoryQ
```

(4) 在 checkin-service.properties 文件中加入以下属性，用于把逻辑队列 checkinQ 绑定到物理队列 checkinQ。

```
spring.cloud.stream.bindings.checkInQ.destination=checkInQ
```

(5) 将所有文件提交到 Git 仓库。

(6) 然后修改代码。搜索微服务使用来自预订微服务发出的消息。在这里，预订微服务是 Source，搜索微服务是 Sink。

(7) 在预订微服务的 Sender 类中加入 @EnableBinding 标注。该标注使得 Spring Cloud Streams 可以根据类路径上的消息代理类库实现自动配置。在本例中，是 RabbitMQ 类库。参数 BookingSource 定义了这项配置用的逻辑通道。

```
@EnableBinding(BookingSource.class)
public class Sender {
```

在本例中，BookingSource 定义了一个消息通道 inventoryQ。如配置文件中配置的那样，该通道物理上绑定到了 RabbitMQ 的物理通道 inventoryQ。BookingSource 使用了一个 @Output 标注来表明此为输出类型的消息——从一个模块发出的消息。该信息会用于消息通道的自动配置。

```
interface BookingSource {
  public static String InventoryQ="inventoryQ";
  @Output("inventoryQ")
  public MessageChannel inventoryQ();
}
```

(8) 如果该服务只有一个 Source 和一个 Sink，也可以使用 Spring Cloud Streams 自带的 Source 类，而不是自定义一个类。

```
public interface Source {
  @Output("output")
  MessageChannel output();
}
```

(9) 根据 BookingSource 在发送方定义一个消息通道。如卜代码会用 BookingSource 中配置好的 inventory 这个名字注入一个输出消息通道。

```
@Output (BookingSource.InventoryQ)
@Autowired
private MessageChannel messageChannel;
```

(10) 在预订服务的 sender 类中重新实现发送消息的方法。

```
public void send(Object message){
  messageChannel.send(
  MessageBuilder.withPayload(message).build());
}
```

(11) 类似于预订服务中的修改，在搜索服务的 `Receiver` 类中加入以下代码。

```
@EnableBinding(SearchSink.class)
public class Receiver {
```

(12) 在本例中，`SearchSink` 接口如以下代码所示。它会定义与其相连的逻辑 Sink 队列。本例中的消息通道定义为@Input，表示该消息通道是负责接收消息的。

```
interface SearchSink {
  public static String INVENTORYQ="inventoryQ";

  @Input("inventoryQ")
  public MessageChannel inventoryQ()
}
```

(13) 修改搜索服务来接收该消息。

```
public void accept(Map<String,Object> fare){
  searchComponent.updateInventory(
  (String)fare.get("FLIGHT_NUMBER"),
  (String)fare.get("FLIGHT_DATE"),
  (int)fare.get("NEW_INVENTORY"));}
```

(14) 需要配置文件中的 RabbitMQ 配置来连接消息代理。

```
spring.rabbitmq.host=localhost
spring.rabbitmq.port=5672
spring.rabbitmq.username=guest
spring.rabbitmq.password=guest
server.port=8090
```

(15) 运行所有服务和 Web 站点项目。一切正常的话，Web 站点项目会成功执行搜索、预订和值机功能。也可以用浏览器来测试这些功能，将浏览器指向http://localhost:8001即可。

## 7.8　用 Spring Cloud Security 保护微服务

在一个单体 Web 应用中，用户登录后，相关信息都会保存在 HTTP 会话中。后续所有请求都会用该 HTTP 会话来验证。这样易于管理，因为所有请求都会通过同一个回话来路由。这一点可以通过应用中的粘滞会话或从应用中剥离/卸载出去的共享会话存储来实现。

在微服务中，很难避免微服务被未授权的用户访问，尤其是当很多服务在远程部署和访问时。对微服务而言，一个典型而简单的模式是使用网关作为安全守卫来保证周边安全。访问网关的任何请求都会被要求验证其合法性。在这种情况下，需要确保访问下游微服务的所有请求都经过API 的筛选。通常位于网关前面的负载均衡器是唯一向网关发送请求的客户端。在这种方式中，下游微服务会处理所有请求，假设这些请求都是受信任而无须认证的。这意味着所有微服务端口都会开放给所有请求。

然而，这种方案对于企业级网络安全而言不太可取。消除这种顾虑的一种方式是创建网络隔离和区域,把服务只暴露给网关来访问。简单起见,一种常见的模式是搭建服务消费者驱动的网关,该网关可以把多个微服务的访问请求合并起来,而不是之前例子使用的一对一的网关。

另外一种实现方式是使用令牌中继,如图 7-24 所示。

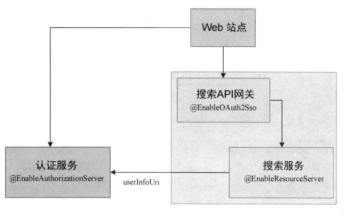

图 7-24

在这种情况下,每个微服务都会充当资源服务器,并用一个中央服务器进行身份认证。API 网关会将带有令牌的请求发送给下游服务器进行身份认证。

## 7.9 总结 BrownField 航空公司的 PSS 应用架构

图 7-25 展示了用配置服务器、Eureka、Feign、Zuul 和 Cloud Streams 搭建的整体架构。

该架构也包含了所有组件的高可用配置。本例假设客户端使用了 Eureka 客户端类库。

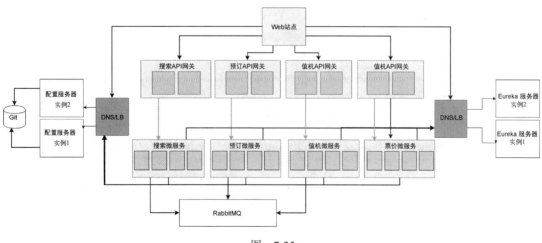

图 7-25

表 7-1 总结了这些项目并列出了其监听的端口。

表  7-1

| 微 服 务 | 项 目 | 端 口 |
| --- | --- | --- |
| 预订微服务 | chapter7.book | 8060~8064 |
| 值机微服务 | chapter7.checkin | 8070~8074 |
| 票价微服务 | chapter7.fares | 8080~8084 |
| 搜索微服务 | chapter7.search | 8090~8094 |
| 站点客户端 | chapter7.website | 8001 |
| Spring Cloud 配置服务器 | chapter7.configserver | 8888 / 8889 |
| Spring Cloud Eureka 服务器 | chapter7.eurekaserver | 8761 / 8762 |
| 预订 API 网关 | chapter7.book-apigateway | 8095~8099 |
| 值机 API 网关 | chapter7.checkin-apigateway | 8075~8079 |
| 票价 API 网关 | chapter7.fares-apigateway | 8085~8089 |
| 搜索 API 网关 | chapter7.search-apigateway | 8065~8069 |

按照下面这些步骤最终运行一下 PSS 应用。

(1) 运行 RabbitMQ 服务器。

(2) 用根目录中的 pom.xml 文件构建所有项目。

```
mvn -Dmaven.test.skip=true clean install
```

(3) 从各自的目录下运行下面这些项目。请注意，在启动下一个服务之前要等待 40～50 秒钟，以确保在启动新服务前，所依赖的服务已经注册好并可以访问了。

```
java -jar target/config-server-1.0.jar
java -jar target/eureka-server-1.0.jar
java -jar target/fares-1.0.jar
java -jar target/fares-1.0.jar
java -jar target/search-1.0.jar
java -jar target/checkin-1.0.jar
java -jar target/book-1.0.jar
java -jar target/fares-apigateway-1.0.jar
java -jar target/search-apigateway-1.0.jar
java -jar target/checkin-apigateway-1.0.jar
java -jar target/book-apigateway-1.0.jar
java -jar target/website-1.0.jar
```

(4) 打开浏览器窗口并指向 http://localhost:8001。按照第 6 章所讲的步骤来运行并测试。

# 7.10　小结

本章介绍了如何利用 Spring Cloud 项目对符合十二要素原则的 Spring Boot 微服务进行扩展，并在上一章开发的 BrownField 航空公司 PSS 微服务项目上进行了实践。

本章介绍了用于外部化微服务配置的 Spring 配置服务器，以及如何部署配置服务的高可用集群，也介绍了用于负载均衡、动态服务注册和发现的 Eureka 服务器。然后通过实现 Zuul 代理，探究了 API 网关的实现。最后使用 Spring Cloud Streams 实现了响应式微服务集成。

BrownField 航空公司的 PSS 微服务系统已经实现互联网级部署了。下一章会讨论 Spring Cloud 的其他组件，比如 Hyterix 和 Sleuth 等。

7

# 第 8 章

# 微服务的日志管理和监控

互联网级微服务部署的一大挑战是对每个微服务的日志记录和监控，这是由其高度分布式的特性决定的。通过关联不同微服务产生的日志来追踪端到端的事务十分困难。类似于单体应用，没有通用的工具可用于监控微服务。这一点很重要，尤其在实现采用了一系列技术开发的企业级微服务时（第 7 章讨论过）。

本章会探讨日志管理和监控在微服务部署中的必要性和重要性，还会进一步研究用一系列候选架构和技术来解决日志和监控问题时面临的各种挑战及解决办法。

本章主要内容如下。

❑ 日志管理的不同方案、工具和技术。
❑ 使用 Spring Cloud Sleuth 追踪微服务。
❑ 端到端监控微服务的不同工具。
❑ 使用 Spring Cloud Hystrix 和 Turbine 进行链路监控。
❑ 使用**数据湖**进行业务数据分析。

## 8.1 日志管理的挑战

其实日志是当前运行进程发出的事件流。对于传统的 JEE 应用而言，有许多框架和类库可用于记录日志。Java Logging（JUL）是 Java 自带的类库。Log4j、Logback 和 SLF4J 是一些流行的日志框架。这些框架都支持 UDP 和 TCP 协议来写日志。通常应用会将日志条目发送到控制台或者文件系统中。这里通常会采用文件回收技术以避免日志文件塞满所有磁盘空间。

日志处理的一个最佳实践是在生产环境中关闭大多数日志条目，因为磁盘读写 I/O 的开销很大。磁盘读写 I/O 不仅降低了应用处理速度，还会严重影响应用的扩展性。将日志写入磁盘上也需要很大的磁盘容量。磁盘空间耗尽的话会导致整个应用崩溃。日志框架支持在运行时控制日志输出，从而可以限制信息的输出。这些框架大都支持细粒度的日志控制，以及在运行时修改这些配置。

另外，日志中可能包含一些重要信息，恰当分析日志会有所助益。因此，限制日志条目实质上也就限制了对应用行为的理解。

当从传统部署转到云部署，应用就不再局限于特定或预设的服务器了。虚拟机和容器不会和应用硬绑定。用于部署的机器时常会发生变化。此外，像 Docker 这样的容器，其生命周期非常短暂。实际上，这意味着磁盘的持久化状态是不可靠的。一旦容器停止运行或重启，写到磁盘上的日志就丢失了。因此，不能依靠本地机器的磁盘来写日志文件。

如第 2 章所述，十二要素应用的其中一项原则是避免由应用自身来分发或存储日志文件。在微服务的上下文中，这些服务会在相互隔离的物理机或虚拟机上运行，从而导致日志文件碎片化。在这种情况下，要追踪跨多个微服务的端到端的事务几乎是不可能的。

如图 8-1 所示，每个微服务都会生成日志到本地文件系统。在本例中，事务 T1 调用 M1，接着调用 M3。由于 M1 和 M3 在不同的物理机上运行，因此它们会写相应的日志到不同的日志文件中。这使得关联并理解端到端的事务流变得很困难。此外，由于 M1 和 M3 的两个实例在不同的机器上运行，所以很难实现服务级别的日志聚合。

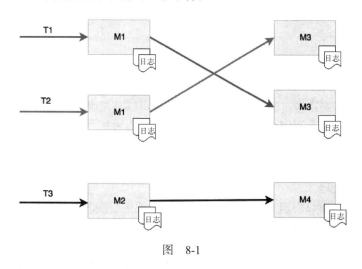

图 8-1

## 8.2 集中式日志管理方案

为了解决前面提出的问题，需要重新审视传统的日志管理方案。新的日志管理方案还应具备以下能力。

- ❑ 收集所有日志消息并进行分析。
- ❑ 端到端地关联并追踪事务。
- ❑ 长期保留日志信息以用于趋势和预测分析。

　　❑ 消除对本地磁盘系统的依赖。

　　❑ 将来自多个源系统的日志信息聚合起来，比如网络设备、操作系统和微服务等。

　　解决办法是集中存储和分析所有日志消息，而不管日志来源。新的日志管理方案的根本原则是将日志存储和处理从服务执行环境中抽离出来。大数据方案更适合存储和处理大量日志消息，并且比在微服务执行环境中存储和处理这些日志消息更为高效。

　　在集中式的日志管理方案中，日志消息会从执行环境传输到集中式大数据存储中。日志分析和处理会用大数据方案来实现（见图 8-2）。

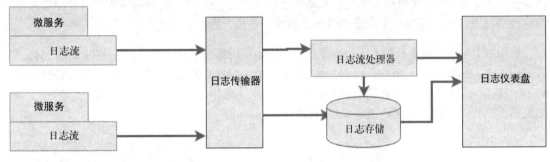

图　8-2

　　如图 8-2 所示，集中式日志管理方案包含一系列组件，解释如下。

　　❑ **日志流**：从源系统输出的日志消息流。源系统可以是微服务、其他应用甚至是网络设备。在典型的基于 Java 的系统中，这些相当于 Log4j 日志消息的流式输出。

　　❑ **日志传输器**：负责收集来自不同源系统或端口的日志消息，然后将其发送到另一套端口，比如写到一个数据库中、推送到一个仪表盘应用中，或者发送到一个流式处理端口以做进一步实时处理。

　　❑ **日志存储**：所有日志消息都会存储在这里，以便进行实时分析和趋势分析等。典型的日志存储可以是能处理大数据量的 NoSQL 数据库，比如 HDFS。

　　❑ **日志流处理器**：能分析实时日志事件以便迅速做出决策。流式处理器会执行相应的操作，比如将日志信息发送到一个仪表盘应用和发出告警等。对于自愈型系统而言，流式处理器甚至可以采取措施来修正问题。

　　❑ **日志仪表盘**：这个统一的日志查看工具用于显示日志分析的结果，比如图和表。这些仪表盘是专为运营和管理人员设计的。

　　这种集中式的日志管理方案的好处是不需要本地磁盘读写 I/O 或阻塞式磁盘写入，也不占用本地机器的磁盘空间。这种架构基本上类似于用于大数据处理的 Lambda 架构。

　　每条日志消息都包含一个上下文、消息体和关联 ID，这一点很重要。这里的上下文通常包含时间戳、IP 地址、用户信息、进程信息（比如服务、类和函数等）、日志类型和类别等。这里的消息体是简单的自由文本信息。关联 ID 用于在不同的服务调用之间建立联系，以追踪跨微服务的调用。

## 8.3 日志管理方案的选取

实现集中式的日志管理方案有一系列方案。这些方案使用了不同的方法、架构和技术。理解需要实现的能力和选择满足需要的正确方案非常重要。

### 8.3.1 云服务

有许多云日志服务可作为 SaaS 方案。Loggly 是其中最流行的基于云的日志服务。Spring Boot 微服务可以使用 Loggly 的 Log4j 和 Logback 日志追加器直接将日志消息以流式写入 Loggly 服务。

如果应用或服务部署在 AWS 上，AWS 的 CloudTrail 可以和 Loggly 集成用于日志分析。

Papertrial、Logsene、Sumo Logic、Google Cloud Logging 和 Logentries 也是基于云的日志管理方案。**安全运维中心（SOC）**中的一些工具也可用于集中式的日志管理。

云日志服务提供了易于集成的服务，省去了管理复杂基础设施和大型存储方案的开销。然而在选择云日志服务时，需要考虑的一个关键因素是网络延迟。

### 8.3.2 现成的方案

有许多专用的工具可以提供端到端的日志管理能力，它们可以安装在本地数据中心或者云上。

Graylog 是流行的开源日志管理方案。它使用 Elasticsearch 存储日志，用 MongoDB 存储元数据，使用 GELF 类库串流 Log4j 日志。

Splunk 是流行的商业日志管理和分析工具。它使用日志文件传输方式收集日志，而不像其他方案一样用日志串流的方式。

### 8.3.3 集成一流的组件

最后一种方式是挑选组件来定制日志管理方案。

#### 1. 日志传输器

有些日志传输器可以和其他工具搭配使用，从而构建一个端到端的日志管理方案。不同的日志传输工具的能力也不同。

Logstash 是一个强大的数据传输工具，可用于收集和传输日志文件。它充当了一个代理，还支持从不同源系统接收流式数据并写入不同目标系统。Log4j 和 Logback 日志追加器也可以用于将 Spring Boot 微服务生成的日志消息直接发送到 Logstash。Logstash 的另一端会连接 Elasticsearch、HDFS 或其他数据库。

Fluentd 与 Logspout 跟 Logstash 很相似，但后者更适用于 Docker 等基于容器的环境。

### 2. 日志流处理器

流式处理技术可用于实时处理日志流。假如某个服务调用一直返回 404 错误响应，这就意味着服务可能出错了，必须尽快处理。在这种情况下，使用流式处理器非常方便，因为不同于传统的被动式分析，它们能对特定的事件流主动做出反应。

一种用于流式处理的典型架构是将 Flume 和 Kafka 结合起来，并集成 Storm 或 Spark Streaming。Log4j 有针对 Flume 的日志追加器，对于收集日志消息非常有用。这些日志消息会推送到分布式 Kafka 消息队列中。流式处理器从 Kafka 收集数据，并在把数据发送到 Elasticsearch 和其他日志存储前做实时处理。

Spring Cloud Stream、Spring Cloud Stream 模块和 Spring Cloud 数据流也可用于构建日志流处理。

### 3. 日志存储

实时的日志消息通常存储在 Elasticsearch 中，Elasticsearch 允许客户端基于文本索引来查询日志。除了 Elasticsearch 外，HDFS 也常用于存储归档的日志消息。MongoDB 和 Cassandra 用于存储聚合类数据，比如按月聚合的交易数量。离线日志处理可以用 Hadoop 的 map reduce 程序来实现。

### 4. 仪表盘

集中式的日志管理方案需要的最后一项功能是仪表盘。日志分析最常用的仪表盘是在 Elasticsearch 数据存储之上运行的 Kibana。Graphite 和 Grafana 也可用于呈现日志分析报表。

## 8.3.4　自定义日志管理方案的实现

可以利用前面提到的工具来定制端到端的日志管理方案。定制日志管理最常用的架构是 Logstash、Elasticsearch 和 Kibana，也称"ELK 栈"。

本章的完整源代码在 chapter8 项目的代码文件中，地址如下：https://github.com/rajeshrv/Spring5Microservice。复制 chapter7.configserver、chapter7.eurekaserver、chapter7.search、chapter7.search-apigateway 和 chapter7.website 项目到新的 STS 工作空间中，并重命名为 chapter8.*。

注意：虽然 Spring Cloud Dalston SR1 版本官方支持 Spring Boot 1.5.2.RELEASE 版本，但仍有一些关于 Hystrix 的问题。为了运行 Hystrix 的例子，建议将 Spring Boot 版本升级到 1.5.4.RELEASE。

图 8-3 展示了日志监控流程。

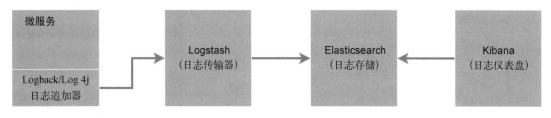

图 8-3

下面用 ELK 栈实现简单的日志管理方案。

使用 ELK 栈实现日志监控的步骤如下。

(1) 从 https://www.elastic.co 下载并安装 Elasticsearch、Kibana 和 Logstash。

(2) 修改搜索微服务（chapter8.search）。检查以确保搜索微服务的 Application.java 文件包含一些日志语句。对日志语句没有特别的要求，只是一些简单的 slf4j 日志输出语句，如以下代码片段所示。

```
import org.slf4j.Logger;
import org.slf4j.LoggerFactory;
//other code goes here
private static final Logger logger = LoggerFactory
  .getLogger(SearchRestController.class);

//other code goes here

logger.info("Looking to load flights...");
for (Flight flight : flightRepository
  .findByOriginAndDestinationAndFlightDate
  ("NYC", "SFO", "22-JAN-18")) {
    logger.info(flight.toString());
}
```

(3) 在搜索服务的 pom.xml 文件中加入 Logstash 的依赖，将 logback 集成到 logstash 中。

```
<dependency>
  <groupId>net.logstash.logback</groupId>
  <artifactId>logstash-logback-encoder</artifactId>
  <version>4.6</version>
</dependency>
```

(4) 覆盖默认的 logback 配置。可以在 src/main/resources 下添加一个新的 logback.xml 文件来实现。下面是一段示例配置。

```
<?xml version="1.0" encoding="UTF-8"?>
<configuration>
  <include resource="org/springframework/boot/logging
```

```
         /logback/defaults.xml"/>
    <include resource="org/springframework/boot/logging
    /logback/console-appender.xml" />
    <appender name="stash"
    class="net.logstash.logback.appender
    .LogstashTcpSocketAppender">
    <destination>localhost:4560</destination>
    <!-- encoder is required -->
    <encoder class="net.logstash.logback.encoder
    .LogstashEncoder" />
    </appender>
    <root level="INFO">
        <appender-ref ref="CONSOLE" />
        <appender-ref ref="stash" />
    </root>
</configuration>
```

通过加入一个新的 TCP 套接字追加器，上面的配置覆盖了默认的 logback 配置。该追加器会将所有日志消息串流到一个监听 4560 端口的 Logstash 服务。如上面的配置所示，这里要加入一个编码器。

(5) 如下所示，新建一段配置并保存到 logstash.conf 文件中。该配置文件的位置并不重要，因为在启动 Logstash 时它会作为参数传入。这段配置会从监听 4560 端口的 TCP 套接字处获取输入信息，然后发送到在 9200 端口运行的 Elasticsearch 服务。这里的 stdout 是可选的，仅用于调试。

```
input {
  tcp {
    port => 4560
    host => localhost
  }
}
output {
  elasticsearch { hosts => ["localhost:9200"] }
  stdout { codec => rubydebug }
}
```

(6) 从安装目录中分别运行 Logstash、Elasticsearch 和 Kibana。

```
./bin/elasticsearch
./bin/kibana
./bin/logstash -f logstash.conf
```

(7) 运行搜索微服务。这样就会调用该服务中的单元测试用例，从而输出前面提到的日志输出语句。需要确保 RabbitMQ、配置服务器和 Eureka 服务器都在运行。

(8) 打开浏览器并访问 Kibana：http://localhost:5601。

点击 settings 菜单并配置一个索引模式，如图 8-4 所示。

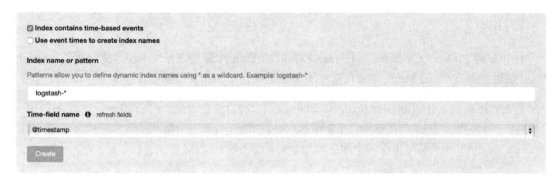

图 8-4

(9) 点击 discover 菜单即可看到日志。一切正常的话，会如图 8-5 所示，Kibana 界面显示出了日志消息。

Kibana 提供了开箱即用的功能，可以使用日志消息来生成汇总图表。

Kibana 界面如图 8-5 所示。

图 8-5

### 8.3.5 用 Spring Cloud Sleuth 实现分布式追踪

前面通过日志数据集中化解决了微服务日志碎片化问题。在集中式的日志管理方案中，所有日志都集中存储，但要追踪端到端的事务还不太可能。为了实现端到端的追踪，跨微服务的事务需要一个关联 ID。

Twitter 的 Zipkin、Cloudera 的 HTrace 和谷歌的 Dapper 都是分布式追踪系统的例子。Spring Cloud 使用 Spring Cloud Sleuth 类库在这些工具之上提供了一个封装器组件。

分布式追踪的工作机制基于 Span 和 Trace 这两个概念。Span 是一个工作单元（比如调用一个服务），可以用一个 64 位的 Span id 来标示。一套 Span 形成一个树状结构，叫作 Trace。使用该 Trace id，即可端到端地追踪一个服务调用，如图 8-6 所示。

图 8-6

如图 8-6 所示，**微服务 1 调用微服务 2，微服务 2 调用微服务 3**。在本例中，同一个 Trace-id 会传递给所有微服务，这样就可以端到端地追踪事务了。

下面使用搜索 API 网关和搜索微服务来加以说明。在搜索 API 网关（`chapter8.search-apigateway`）中加入一个新端口，API 网关内部会调用搜索服务来返回数据。没有该 Trace id 的话，要追踪或关联从 Web 站点到搜索 API 网关再到搜索微服务的一系列调用几乎是不可能的。本例只包含两到三个服务，而复杂的环境可能会涉及很多独立的服务。

使用 Sleuth 新建一个例子，步骤如下。

(1) 修改搜索服务和搜索 API 网关。在修改之前，必须在相应的 pom 文件中加入 Sleuth 依赖。

```
<dependency>
  <groupId>org.springframework.cloud</groupId>
  <artifactId>spring-cloud-starter-sleuth</artifactId>
</dependency>
```

(2) 如前所示，在搜索服务中加入 Logstash 依赖和 `logback` 配置。

(3) 然后在相应的微服务的 `logback` 配置中加入服务名的属性。

```
<property name="spring.application.name"
  value="search-service"/>
<property name="spring.application.name"
  value="search-apigateway"/>
```

(4) 在搜索 API 网关中加入一个新端口，网关会调用搜索服务。下面的代码意在演示 Trace id

在多个微服务之间的传递。API 网关中的这个新方法通过调用搜索服务来返回机场的运营中心。请注意，Rest 模板（使用@Loadbalanced 标注）和 Logger 信息也需要加到 SearchAPIGateway.java 类中。

```
@RequestMapping("/hubongw")
String getHub(HttpServletRequest req){
  logger.info("Search Request in API gateway
   for getting Hub, forwarding to search-service ");
  String hub = restTemplate.getForObject("http://search-
   service/search/hub", String.class);
  logger.info("Response for hub received, Hub "+ hub);
  return hub;
}
```

(5) 在搜索服务中加入另外一个端口，如下所示。

```
@RequestMapping("/hub")
String getHub(){
  logger.info("Searching for Hub, received from
    search-apigateway ");
  return "SFO";
}
```

(6) 然后运行这两个服务。用浏览器访问 API 网关上的新端口（ /hubongw ）。复制并粘贴以下链接：http://localhost:8095/hubongw。

之前提过，搜索 API 网关在 8095 端口上运行，而搜索服务在 8090 端口上运行。

(7) 请注意，控制台日志中已经输出了 traceID 和 spanID。以下日志是搜索 API 网关输出的。

```
2017-03-31 22:30:17.780 INFO [search-
apigateway,9f698f7ebabe6b83,9f698f7ebabe6b83,false]
47158 --- [nio-8095-exec-1]
c.b.p.s.a.SearchAPIGatewayController: Response for hub
received, Hub SFO
```

以下日志则来自搜索服务。

```
2017-03-31 22:30:17.741 INFO [search-
service,9f698f7ebabe6b83,3a63748ac46b5a9d,false]
47106---[nio-8090-exec-
1]c.b.p.s.controller.SearchRestController : Searching
for Hub, received from search-apigateway
```

请注意，其中的 Trace id 是一致的。

(8) 利用上面控制台输出的 Trace id，可以打开 Kibana 控制台并搜索 Trace id。在本例中，Trace id 是 9f698f7ebabe6b83。如图 8-7 所示，利用 Trace id 可以追踪跨多个微服务的服务调用。

图　8-7

## 8.4　监控微服务

　　微服务是真正的分布式系统，其部署拓扑不固定。如果缺乏完善的监控系统，运维团队在管理大规模微服务时可能会困难重重。传统的单体应用部署仅限于一系列固定的服务、实例和机器等。相比于大量微服务实例在不同的机器上运行来说，单体部署易于管理。更复杂的是，这些微服务会动态地改变其拓扑结构。集中式日志管理只能解决一部分问题。对于运维团队来说，理解运行时的部署拓扑和系统的行为非常重要，除了集中式日志管理还需要其他能力。

　　通常应用监控不仅仅是收集各种指标和统计信息以及根据某些基线数据进行比对和校验。如果系统出现服务级别的违约，监控工具就会发出告警并发送给管理员。对于数以千百计且相互关联的微服务来说，传统的监控方式其实并不可行。在大型微服务系统中，要实现通用的监控方式或用单一的管理平台来监控所有信息并不容易。

　　微服务监控的一个主要目标是从用户体验的角度去理解系统的行为，以确保系统的端到端行为是一致的且符合用户期望。

### 8.4.1　微服务监控的挑战

　　类似于碎片化的日志问题，微服务监控的关键挑战是微服务生态系统中有很多不确定的部分。

　　监控的典型问题总结如下。

- 统计信息和指标散布在不同的服务、实例和机器上。
- 不同的微服务可能是用不同的技术实现的，这使得问题更为复杂。单一的监控工具可能无法提供所有必要的监控参数。
- 微服务的部署拓扑是动态的，这意味着无法预先配置服务器、实例和监控参数等。

许多传统的监控工具适用于监控单体应用，但无法监控大规模分布式且相互关联的微服务系统。许多传统的监控系统是基于代理模式的，需要在目标机器或应用实例上预装监控代理。这带来了如下两个挑战。

- 如果这些监控代理需要和微服务或操作系统深度集成，就很难在动态环境中进行管理。
- 如果这些监控工具在监控和度量应用时产生额外的开销，就会出现性能问题。

许多传统的监控工具都需要一些基线指标。这样的系统需要预设一些规则才能工作，比如当CPU利用率超过60%并持续超过两分钟，那么就向管理员发出告警。但在大型互联网级部署中，要预设这些指标是极其困难的。

新一代监控工具（见图8-8）可以自动学习应用的行为并设置动态阈值，使系统管理员免于这一简单而枯燥的任务。自动设置的基线有时比人为预测的更准确。

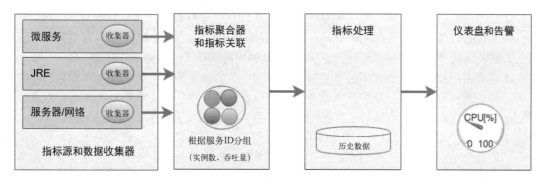

图 8-8

如图8-8所示，微服务监控的几个关键方面如下。

- **指标源和数据收集器**：源系统的指标收集可以通过下面两种方式来实现：服务器将指标信息推送给一个集中式指标收集器，或者嵌入轻量级代理来收集指标信息。数据收集器从不同的源系统收集监控指标，比如从网络、物理机、容器、软件组件和应用等。这里的挑战是如何使用自动发现机制来收集这些数据，而不是通过静态配置的方式来收集。

  可以通过两种方式来实现：在源机器上运行代理并从源机器上串流出数据，或者每隔一定时间去轮询。

- **指标聚合及关联**：需要将从不同源系统，比如从用户事务、服务、基础设施和网络等收集而来的指标聚合起来。这种聚合可能非常复杂，因为需要在一定程度上理解应用的行为，比如服务依赖和服务组合等。在大多数情况下，这些是根据源系统提供的元数据自动构造出来的。

  通常这是由一个可以接收这些指标的中间件来实现的。

- **处理指标和可执行的见解**：数据聚合之后，下一步是设定阈值。在新一代监控系统中，这些阈值都是自动发现的。监控工具随后会分析数据并提供一些可执行的见解。

  这些工具可能会使用大数据和流式分析的方案。

- **告警、行动和仪表盘**：一旦发现问题，必须通知相关人员或系统。与传统的监控系统不同，微服务监控系统应当能实时采取行动。主动监控对于实现自愈来说是必不可少的。仪表盘用于显示 SLA 和 KPI 等指标。

  使用仪表盘和告警工具可以实现这些需求。

微服务监控通常有 3 种方式实现。为了实现有效监控，这 3 种方式需要结合使用。

- **应用性能监控**（APM，也称**数字性能监控**或 DPM）不仅仅是系统指标收集、处理、告警和仪表盘展示等的传统监控方式，更是系统层面的监控。许多 APM 工具已经实现了应用拓扑发现和可视化等新功能。不同的 APM 供应商所提供的功能是不同的。
- **综合监控**技术用端到端事务来监控系统行为，这些事务涵盖了生产环境或类生产环境中的一系列测试场景。这种技术会收集监控数据并将其用于验证系统行为和潜在热点。综合监控也有助于我们理解系统间的依赖关系。
- **真实用户监控**（RUM）或用户体验监控通常是一种基于浏览器软件、用于记录真实用户的统计信息，比如响应时间、可用性和服务级别等。对于微服务而言，随着发布越来越频繁和部署拓扑动态化，用户体验监控变得越来越重要了。

## 8.4.2　监控工具

很多工具可用于监控微服务。这些工具的部分功能也有重叠。监控工具的选择实际上取决于需要监控的生态系统。在大多数情况下，需要不止一个工具来监控整个微服务生态系统。

下面介绍适用于微服务的常用监控工具。

- AppDynamics、Dynatrace 和 New Relic 是 APM 领域的顶级商业软件供应商，这是根据 Gartner 公司 2015 年的魔力象限得出的结论。这些工具都适用于微服务，并且支持在统一的控制台中有效地监控微服务。Ruxi、Datadog 和 Dataloop 是专用于分布式系统监控的商业产品，也适用于微服务。不同的监控工具可以用插件将数据注入 Datadog 中。

❑ 云厂商自带了监控工具，但在大多数情况下，对于大规模微服务监控而言，仅仅用这些监控工具可能还不够。例如 AWS 用 CloudWatch，谷歌云平台（GCP）用 Cloud Monitoring 从各种源系统收集信息。

❑ 有一些数据收集类库，比如 Zabbix、statd、collectd 和 jmxtrans 等，可以在底层工作并收集系统运行时的统计信息、指标、测量数据和计数器等。通常这些信息会注入数据收集器和处理器中，比如 Riemann、Datadog 和 Librato，或注入仪表盘中，比如 Graphite。

❑ Spring Boot Actuator 用于收集微服务指标、测量数据和计数器，第 3 章已讲过。Netflix 的 Servo 是和 Actuator 类似的指标收集器。Qbit 和 Dropwizard 指标也属于指标收集器。这些指标收集器都需要聚合器和仪表盘来实现全面监控。

❑ 使用日志进行监控也比较流行，但这种监控方式不太高效。如前所述，在这种方式中，日志消息会从不同的源系统，比如微服务、容器、网络等处传输到一个中心位置，然后使用日志文件来追踪事务、识别热点等。可选工具包括 Loggly、ELK、Splunk 和 Trace 等。

❑ Sensu 是一个来自开源社区的用于微服务监控的流行工具。Weave scope 是一个主要用于容器化部署的工具。SimianViz（原名 Spigo）是一个配合 Netflix 工具栈使用的微服务监控系统。Cronitor 也是一个很有用的微服务监控工具。

❑ Pingdom、New Relic synthetic、Runscope、Catchpoint 等支持对生产系统进行综合事务监控和用户体验监控。

❑ Circonus 多用作 DevOps 监控工具，但也可以进行微服务监控。Nagois 是一个流行的开源监控工具，但它更多归类于传统监控系统。

❑ Prometheus 提供了一个时间序列数据库和可视化 GUI，对于定制监控工具非常有用。

### 8.4.3 监控微服务依赖

对于具有复杂依赖关系的大量微服务，监控工具应能显示微服务间的依赖关系。静态配置和管理这些微服务间的依赖关系并不利于扩展。实际上，有很多工具可用于监控微服务的依赖关系。

AppDynamics、Dynatrace 和 New Relic 等监控工具可以绘制微服务间的依赖关系图。端到端的事务监控也可用于追踪事务间的依赖关系。Spigo 等监控工具也可用于管理微服务间的依赖关系。

一些配置管理数据库（CMDB）工具，比如 Device42，或者专用工具，比如 Accordance，也有助于管理微服务依赖关系。Vertias Risk Advisor（VRA）也可用于自动发现基础设施。

也可以使用图形数据库（比如 Neo4j）的定制实现。在这种情况下，必须预先配置好微服务的直接依赖关系和间接依赖关系。微服务启动时会向该 Neo4j 数据库发布其依赖关系并核对。

**8**

## 8.4.4    用 Spring Cloud Hystrix 实现微服务容错

下面介绍研究 Spring Cloud Hystrix，这是一个用于实现微服务容错和延迟容忍的类库。Hystrix 基于"快速失败"和"快速恢复"原则。如果某个服务出现了问题，Hystrix 有助于隔离问题。通过回退到另一个预先配置好的备用服务，Hystrix 有助于实现"快速失败"。这是 Netflix 另一个久经考验的类库，它是基于断路器模式的。

下面用 Spring Cloud Hystrix 构建一个断路器。为了集成 Hystrix，请按如下步骤修改搜索 API 网关服务。

将 Hystrix 依赖加入服务，如下所示。

```
<dependency>
    <groupId>org.springframework.cloud</groupId>
    <artifactId>spring-cloud-starter-hystrix</artifactId>
</dependency>
```

如果是从头开发的，需要选择以下类库（见图 8-9）。

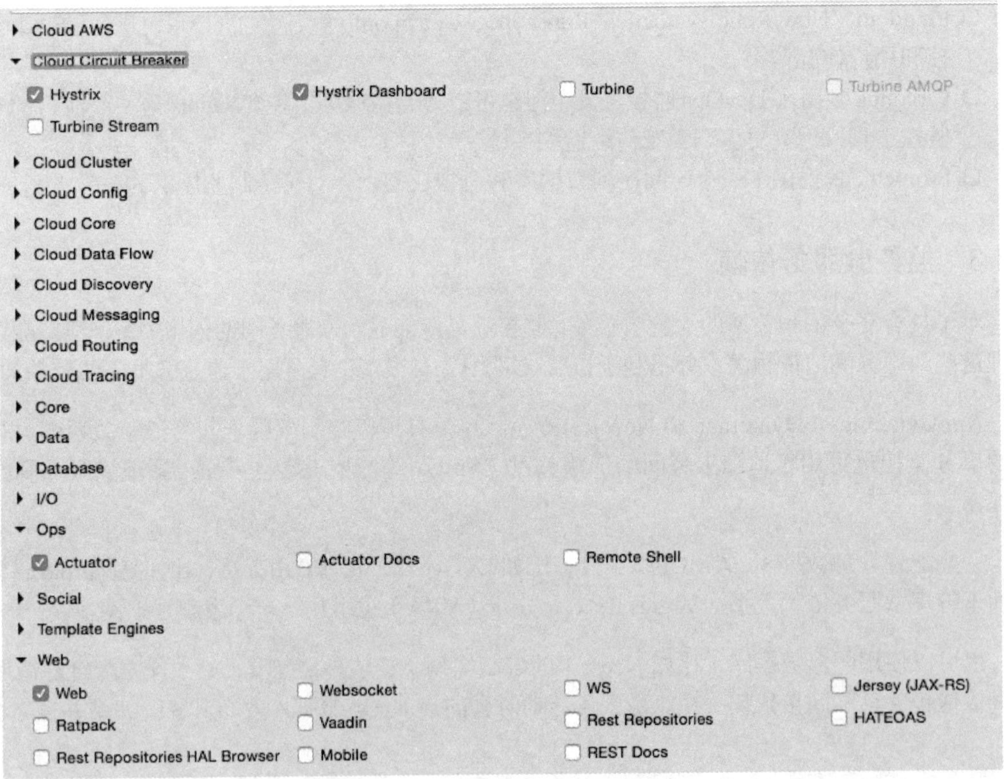

图    8-9

在 Spring Boot 应用类（SearchAPIGateway）中加入@EnableCircuitBreaker 标注。该标注（命令）会告诉 Spring Cloud Hystrix 为当前应用启用断路器功能。它也会暴露/hystrix.stream 端口来收集指标。

在搜索 API 网关服务中加入一个带一个方法的组件类，本例使用@HystrixCommand 标注的 getHub 方法。这就告诉 Spring 该方法容易出错。Spring Cloud 类库会封装这些方法并通过断路器来实现容错和延迟容忍。通常 HystrixCommand 会紧跟一个 fallbackMethod。如果系统失效，Hystrix 会自动启用 fallbackMethod 并将流量导向它。如以下代码所示，其中 getHub 方法会回退到 getDefaultHub 方法。

```
@Component
class SearchAPIGatewayComponent {
  @LoadBalanced
  @Autowired
    RestTemplate restTemplate;
  @HystrixCommand(fallbackMethod = "getDefaultHub")
  public String getHub(){
    String hub = restTemplate
      .getForObject("http://search-service/search/hub",
      String.class);
    return hub;
  }

  public String getDefaultHub(){
    return "Possibily SFO";
  }
}
```

SearchAPIGatewayController 类的 getHub 方法调用了 SearchAPIGatewayComponent 类的 getHub 方法。

```
@RequestMapping("/hubongw")
String getHub(){
  logger.info("Search Request in API gateway for getting Hub,
    forwarding to search-service ");
  return component.getHub();
}
```

该练习的最后一部分是构建一个 Hystrix 仪表盘。为此，需要再开发一个 Spring Boot 应用，包含 Hystrix、Hystrix Dashboard 和 Actuator 等类库。

在该 Spring Boot 应用类中加入@EnableHystrixDashboard 标注。

启动搜索服务、搜索 API 网关和 Hystrix 仪表盘等应用。将浏览器指向 Hystrix 仪表盘应用的 URL 地址。在本例中，Hystrix 仪表盘启动并在 9999 端口上运行。

访问 URL 地址http://localhost:9999/hystrix，就会显示一个 Hystrix 仪表盘界面，如图 8-10 所示。在 Hystrix Dashboard 中输入需要监控的服务 URL 地址。

在本例中, 搜索 API 网关在 8095 端口上运行, 因此 hystrix.stream 的 URL 地址是http://localhost: 8095/hytrix.stream (见图 8-10)。

**Hystrix Dashboard**

http://localhost:8095/hytrix.stream

*Cluster via Turbine (default cluster):* http://turbine-hostname:port/turbine.stream
*Cluster via Turbine (custom cluster):* http://turbine-hostname:port/turbine.stream?cluster=[clusterName]
*Single Hystrix App:* http://hystrix-app:port/hystrix.stream

Delay: 2000    ms    Title: SearchAPIGateway

Monitor Stream

图    8-10

Hystrix 仪表盘如图 8-11 所示。

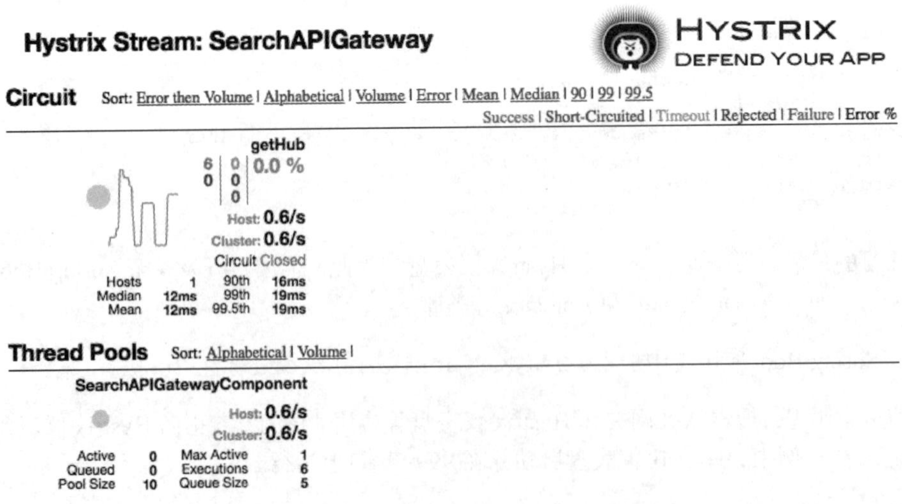

**Hystrix Stream: SearchAPIGateway**    **HYSTRIX** DEFEND YOUR APP

**Circuit**    Sort: Error then Volume | Alphabetical | Volume | Error | Mean | Median | 90 | 99 | 99.5
Success | Short-Circuited | Timeout | Rejected | Failure | Error %

getHub
6 | 0    0.0 %
0 | 0
   0
   0

Host: **0.6/s**
Cluster: **0.6/s**
Circuit Closed

Hosts    1    90th    16ms
Median    12ms    99th    19ms
Mean    12ms    99.5th    19ms

**Thread Pools**    Sort: Alphabetical | Volume |

SearchAPIGatewayComponent

Host: **0.6/s**
Cluster: **0.6/s**

Active    0    Max Active    1
Queued    0    Executions    6
Pool Size    10    Queue Size    5

图    8-11

请注意，必须执行至少一个事务，信息才能显示出来，访问http://localhost:8095/hubongw即可实现。

可以通过停止或关闭搜索服务来制造失效场景。请注意，访问如下 URL 地址时，系统会调用备用方法：http://localhost:8095/hubongw。

如果系统出现持续性故障，那么链路状态会变为 Open 状态。可以通过多次访问前面的 URL 链接来实现这种效果。在 Open 状态下，系统不会再检查原先的服务了。Hystrix 仪表盘会显示链路状态为 Open，如图 8-12 所示。为了恢复服务，一旦链路处于 Open 状态，系统会定期检查原先的服务。当原先的服务恢复可用时，断路器就会退回到原先的服务，此时状态会设为 Closed。

**Hystrix Stream: SearchAPIGateway**

**Circuit**　Sort: Error then Volume | Alphabetical | Volume | Error | Mean | Median | 90 | 99 | 99.5

Success | Short-Circuited | Timeout | Rejected | Failure | Error %

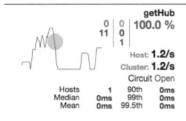

getHub

0 | 0 | 100.0 %
11 | 0
| 1

Host: **1.2/s**
Cluster: **1.2/s**
Circuit Open

| | | | | |
|---|---|---|---|---|
| Hosts | 1 | 90th | 0ms |
| Median | 0ms | 99th | 0ms |
| Mean | 0ms | 99.5th | 0ms |

**Thread Pools**　Sort: Alphabetical | Volume |

SearchAPIGatewayComponent

Host: **0.1/s**
Cluster: **0.1/s**

| | | | |
|---|---|---|---|
| Active | 0 | Max Active | 1 |
| Queued | 0 | Executions | 1 |
| Pool Size | 10 | Queue Size | 5 |

图　8-12

### 8.4.5　用 Turbine 聚合 Hystrix 流

在上一个例子中，Hystrix 仪表盘中给出了微服务的/hystrix.stream 端口。Hystrix 仪表盘一次只能监控一个微服务。如果需要监控多个微服务，那么每次切换需要监控的微服务时都必须修改 Hystrix 仪表盘指向的微服务。这实在很不方便，尤其当有许多微服务实例或需要同时监控多个微服务时。

这里需要一种机制将来自多个/hystrix.stream 实例的数据聚合到一个仪表盘视图中，借助 Turbine 可以实现。Turbine 是一个单独的服务器，它可以从多个实例收集 Hystrix 数据流，然后合并到统一的/turbine.stream 端口。这样 Hystrix 仪表盘就可以指向/turbine.stream 从而获得合并后的信息了，如图 8-13 所示。

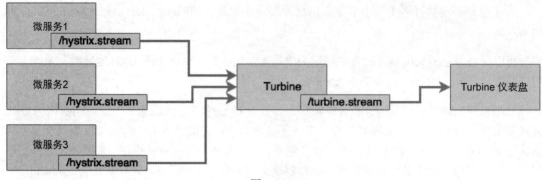

图 8-13

 Turbine 只能使用不同的主机名来工作。每个服务实例必须在单独的主机上运行。如果要在同一个主机上测试多个本地服务，就需要修改 hosts 文件（/etc/hosts）来模拟多个主机。修改完 hosts 文件后，bootstrap.properties 文件要配置为：`eureka.instance.hostname: localdomain2`。

下面演示如何使用 Turbine 来监控跨多个实例和服务的断路器，会用到搜索服务和搜索 API 网关。Turbine 内部使用 Eureka 来解析需要监控的服务 ID，这是预先配置好的。

构建和运行步骤如下。

(1) 可以使用 Spring Boot Starter 创建一个 Turbine 服务器，即一个 Spring Boot 应用。请选择 Turbine 选项以包含 Turbine 的类库。

(2) 应用创建完成后，在 Spring Boot 的主应用类中加入@EnableTurbine 标注。在本例中，Turbine 和 Hystrix 仪表盘都配置为在同一个 Spring Boot 应用中运行。在新创建的 Turbine 应用中加入以下标注即可实现。

```
@EnableTurbine
@EnableHystrixDashboard
@SpringBootApplication
public class TurbineServerApplication {
```

(3) 在 yaml 文件或属性文件中加入以下配置来指向想要监控的实例。

```
application:
  name : turbineserver
turbine:
  clusterNameExpression: new String('default')
  appConfig : search-service,search-apigateway
  server:
    port: 9090
    eureka:
  client:
    serviceUrl:
      defaultZone: http://localhost:8761/eureka/
```

(4) 上述配置告诉 Turbine 服务器在 Eureka 服务器中查找并解析 search-service 和 search-apigateway 服务。search-service 和 search-apigateway 是用于向 Eureka 服务器注册服务的服务 ID。Turbine 会查询 Eureka 服务器并使用这些服务 ID 来解析实际运行服务的主机和端口，然后 Turbine 会使用这些主机和端口信息访问各个实例的 /hystrix.stream 端口，随后 Turbine 会读取这些单独的 Hystrix 流，将这些流聚合在一起并在 Turbine 服务器的 /turbine.streamURL 地址下暴露出来。

上述配置中的集群名表达式指向的是默认的集群，因为本例中没有显式配置集群。如果集群是手动配置的，必须使用如下配置。

```
turbine:
  aggregator:
    clusterConfig: [comma separated clusternames]
```

(5) 修改搜索服务和 SearchComponent，加入另外一个断路器。

```
@HystrixCommand(fallbackMethod = "searchFallback")
public List<Flight> search(SearchQuery query){
```

(6) 搜索服务的主类中也要加入 @EnableCircuitBreaker 标注。本例会运行两个 search-apigateway 实例，一个在 localdomain1:809 运行，另一个在 localdomain1:8096 运行。此外，会在 localdomain1:8090 运行 search-service 的一个实例。

(7) 以命令行参数覆盖的方式运行微服务，以管理不同的主机地址，如下所示。

```
java -jar -Dserver.port=
  8096 -Deureka.instance.hostname=localdomain2 -
  Dserver.address=localdomain2
  target/search-apigateway-1.0.jar

java -jar -Dserver.port=
  8095 -Deureka.instance.hostname=localdomain1 -
  Dserver.address=localdomain1
  target/search-apigateway-1.0.jar

java -jar -Dserver.port=
  8090 -Deureka.instance.hostname=localdomain1 -
  Dserver.address=localdomain1
  target/search-1.0.jar
```

(8) 将浏览器指向如下 URL 地址，打开 Hystrix 仪表盘。

http://localhost:9090/hystrix

(9) 这次指向 /turbine.stream，而不是 /hystrix.stream。在本例中，Turbine 流在 9090 端口运行，因此 Hystrix 仪表盘中给出的 URL 地址为 http://localhost:9090/turbine.stream。

(10) 打开浏览器窗口并访问 http://localhost:8095/hubongw 和 http://localhost:8096/hubongw 来触发一些事务。

**8**

(11) 上面的事务触发后，仪表盘页面就会显示 getHub 服务。

(12) 运行 chapter8.website 项目。使用 Web 站点http://localhost:8001执行搜索事务。

(13) 上面的搜索执行完后，仪表盘页面就会显示出 search-service，如图 8-14 所示。

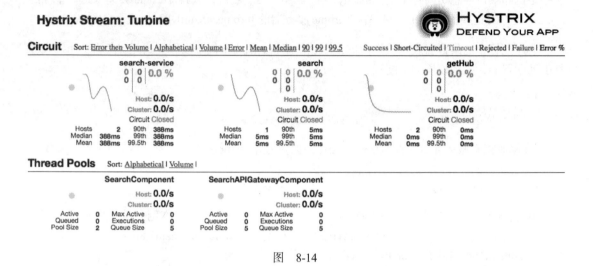

图　8-14

上面的仪表盘显示 search-service 和 getHub 来自搜索 API 网关。由于有两个搜索 API 网关的实例，所以 getHub 来自两个主机，图 8-14 中以 Hosts 2 来表示。Search 来自搜索微服务。数据由之前创建的两个组件来提供——搜索微服务中的 `SearchComponent` 和搜索 API 网关微服务中的 `SearchAPIGateway` 组件。

## 8.5　使用数据湖做数据分析

类似于碎片化日志和监控，数据碎片化是微服务架构的另一个挑战。数据碎片化给数据分析带来了挑战。这些数据可能会用于简单的业务事件监控、数据审计，甚至是商业智能决策。

数据湖或数据集线器是处理类似场景的理想解决方案。事件源架构模式通常用于以事件的方式共享状态或状态变化，它需要一个外部数据库来存储事件。当状态发生变化时，微服务会将这些状态变化作为事件发布出去。感兴趣的一方可以订阅这些事件并根据需求处理事件。集中式事件数据库也可以订阅这些事件，并将其存储到一个大的数据库中以便进一步分析。

常用的数据处理架构如图 8-15 所示。

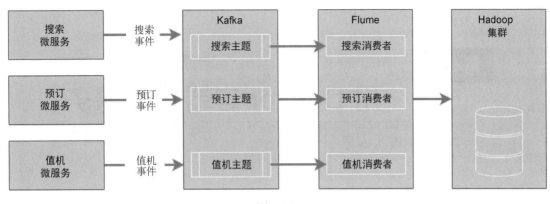

图 8-15

从微服务产生的状态变化事件，本例中是**搜索**、**预订**和**值机**事件，会推送到一个高性能的分布式消息系统中，比如 Kafka。数据采集器（比如 Flume）可以订阅这些事件并将其更新到 HDFS 集群中。在某些情况下，Spark Stream 会实时处理这些消息。为了处理来自异构源系统的事件，Flume 也可以用于事件源和 Kafka 之间。

Spring Cloud Streams、Spring Cloud Streams 模块和 Spring Cloud 数据流等也可用于高速数据采集。

## 8.6 小结

本章介绍了实现互联网级微服务架构时在日志和监控方面的挑战。

本章探讨了集中式日志管理的各种方案，也介绍了如何使用 Elasticsearch、Logstash 和 Kibana（ELK）定制集中式日志管理方案。为了说明分布式追踪，我们用 Spring Cloud Sleuth 升级了 BrownField 航空公司的微服务。

本章后半部分深入研究了微服务监控方案所需的各项能力和各种监控方式，随后介绍了一些监控微服务的工具。

为了监控服务通信中出现的延迟和故障，我们用 Spring Cloud Hystrix 和 Turbine 增强了 BrownField 航空公司的微服务，还演示了在系统发生故障时如何使用断路器模式来退回到备用服务。

最后讲到了数据湖的重要性以及如何在微服务的上下文中集成数据湖架构。

微服务管理是实现大规模微服务部署时必须应对的另一个重要挑战。下一章会介绍如何使用容器简化微服务管理。

第 9 章

# 用 Docker 容器化微服务

在微服务的上下文中，容器化部署好比锦上添花。通过自包含底层的基础设施，容器化部署有助于微服务进一步实现自治，进而使微服务实现云中立。

本章介绍虚拟机镜像和微服务容器化部署的概念和两者之间的关联，然后介绍如何为 BrownField 航空公司 PSS 微服务系统构建 Docker 镜像，这些微服务都是用 Spring Boot 和 Spring Cloud 开发的，最后介绍如何在类生产环境中管理、维护和部署 Docker 镜像。

本章主要内容如下。

❑ 容器化的概念及其和微服务上下文的关系。
❑ 将微服务构建并部署为 Docker 镜像和容器。
❑ 以 AWS 为例展示基于云的 Docker 部署。

## 9.1 BrownField 公司 PSS 微服务的不足之处

第 7 章中，BrownField 公司的 PSS 微服务是用 Spring Boot 和 Spring Cloud 开发的。那些微服务是作为版本化的胖 jar 包文件部署到裸金属机器，确切地说是部署到本地开发机上的。第 8 章中，日志和监控方面的挑战是通过集中式日志管理和监控方案来应对的。

对于大多数微服务实现来说这就足够了，但 BrownField 公司的 PSS 微服务还有一些不足之处。截至目前，该实现尚未使用任何云基础设施。类似于传统的单体应用部署，机器专用并不是部署微服务的最佳方案。基础设施自动配备、按需扩容、自我服务等自动化能力和按量付费等对于高效管理大规模微服务部署来说都是不可或缺的。通常云基础设施可以提供这些必要的能力，因此具备这些能力的私有云或公有云更适合部署互联网级微服务。

另外，每台裸金属机器都运行一个微服务实例的成本效益很低。因此在大多数情况下，企业最终都会将多个微服务部署到同一台裸金属服务器上。而各个服务间没有任何隔离可能会相互干扰，因此部署在同一台机器上的服务可能会占用其他服务的空间，因而会影响其他微服务的表现。

运行微服务的另一种方式是虚拟机，但虚拟机本质上是很重量级的，所以在一台物理机上运行很多虚拟机的资源利用率并不高，通常会导致资源浪费。如果通过共享虚拟机来部署多个服务的话，开发人员最终仍会面临与共享裸金属机器相同的问题，前面已经解释过这一点了。

对于基于 Java 的微服务而言，通过共享虚拟机或裸金属机器来部署多个微服务也会导致在不同的微服务之间共享 Java 运行时环境（JRE）的问题。这是因为在 BrownField 公司 PSS 微服务中创建的胖 jar 包文件只抽象了应用代码及其依赖类库，而没有抽象 JRE 环境。服务器上安装的 JRE 的任何更新都会影响在那台机器上部署的所有微服务。同样，如果某些微服务需要操作系统级别的系统参数、类库或调优等，那么很难在一个共享环境中管理这些微服务。

微服务的其中一项原则是彻底封装微服务端到端的运行时环境，以实现服务的自包含和自治。为了贯彻这一原则，所有组件，比如操作系统、JRE 和微服务类库等，都必须自包含且相互隔离。唯一的选择是每台虚拟机只部署一个微服务。但这样会导致虚拟机利用率过低，而且在大多数情况下，这样做的额外开销甚至会抵消微服务带来的好处。

## 9.2  什么是容器

容器并非革命性的、开创性的概念，实际上它已经存在很长一段时间了。但如今容器技术回暖，主要是由于云计算在业界的广泛应用。传统的虚拟机在云计算领域的不足也推动了容器的普及。容器供应商（比如 Docker）大大简化了容器技术，这也促成了容器技术在当今世界的大规模推广。近几年 DevOps 和微服务的流行也带动了容器技术的重生。

那么，什么是容器呢？容器提供了操作系统之上的私有空间。这种技术也称"操作系统虚拟化"。在这种方式中，操作系统的内核提供了隔离的虚拟空间，称作**容器**或**虚拟引擎**（VE）。容器允许进程在主操作系统之上的隔离环境中运行。图 9-1 展示了在同一个主机上运行多个容器的情形。

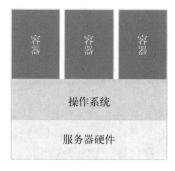

图  9-1

容器是一种构建、传输和运行相互隔离的软件组件的简单机制。通常容器会将运行一个应用所需的二进制代码和类库打包在一起。容器预留了自己的文件系统、IP 地址、网络接口、内部进程、命名空间、操作系统类库、应用二进制代码、第三方依赖和其他应用配置。

目前有数以十亿计的容器正在为各种组织所用，而且许多大型组织正致力于容器技术研发。Docker 目前遥遥领先，许多大型操作系统厂商和云供应商都支持 Docker。其他容器化方案有 Lmctfy、Systemd Nspawn、Rocket、Drawbridge、LXD、Kurma 和 Calico。开放容器规范目前也在制定中。

## 9.3　虚拟机和容器的区别

Hyper-V、VMWare 和 Zen 等虚拟机在几年前是数据中心虚拟化的流行选择。企业在传统的裸金属机器上实现虚拟化，降低了成本。容器也帮助许多企业通过优化提高了对现有基础设施的利用率。由于虚拟机支持自动化，采用虚拟机后许多企业的管理工作量都大大减少了。虚拟机也帮助企业在相互隔离的环境中运行应用。

虚拟化和容器化表现出了同样的特征，但简单说来容器和虚拟机是不同的，因此将虚拟机和容器之间的区别比作苹果和苹果之间的区别是不合理的。虚拟机和容器是两种技术，用于解决不同的虚拟化问题。它们之间的区别见图 9-2。

a) 虚拟机栈　　　　　　　　　b) 容器栈

图　9-2

和容器相比，**虚拟机**在更底层运行。虚拟机支持硬件虚拟化，比如 CPU、主板和内存等的虚拟化。虚拟机是嵌有操作系统的隔离单元，通常称作"客操作系统"。虚拟机可以复制并运行整个操作系统而无须依赖主操作系统的环境。由于虚拟机嵌有完整的操作系统环境，所以本质上是重量级的。这既是虚拟机的优势也是劣势。优势是虚拟机为其上运行的进程提供了彻底的隔离。劣势是它限制了在一台裸金属机器上可以启动的虚拟机数量，这是由于虚拟机对系统资源有要求。虚拟机的大小对启停虚拟机所需的时间有直接影响。

由于启动虚拟机需要引导操作系统，所以启动时间通常会比较长。虚拟机更适合基础设施团队，因为他们需要底层基础设施的能力来管理虚拟机。在虚拟机中运行的进程和在同一台主机上运行的其他虚拟机中的进程是完全隔离的。

　　容器并不会模拟所有硬件或整个操作系统。和虚拟机不同,容器只会共享主机内核和操作系统的某些部分。对于容器来说,没有客操作系统的概念。容器直接在主操作系统之上提供隔离的运行环境。这既是优势也是劣势。优势是容器更为轻量化,运行也更快。由于同一台机器上的容器共享同一个主操作系统,容器的整体资源利用率相对较低,因此跟重量级的虚拟机相比,同一台机器上可以运行多个容器,而限制是容器内部不能设置 iptables 等防火墙规则。容器内部的进程跟在同一台主机上运行的其他容器内的进程是彼此完全独立的。

　　跟虚拟机不同,容器镜像在社区门户上是公开可用的。这大大简化了开发人员的工作,因为无须从头构建镜像,而可以从认证的镜像源获取一些基础镜像,然后在下载的基础镜像之上添加额外的软件组件层。

　　容器轻量级的本质也带来了更多可能,比如自动化的构建、发布、下载和复制等。容器用很少的命令即可下载、构建、传输和运行,大大方便了开发人员。构建一个新容器用时不过几秒钟。容器现在也是持续交付管道的一部分了。

　　总之,相对于虚拟机来说容器有许多优势,而虚拟机也有专长。许多组织容器和虚拟机兼用,比如在虚拟机上运行容器。

## 9.4　容器的优势

前面介绍了容器相对于虚拟机的诸多优势,下面详细解释。

容器的一些优势总结如下。

- □ **自包含**:容器将应用所需的二进制代码及其依赖都打包在一起,以确保它们在不同的环境中是完全一致的,比如开发环境、测试环境或生产环境。这一点其实是对十二要素应用和不可变容器概念的扩展。Spring Boot 微服务将应用所需的依赖都打包在一起,容器则更进一步,它把 JRE 和其他操作系统级别的类库以及可能的配置等都一并嵌入在内了。
- □ **轻量级**:通常容器占用的空间和资源开销都更小。最小的容器,Alpine,大小不到 5MB。用 Alpine 容器打包的最简单的 Spring Boot 微服务,连同 Java 8 大约只有 170MB。虽然还是偏大的,但已经比虚拟机镜像小很多了,因为虚拟机镜像的大小通常是以 GB 计的。容器的系统开销更小,不仅有助于快速启动容器,也简化了容器的构建、传输和存储。
- □ **扩展性**:由于容器镜像占用的空间更小,而且启动时无须引导操作系统,所以通常可以更快地启动和停止。这使得容器广泛用于构建对云友好的弹性应用。
- □ **可迁移性**:容器支持跨机器和跨云供应商迁移。一旦所有依赖都构建到容器中了,容器就可以在不同的机器或云供应商之间迁移,而无须依赖底层的机器。容器可以从桌面移植到不同的云环境中。

- ❑ **授权费用**：许多软件的授权条款都是基于物理 CPU 核数的。由于容器共享了操作系统，并且没有在物理资源级别进行虚拟化，就授权费用而言更有优势。
- ❑ **DevOps**：容器的轻量级资源开销使得其易于构建、发布和从远程仓库下载。通过和自动化交付管道的集成，容器极易于在敏捷和 DevOps 环境中使用。容器也支持一次性构建——创建出不可变容器之后就可以在不同的环境之间迁移了。由于容器并不是深入基础设施的，多元化的 DevOps 团队可以在其日常工作中轻松管理容器。
- ❑ **版本控制**：容器默认支持版本化。这有助于构建版本化的构件，就像构建版本化的归档文件那样。
- ❑ **可复用**：容器镜像是可复用的构件。如果某个镜像是组装一系列类库而专门构建出来的，那么可以在类似的场景中复用它。
- ❑ **不可变容器**：该理念倡导容器按需创建，用完即销毁，从不更新或修补。不可变容器用于许多环境，可以避免复杂的部署单元修补。修补会导致不可追踪和无法重建一致的环境等问题。

## 9.5　微服务和容器

微服务和容器并不直接相关。虽然微服务可以不依赖容器而运行，容器也可以运行单体应用，但微服务和容器之间存在一个最佳结合点。

容器确实可用于单体应用，但单体应用的大小和复杂度可能会抵消使用容器的某些好处。例如对于单体应用而言，快速启动新的容器可能并不容易。另外，单体应用通常依赖本地环境，比如依赖本地磁盘和其他系统等。即使用容器技术也很难管理这样的应用。这就是微服务通常会和容器结合使用的原因了。

图 9-3 表示用不同语言开发的 3 个微服务在同一台主机上运行并共享同一个操作系统，但抽象了各自的运行时环境。

图　9-3

容器真正的优势在于管理用不同语言或技术栈开发的微服务。例如一个微服务用 Java 开发，另一个微服务用 Erlang 或其他语言开发。容器有助于开发人员把用任意语言或技术编写的微服务以统一的方式打包，也有助于开发团队将其分发至不同的环境而无须操心这些环境的配置。采用容器后就无须使用不同的部署管理工具来处理使用不同语言/技术栈开发的微服务了。容器不但抽象了服务的运行时环境，也抽象了访问途径。不论使用什么技术，容器化的微服务都会暴露 REST API。容器一旦启动并运行，它会绑定到特定端口并暴露其 API。由于容器是自包含的，而且在不同服务之间提供了全栈式隔离，因此在单个虚拟机或裸金属机器上可以运行多个异构的微服务并以统一的方式来管理。容器确实有助于避免开发团队、测试团队和生产团队起冲突——相互指责对方的配置和运行环境。

## 9.6　Docker 简介

前面讨论了容器及其优势。容器在业界存在很多年了，但 Docker 的流行使容器重焕光彩，因此许多容器的定义和观点都是从 Docker 的架构中产生的。Docker 实在太流行了，以至于容器化也称为 Docker 化。

Docker 是一个基于 Linux 内核的、构建、传输和运行轻量级容器的平台。Docker 默认支持 Linux 平台。借助在 Virtual Box 之上运行的 Boot2Docker，Docker 也支持 Mac 和 Windows 平台。

亚马逊的 EC2 Container Service（ECS）默认支持在 AWS EC2 实例上运行 Docker。Docker 可以安装在裸金属机器上，也可以安装在传统的虚拟机上，比如 VMWare 或 Hyper-V。

### Docker 的关键组件

Docker 的安装包含两个关键组件。**Docker 守护进程**和 **Docker 客户端**，它们都是以单个二进制可执行文件的形式分发的。

Docker 安装的关键组件如图 9-4 所示。

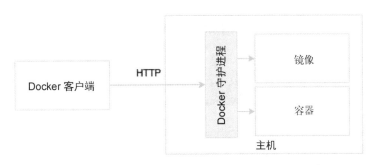

图　9-4

### 1. Docker 守护进程

Docker 守护进程是在主机上运行的服务器端组件，它负责构建、运行和分发 Docker 容器。Docker 守护进程暴露 API，以便 Docker 客户端和守护进程交互。这些 API 主要是基于 REST 的 HTTP 端口。可以把 Docker 守护进程视作在主机上运行的控制器服务。开发人员也可以通过编程调用这些 API 来定制 Docker 客户端。

### 2. Docker 客户端

Docker 客户端是远程的命令行程序，它通过 TCP 套接字或 REST API 与 Docker 守护进程交互。该 CLI 可以和 Docker 守护进程在同一台主机上运行，也可以在完全不同的主机上运行，并用 CLI 方式远程连接到守护进程。Docker 用户可以使用 CLI 来构建、传输和运行 Docker 容器。

Docker 的架构是围绕一些概念来搭建的，比如镜像、容器、注册表和 Dockerfile。

### 3. Docker 镜像

镜像是 Docker 的一个关键概念。Docker 镜像是操作系统库和应用及其库的只读副本。创建好的镜像能在任意 Docker 平台上运行而无须修改。

在 Spring Boot 微服务中，Docker 镜像会将操作系统（比如 Ubuntu）和 Alpine、JRE 和 Spring Boot 应用的胖 jar 文件一起打包。Docker 镜像也会包含运行应用和暴露服务的指令（见图 9-5）。

图　9-5

如图 9-5 所示，Docker 镜像是基于分层架构的，而基础镜像就是一个 Linux 发行版。此外，每一层都会加到基础镜像之上，下面的镜像就作为母层。Docker 使用联合文件系统的概念将这些层合并到单个镜像中，从而形成单一的文件系统。

通常开发人员不会从头构建 Docker 镜像。操作系统或其他常用库（比如 Java 8 images）的镜像在可信源站上都是公开可用的。开发人员可以基于这些基础镜像构建自己的镜像。Spring 微服务的基础镜像可以用 JRE 8，而不是从 Linux 的发行版镜像（比如 Ubuntu）开始。

每次重新构建应用时，只有修改过的层会重新构建，其他层则保持不变。所有中间层都是缓存的，因此，如果没有修改的话，Docker 会使用之前缓存的层并在此之上构建新的镜像。在同一台机器上运行且使用相同类型基础镜像的容器会复用这些基础镜像，因而可以缩减部署的规模。例如一个主机上如果有多个容器运行 Ubuntu 基础镜像，它们都会复用这个相同的基础镜像。这一点在发布或下载镜像时也相同（见图 9-6）。

图　9-6

如图 9-6 所示，该镜像的第一层是一个名为"bootfs"的引导文件系统，它类似于 Linux 内核和引导程序。该引导文件系统担当了所有镜像的虚拟文件系统。

在引导文件系统之上是名为"rootfs"的操作系统文件系统。该根文件系统会在容器中加入典型的操作系统目录结构。和 Linux 系统不同的是，rootfs 在 Docker 中是只读模式。

rootfs 之上是其他一些必要的镜像，取决于具体需求。本例中这些镜像是 JRE 和 Spring Boot 微服务 jar 包。当容器初始化时，会在其他所有文件系统之上放置一个可写的文件系统来运行进程。进程对底层文件系统的任何修改不会反映到实际的容器中，而会写入可写的文件系统中。然而这个可写文件系统是不稳定的，一旦容器停止运行这些数据就丢失了，因此本质上 Docker 容器的生命周期是很短暂的。

打包到 Docker 中的基础操作系统通常只是操作系统文件系统的一个最小副本。实际上，在顶层运行的进程可能不会用到整个操作系统的服务。在 Spring Boot 微服务中，大多数情况下容器只是启动一个 CMD 和 JVM 进程，然后调用 Spring Boot 的胖 jar 包。

### 4. Docker 容器

Docker 容器是 Docker 镜像的运行实例。容器在运行时使用了主操作系统的内核，因此它们和运行在同一台主机上的其他容器共享主操作系统的内核。Docker 运行时会确保给容器进程分配单独的进程空间，这是用操作系统内核特性（比如 cgroups）和操作系统的内核命名空间来实现的。除了资源隔离和防护外，容器也有各自的文件系统和网络配置。

容器实例化时会分配特定的资源，比如内存和 CPU。即使从同一个镜像初始化的容器也可能会分配到不同的资源。Docker 容器默认会获得隔离的**子网**和**联网**网关。

### 5. Docker 注册表

Docker 注册表用于集中发布和下载 Docker 镜像。Docker 提供的中央注册表是https://hub.docker.com。Docker 注册表中有公共镜像，可以从那里下载并使用基础镜像。Docker 也有私有镜像，它们是和 Docker 注册表中创建的账户绑定的。Docker 注册表见图 9-7。

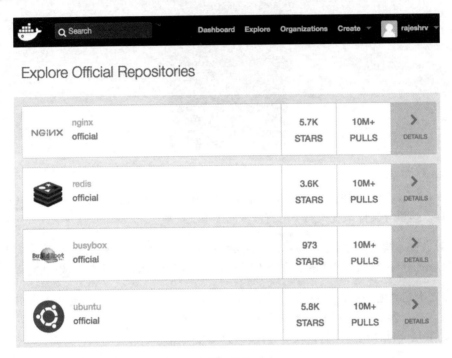

图　9-7

Docker 也提供 Docker 可信注册表（DTR），可用于在本地机房搭建注册表。

### 6. Dockerfile

Dockerfile 是构建文件或脚本文件，它包含构建 Docker 镜像的一系列指令。Dockerfile 中可能包含从下载基础镜像开始的多个步骤。Dockerfile 是文本文件，通常命名为 Dockerfile。docker build 命令会在 Dockerfile 中查找镜像构建指令。可以将 Dockerfile 看作 Maven 构建中使用的 pom.xml 文件。

## 9.7　将微服务部署到 Docker 中

下面由理论转向实操，为 BrownField 公司的 PSS 微服务构建容器。

本章的完整源代码在本书 Git 仓库中 chapter9 项目的代码文件中, 地址如下:
https://github.com/rajeshrv/Spring5Microservice。将 chapter6.* 中的文件复制到一个
新的 STS 工作空间并重命名为 chapter9.*。

为 BrownField 公司的微服务构建 Docker 容器的步骤如下。

(1) 访问 Docker 官方网站。

(2) 根据所用的操作系统, 从 Get Started 链接找到相应的下载和安装指南。

(3) 安装完毕后, 运行 Docker.app (Mac 系统), 然后用下面的命令验证安装结果。

```
Client:
Version:       17.03.1-ce
API version:   1.27
Go version:    go1.7.5
Git commit:    c6d412e
Built:         Tue Mar 28 00:40:02 2017
OS/Arch:       darwin/amd64
Server:
Version:       17.03.1-ce
API version:   1.27 (minimum version 1.12)
Go version:    go1.7.5
Git commit:    c6d412e
Built:         Fri Mar 24 00:00:50 2017
OS/Arch:       linux/amd64
Experimental:  true
```

(4) 在做其他修改之前, 首先需要修改所有服务的 application.properties 属性文件, 把主机名 localhost 改为 IP 地址, 因为主机名 localhost 是无法从 Docker 容器内部解析出来的。在实际项目中, 这个主机名会指向一个 DNS 服务器或负载均衡器。另外, 需要根据第 6 章提到的端口来修改端口绑定。

application.properties 属性文件的内容大致如下。

```
server.port=8090
spring.rabbitmq.host=192.168.0.101
spring.rabbitmq.port=5672
spring.rabbitmq.username=guest
spring.rabbitmq.password=guest
```

请注意, 上面的 IP 地址要替换为自己机器的 IP 地址。

(5) 修改 chapter9.website 项目中的 Application.java 和 BrownFieldSiteController.java 文件, 用 IP 地址替换 localhost。

(6) 修改 chapter9.book 项目中 BookingComponent.java 文件, 用 IP 地址替换 localhost。

(7) 在所有微服务的根目录下创建一个 Dockerfile 文件。例如搜索微服务的 Dockerfile 如下所示。

```
FROM frolvlad/alpine-oraclejdk8
VOLUME /tmp
ADD  target/search-1.0.jar search.jar
EXPOSE 8090
ENTRYPOINT ["java","-jar","/search.jar"]
```

(8) 该 Dockerfile 文件中的内容大致如下。

- `FROM frolvlad/alpine-oraclejdk8` 告诉 Docker 本次构建要使用一个特定的 alpine-oraclejdk8 版本作为基础镜像。`frolvlad` 表示用于定位该 alpine-oraclejdk8 镜像的 镜像仓库。在本例中镜像是用 Alpine Linux 和 Oracle JDK8 构建的。这样有助于将应用分 层摆放在该基础镜像之上,而无须自己安装 Java 类库。在本例中,由于该镜像不在本地 镜像库中,所以 Docker 构建会先去远程的 Docker Hub 注册表中下载该镜像。
- `VOLUME /tmp` 可以使容器访问主机中的指定目录。在本例中,它指向了 tmp 目录,Spring Boot 应用就是在这里为 Tomcat 服务器创建工作目录的。这个 tmp 目录是容器中的一个逻 辑目录,它间接指向主机上的某个本地目录。
- `ADD target/search-1.0.jar search.jar` 用指定的目标文件名将应用的二进制可执 行文件添加到容器中。在本例中,Docker 构建会将 target/search-1.0.jar 文件复制到容器中, 命名为 search.jar。
- `EXPOSE 8090` 告诉容器如何执行端口映射。这里会用 8090 端口作为在容器内部运行 Spring Boot 服务的外部绑定端口。
- `ENTRYPOINT ["java","-jar", "/search.jar"]`告诉容器在启动时要运行哪个默认 的应用。在本例中,指向了 Java 进程和 Spring Boot 的胖 jar 文件来初始化搜索服务。

(9) 下面在存放 Dockerfile 的目录中运行 `docker build` 命令。该命令会下载基础镜像并逐 条运行 Dockerfile 中的指令。

搜索服务的 Docker 构建命令如下所示。

```
docker build -t search:1.0
```

上面这条命令的运行结果是为搜索服务构建一个 Docker 镜像。该命令的日志信息如图 9-8 所示。

```
rvslab:chapter9.search rajeshrv$ docker build -t search:1.0 .
Sending build context to Docker daemon 57.01 MB
Step 1/5 : FROM frolvlad/alpine-oraclejdk8
latest: Pulling from frolvlad/alpine-oraclejdk8
627beaf3eaaf: Pull complete
95a531c0fa10: Pull complete
b03e476748e7: Pull complete
Digest: sha256:8ad40ff024bff6df43e3fa7e7d0974e31f6b3f346c666285e275afee72c74fcd
Status: Downloaded newer image for frolvlad/alpine-oraclejdk8:latest
 ---> f656c77f5536
Step 2/5 : VOLUME /tmp
 ---> Running in c816f2b47568
 ---> e6028f6a76bc
Removing intermediate container c816f2b47568
Step 3/5 : ADD target/search-1.0.jar search.jar
 ---> 39f28a242676
Removing intermediate container b4463e6220fc
Step 4/5 : EXPOSE 8090
 ---> Running in 2c25a35d20ea
 ---> d0738b1fb63a
Removing intermediate container 2c25a35d20ea
Step 5/5 : ENTRYPOINT java -jar /search.jar
 ---> Running in 095e60d75f13
 ---> a9f2ae1252c2
Removing intermediate container 095e60d75f13
Successfully built a9f2ae1252c2
```

图　9-8

(10) 对所有服务重复执行上面的步骤。

(11) 镜像创建完毕后，就可以输入以下命令来进行验证了。该命令会列出镜像及其详细信息，包括镜像文件的大小。

```
docker images
```

上面的命令会显示所有镜像，如图 9-9 所示。

```
rvslab:chapter9.website rajeshrv$ docker images
REPOSITORY              TAG              IMAGE ID          CREATED            SIZE
book                    1.0              8c0dbbe5ffc4      11 minutes ago     203 MB
checkin                 1.0              2ee2d759fecd      12 minutes ago     209 MB
fares                   1.0              13275668b4ea      12 minutes ago     202 MB
website                 1.0              b4b3c7d59ff8      13 minutes ago     187 MB
search                  1.0              8f42cd4d1f86      13 minutes ago     203 MB
```

图　9-9

(12) 然后运行 Docker 容器，命令如下。该命令会加载并运行容器。容器在启动时会调用 Spring Boot 的可执行 jar 文件来启动微服务。

```
docker run -p 8090:8090 -t search:1.0
docker run -p 8080:8080 -t fares:1.0
docker run -p 8060:8060 -t book:1.0
docker run -p 8070:8070 -t checkin:1.0
docker run -p 8001:8001 -t website:1.0
```

上述命令会启动搜索微服务、搜索 API 网关微服务和 Web 站点。

所有服务都完全启动后，就可以用 `docker ps` 命令来验证（见图 9-10）。

```
rvslab:chapter9.website rajeshrv$ docker ps
CONTAINER ID    IMAGE        COMMAND              CREATED          STATUS          PORTS                      NAMES
9a11b3478e28    book:1.0     "java -jar /book.jar"  36 seconds ago   Up 34 seconds   0.0.0.0:8060->8060/tcp   hardcore_booth
2e629addd32b    website:1.0  "java -jar /websit..." 12 minutes ago   Up 12 minutes   0.0.0.0:8001->8001/tcp   boring_mcclintock
bf0b4436a387    checkin:1.0  "java -jar /checki..." 12 minutes ago   Up 12 minutes   0.0.0.0:8070->8070/tcp   angry_darwin
02d9c291b8b8    fares:1.0    "java -jar /fares.jar" 13 minutes ago   Up 13 minutes   0.0.0.0:8080->8080/tcp   affectionate_sinoussi
8a40e771dbe2    search:1.0   "java -jar /search..." 14 minutes ago   Up 14 minutes   0.0.0.0:8090->8090/tcp   loving_edison
```

图　9-10

接着将浏览器指向如下 URL 地址，打开 BrownField 公司的网站。

http://localhost:8001

## 9.8　在 Docker 上运行 RabbitMQ

前面使用了 RabbitMQ，因此下面介绍一下如何将 RabbitMQ 安装为 Docker 容器。使用如下命令从 Docker Hub 下载 RabbitMQ 镜像并启动 RabbitMQ。

```
docker run rabbitmq
```

## 9.9　使用 Docker 注册表

Docker Hub 集中存储了所有 Docker 镜像。镜像可以存为公共镜像或者私有镜像。在大多数情况下，出于安全方面的考虑，组织会在本地机房部署自己的私有注册表。

安装和运行本地注册表的步骤如下。

(1) 使用如下命令启动一个注册表，并绑定到 5000 端口上。

```
docker run -d -p 5000:5000 --restart=always --name registry registry:latest
```

(2) 在注册表上打上 `search:1.0` 标签。

```
docker tag search:1.0 localhost:5000/search:1.0
```

(3) 将镜像推送到注册表中。

```
docker push localhost:5000/search:1.0
```

(4) 将镜像从注册表中取回/下载到本地。

```
docker pull localhost:5000/search:1.0
```

### 9.9.1　设置 Docker Hub

上一章使用了一个本地 Docker 注册表。下面演示如何设置和使用 Docker Hub 来发布 Docker 容器。通过这种机制可以从全球各地访问 Docker 镜像，非常简便。稍后会介绍如何将 Docker 镜像从本地机器发布到 Docker Hub 上，然后从 EC2 实例上下载。

按照下面链接中提到的步骤，设置一个公共的 Docker Hub 账号和镜像仓库。

https://docs.docker.com/install

在这个例中，注册表充当了一个微服务的仓库，所有容器化的微服务都会存储在该仓库中并从中访问。微服务能力模型部分解释过这种能力了。

### 9.9.2　将微服务发布到 Docker Hub

按照以下步骤将 Docker 化的服务推送到 Docker Hub 上。第一步是给 Docker 镜像打上标签，第二步是将 Docker 镜像推送到 Docker Hub 仓库中。

```
docker tag search:1.0 brownfield/search:1.0
docker push brownfield/search:1.0
```

要验证容器镜像是否发布成功，可以进入 Docker Hub 仓库进行查看。

　将 brownfield 替换成前面使用的仓库名。

其他所有微服务也要重复上述步骤。这一步完成后，所有微服务就都发布到 Docker Hub 上了。

## 9.10　微服务上云

微服务能力模型的其中一项能力是使用云基础设施部署微服务。前面探讨了使用云来部署微服务的必要性。截至目前，还未在云上做任何部署。如果有很多微服务，要在本地机器上运行所有服务会非常困难。

后续会用 AWS 作为云平台来操作并部署 BrownField 公司的 PSS 微服务。

### 在 AWS EC2 上安装 Docker

下面在 EC2 实例上安装 Docker，步骤如下。

本例假设你熟悉 AWS，并且已在 AWS 上创建了账号。

按照以下步骤在 EC2 上安装 Docker。

(1) 启动一个新的 EC2 实例。对于本例，如果要同时运行所有服务实例，可能需要一个大型 EC2 实例。本例使用 t2.large 类型的实例。

本例使用了下面的 Ubuntu AMI。

Ubuntu Server 16.04 LTS (HVM), SSD Volume Type - ami-a58d0dc5

(2) 连上 EC2 实例，并运行如下命令。

```
sudo apt-get update
sudo apt-get install docker.io
```

(3) 该命令会在 EC2 实例上安装 Docker。用如下命令验证安装结果。

```
sudo docker version
```

## 9.11　在 EC2 上运行 BrownFiled 公司的微服务

下面在前面创建的 EC2 实例上安装 BrownFiled 公司的微服务。在本例中，微服务的构建是在本地桌面电脑上设置的，而微服务的二进制代码会发布到 AWS 上。

按照以下步骤在 EC2 实例上安装这些微服务。

(1) 用 EC2 实例的 IP 地址修改 *.properties 属性文件中的所有 IP 地址。
(2) 用 EC2 实例的 IP 地址修改 chapter9.book 和 chapter9.website 目录中列出的 Java 文件。
(3) 在本地机器上重新编译所有项目，并为所有微服务创建 Docker 镜像，然后将这些 Docker 镜像推送到 Docker Hub 注册表中。
(4) 在 EC2 实例上安装 Java 8。
(5) 依次执行以下命令。

```
sudo docker run --net=host rabbitmq:3
sudo docker run -p 8090:8090 rajeshrv/search:1.0
sudo docker run -p 8001:8001 rajeshrv/website:1.0
```

(6) 要验证所有服务是否正常工作，请打开 Web 站点的 URL 地址并执行搜索操作。请注意，本例会使用 EC2 实例的公网 IP 地址。

Web 站点应用的 URL 地址如下。

http://54.165.128.23:8001

## 9.12  容器化的未来

容器化技术目前还在演进，近几年采用容器化技术的组织不断增加。除了 Docker 外，微软也投入到 Windows 容器的开发中了。尽管许多组织在激进地采用 Docker 和其他容器技术，但这些技术在容器大小和安全方面仍存在短板。其他挑战还包括容器的可移植性和标准化。

就目前来说，Docker 镜像通常是很重量级的。在弹性自动化的环境中，容器会被频繁地创建和销毁，所以容器的大小依然是个问题。容器越大意味着代码越多，代码越多就意味着容器容易出现安全漏洞。

容器化的未来一定是资源开销减少。Docker 正在研发单内核技术，这是一种轻量级内核或云操作系统，它甚至可以在低功率的物联网设备上运行 Docker。单内核并不是功能完备的操作系统，但它们提供了基本的库来支撑部署在上面的应用。单内核的运行速度更快，扩展能力更强，更小也更安全。

目前许多组织正转向混合云方案，以避免与个别的云供应商绑定。和供应商保持安全距离有助于组织快速构建容器并部署到不同的环境中。**开放容器计划**（OCI）正致力于容器运行时和容器镜像的标准化。

安全顾虑和安全问题是关于容器讨论或争论的焦点问题。其中几个关键的安全问题都是关于用户命名空间的隔离或用户 ID 隔离的。如果某个容器在 root 账户上（默认方式）运行，那么它就可以获取主机的 root 权限。另外一个安全顾虑是使用从非信任源下载的容器镜像。对于大规模容器应用而言，这样攻击面就更广了，因为每个容器都可能会对外暴露端口。

尽管 Docker 正在设法补足这些缺陷，但已经有许多组织在结合使用虚拟机和容器来规避某些安全问题了，比如 Docker Security Scanning 等工具可以自动识别镜像相关的安全漏洞。其他安全管控工具有 Docker Bench、Clair by CoreOS 和 Twistlock。

## 9.13  小结

本章探讨了云环境对于实现互联网级微服务的必要性。

本章介绍了容器的概念并比较了容器和传统的虚拟机，还介绍了 Docker 的基础知识，解释了 Docker 镜像、容器和注册表的概念，并在微服务的上下文中阐释了容器的重要性和优势。

本章随后通过容器化 BrownField 微服务转到了一个实操的例子，演示了如何将之前开发的 Spring Boot 微服务部署到 Docker。通过研究本地容器注册表和用于上传/下载容器化微服务的 Docker Hub，讲解了容器注册表的概念。

最后介绍了如何在 AWS 云环境中部署容器化的 BrownField 微服务。

# 第 10 章

# 用 Mesos 和 Marathon 扩展
# 容器化的微服务

为了充分利用云环境的能力，Docker 化的微服务实例需能根据流量特征自动地扩容和缩容。但这引来了另外一个问题：如果有大量微服务，就很难手动管理几千个 Docker 化的微服务。这时必须有一个基础设施的抽象层和一个强大的容器编排平台来管理互联网级 Docker 化微服务的部署。

本章会介绍基本的扩容方法和在部署大规模微服务时使用 Mesos 和 Marathon 作为基础设施编排层对于云环境中优化资源利用的必要性，还会详细介绍在云环境中安装 Mesos 和 Marathon 的方法，最后会演示如何在 Mesos 和 Marathon 环境中管理 Docker 化的微服务。

本章主要内容如下。

❑ 对容器化的 Spring Boot 微服务进行扩容的可选方案。
❑ 基础设施抽象层和容器编排软件的必要性。
❑ 从微服务的上下文中理解 Mesos 和 Marathon。
❑ 用 Mesos 和 Marathon 管理 BrownField 航空公司 Docker 化的 PSS 微服务。

## 10.1 微服务扩容

第 7 章最后讨论了两种扩容方式：使用 Spring Cloud 组件，或者使用 Mesos 和 Marathon 来对 Docker 化的微服务进行扩容。第 7 章还介绍了如何利用 Spring Cloud 组件来对 Spring Boot 微服务进行扩容。

前面实现了服务自我注册和自我发现 Spring Cloud 的两个关键概念。这两项能力使得自动化微服务部署成为可能。有了服务自我注册能力，一旦微服务实例准备好接收流量，它会将服务的元数据注册到一个集中式服务注册表中，从而可以自动对外暴露服务的可用性。微服务注册好后，通过注册表服务发现新的服务实例，服务消费者就可以用上这些新注册的服务了。在该模式中，服务注册表是自动化流程的核心。

图 10-1 展示了使用 Spring Cloud 方法对微服务进行扩容。

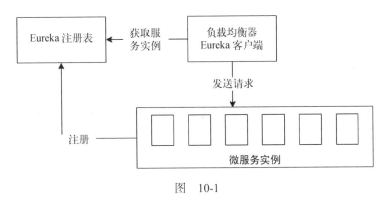

图 10-1

本章会着重介绍第二种扩容方式，即利用 Mesos 和 Marathon 对 Docker 化的微服务进行扩容。这种方式也提供了一种第 7 章没有提到的能力。当需要额外的微服务实例时，需要手动启动新的实例。而当流量不足时，应停止实际没有在使用的服务实例。在理想的场景中，启动和停止微服务实例也应实现自动化。当服务在按用量计费的云环境中运行时，这一点就尤为重要了。

## 10.1.1 理解自动扩容

自动扩容是一种 SLA，根据资源使用情况，通过复制服务实例来对服务实例自动进行水平扩容。

系统会自动探测流量的上升，然后启动额外的服务实例并将其用于接收流量。如果流量下降，系统自动探测到后会通过回收服务的活动实例来减少服务实例的数量。有时也需要确保固定数量的服务实例始终启动并运行着。除此之外，物理机或虚拟机也需要一种机制来自动配备新机器，使用不同云供应商提供的 API 易于实现。

自动扩容需要考虑不同的参数和阈值。有些很容易，有些实现起来却很复杂。常用方法如下。

❑ **根据资源限制来扩容**：这种方式基于服务的各项实时指标，这些指标是通过某些监控机制收集的。通常这种扩容方式基于机器的 CPU、内存或磁盘使用情况做出决策。这种方式也可以通过查看服务实例自身收集的统计信息来实现，比如堆内存使用情况。

❑ **根据特定时间段来扩容**：基于时间的扩容指根据一天、一个月或一年当中特定时间段来增加服务实例以处理季节性或业务高峰期的流量。例如某些服务在上班时间的业务量可能很高，而在下班之后的业务量很低。在这种情况下，服务会自动扩容来满足上班时间的业务需求，而在非工作时间段会自动缩容。

❑ **根据消息队列长度来扩容**：当微服务基于异步消息机制时，这种方式特别有用。在这种方式中，当队列中的消息数量超过某个阈值时，系统会自动增加新的消费者。

**10**

- ❑ **根据业务参数来扩容**：这种情况会根据特定的业务参数来增加服务实例。例如在进行促销或关闭交易前启动新的服务实例来处理。一旦监控服务收到一个预设的业务事件，比如促销结束前一小时预计有大量交易发生，系统就会启动新的服务实例来处理。这样可以根据业务规则细粒度地控制服务扩容。
- ❑ **预测性自动扩容**：这是一种新的自动扩容模式，它不同于传统的基于实时指标的自动扩容。预测引擎会接收不同的输入，比如历史流量信息和当前流量趋势等预测可能出现的流量模式，然后根据这些预测来实现自动扩容。预测性自动扩容有助于避免硬编码的扩容规则和固定的扩容时间窗口，系统可以自动预测这些时间窗口。在更为复杂的部署中，预测分析可能会使用认知计算机制来预测自动扩容。

## 10.1.2    缺失的部分

为了实现前面讲到的自动扩容，需要在操作系统层面编写很多脚本。Docker 在实现自动扩容方面领先一步，它提供了一种统一的方式来处理容器，而无关微服务所用的技术。Docker 也有助于隔离微服务，从而避免系统资源被相邻的微服务占用。

然而，Docker 和脚本只解决了部分问题，在大规模 Docker 部署的上下文中，下面这些关键问题有待解答。

- ❑ 如何管理几千个容器？
- ❑ 如何监控这些容器？
- ❑ 在部署构件时如何应用规则和约束？
- ❑ 如何确保恰当地利用容器以高效利用资源？
- ❑ 如何确保在任何时间点都至少有一定数量的最少服务实例在运行？
- ❑ 如何确保依赖的服务都启动并运行着？
- ❑ 如何做到滚动升级和优雅迁移？
- ❑ 如何回滚错误的部署？

上面这些问题都表明需要一个方案来实现下面两项关键能力。

- ❑ 容器抽象层，在许多物理机或虚拟机之上提供一层统一的抽象。
- ❑ 容器编排和初始化系统，在集群抽象层之上智能地管理部署。

稍后详述这两点。

## 10.2    容器编排

容器编排工具为开发人员和基础设施团队提供了一层抽象来处理大规模容器化部署。不同厂商的容器编排工具的功能是不同的，但大都具备容器的配备、发现、资源管理、监控和部署。

### 10.2.1 为什么容器编排很重要

由于微服务把应用拆分成不同的微应用了，所以许多开发人员要求用更多的服务器节点来进行部署。为了恰当地管理微服务，开发人员往往会为每台虚拟机部署一个微服务，这进一步降低了资源利用率。在很多情况下，这样会导致 CPU 和内存资源过度分配。

在很多部署中，微服务的高可用需求迫使工程师加入越来越多的服务实例来实现冗余。实际上，虽然这样做确实提供了必要的高可用性，但会导致服务器实例的利用率很低。

通常微服务部署比单体应用的部署需要更多基础设施。基础设施成本的上升使得许多组织错过了微服务。

图 10-2 显示了每个微服务专用的虚拟机。

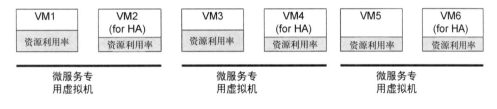

图 10-2

为了解决前面提到的问题，需要一个具备下列能力的工具。

- 能自动化一系列的任务，比如将容器高效分配到基础设施，这对开发人员和系统管理员都是透明的。
- 为开发人员提供一个抽象层，让他们可以将自己的应用部署到某个数据中心而无须知道哪台机器在托管他们的应用。
- 针对部署构件设置规则或约束。
- 提供更高的敏捷性，同时尽可能降低开发人员和系统管理员的管理开销，或许还要尽可能地减少人际交流。
- 通过最大化可用资源的利用率来实现低成本地构建、部署和管理应用。

容器在该上下文中至关重要。所选用的具备这些能力的任何工具都能以统一的方式来管理容器，而无须关注底层的微服务实现技术。

### 10.2.2 容器编排是什么

典型的容器编排工具有助于虚拟化一组服务器并以单一集群的方式来管理这些服务器。容器编排工具也有助于在不同的服务器之间迁移工作负载或容器而对服务消费者保持透明。技术推广者和从业人员会使用不同的术语，比如容器编排、集群管理、数据中心虚拟化、容器调度器、容

10

器生命周期管理、数据中心操作系统，等等。

目前很多工具同时支持基于 Docker 的容器和非容器化二进制构件的部署，比如独立的 Spring Boot 应用。这些容器编排工具的基本功能是为应用开发人员和系统管理员抽象具体的服务器实例。

容器编排工具有助于实现自助服务和基础设施的配备，而无须基础设施团队根据预定义的规范来分配需要的机器。在这种自动化的容器编排方式中，服务器不再是一开始就提前配备好并预分配给应用了。有些容器编排工具也有助于虚拟化带有大量异构服务器的数据中心，甚至是跨数据中心虚拟化，并创建出弹性的、私有的云化基础设施。容器编排工具没有标准的参考模型，因此不同厂商的工具的能力也是不同的。

容器编排软件的一些关键能力如下。

- **集群管理**：管理虚拟机和物理机的集群，就像管理大型服务器一样。这些机器就资源能力而言可能是异构的，但操作系统基本上都是 Linux。这些虚拟的集群可以在云上、本地机房中，或者在两者结合的混合云上创建。
- **部署**：用大量机器来实现应用和容器的自动部署。它们支持不同版本的应用容器，也支持在大量集群节点上的滚动升级。这些工具也能对错误部署进行回滚。
- **扩展性**：当且仅当需要时，处理应用实例的自动和手动扩容，其主要目标是提高资源利用率。
- **健康检查**：管理集群、节点和应用的健康状况。从集群中移除出错的机器和应用实例。
- **基础设施抽象**：为开发人员抽象部署应用的具体机器。开发人员无须关心机器和容量等。如何调度和运行应用完全由容器编排软件来决定。这些工具也为开发人员抽象了服务器的细节、容量、利用率和位置。对于应用的所有者来说，这些服务器等同于一台容量几乎无限的大型机器。
- **资源优化**：这些工具的内在行为是将容器的工作负载高效分配到一组可用的机器上，以降低拥有成本。可以使用简单的或极其复杂的算法来有效地提高资源利用率。
- **资源分配**：根据资源的可用性和应用开发人员设定的约束来分配服务器。资源分配会基于这些约束、粘滞规则、端口要求、应用依赖和健康状况等。
- **服务可用性**：确保服务在集群中的某台机器上启动并运行着。如果某台机器发生故障，容器编排软件会在集群中的其他机器上重新启动那些服务来自动处理故障。
- **敏捷性**：敏捷工具能够快速分配工作负载到可用的资源上，或者当资源需求发生变化时将工作负载迁移到其他机器上。也可以设置一定的约束规则，根据业务关键度和优先级等因素来重新分配资源。
- **隔离性**：有些工具提供了开箱即用的资源隔离功能，因而即使应用没有容器化，也能实现资源隔离（见图 10-3）。

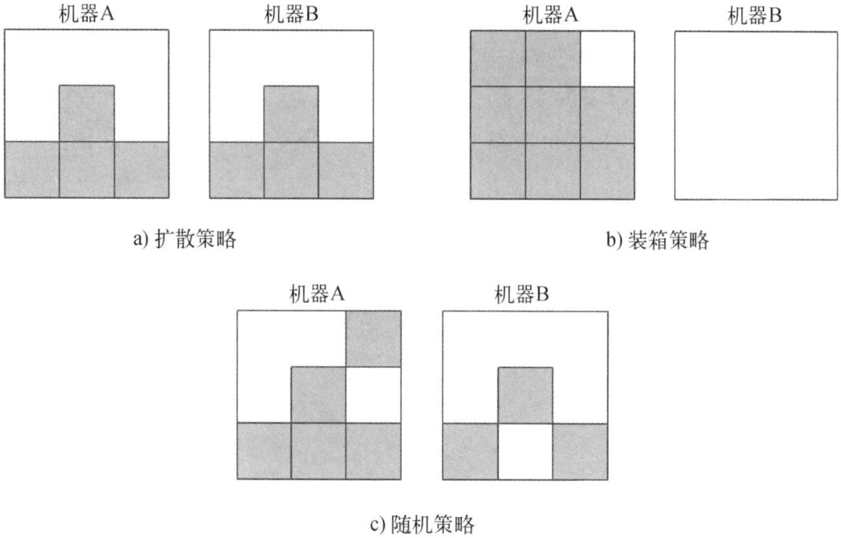

a) 扩散策略

b) 装箱策略

c) 随机策略

图　10-3

从简单的算法到复杂的机器学习和人工智能算法，有很多算法可用于资源分配。常用的算法有**随机算法**、**装箱算法**和**扩散算法**。对应用设置的约束规则会根据资源可用性覆盖默认的分配算法。

图 10-3 显示了这些算法如何将资源分配到可用的机器上，这个例子是用两台机器演示的。

3 种常见的资源分配策略解释如下。

❑ **扩散策略**：该策略在可用的机器上均匀地分配工作负载，如图 10-3a 所示。
❑ **装箱策略**：该策略会尝试一台接一台机器地填满工作负载以确保机器利用率最大化。在使用"即用即付"式的云服务时，装箱策略尤其适用。如图 10-3b 所示。
❑ **随机策略**：该策略会随机选取机器并在其上部署容器，如图 10-3c 所示。

也可能会用到认知计算算法来提高资源分配效率，比如机器学习和协同过滤。使用**超额订阅**（oversubscriptions）技术可以将分配给高优先级任务而并未充分利用的资源更好地利用起来，这些任务包括各种创收服务或数据分析、视频和图片处理等系统会尽量完成的任务。

## 10.2.3　容器编排和微服务的关系

微服务的基础设施如果配备不当，很容易导致基础设施规模膨胀，使得拥有成本剧增。如前所述，在实现大规模微服务时，带容器编排工具的云化环境对于实现成本效益是必不可少的。

用 Spring Cloud 项目实现的 Spring Boot 微服务是充分利用容器编排工具的理想工作负载。由于基于 Spring Cloud 的微服务与服务器的具体位置无关，所以这些服务可以部署到集群中的任意机器上。每次服务启动时，它会自动注册到服务注册表中并对外暴露其可用性。另外，服务消费者总会查找服务注册表中的可用服务实例。这样应用就支持了一种极其流畅的架构，而无须假设微服务的部署拓扑。可以使用 Docker 抽象出服务的运行时，这样服务就能在任何基于 Linux 的环境中运行了。

## 10.2.4　容器编排和虚拟化的关系

容器编排方案和服务器虚拟化方案有很大区别。容器编排方案作为应用组件在虚拟机或物理机上运行。

## 10.2.5　容器编排方案

目前有许多容器编排软件工具可用。对这些工具做比较是不公平的。虽然这些工具之间不存在一一对应的组件，但它们在功能上有许多重合。在很多情况下，组织通常会综合运用多种工具来满足需求。

图 10-4 显示了容器编排工具在微服务上下文中的位置。

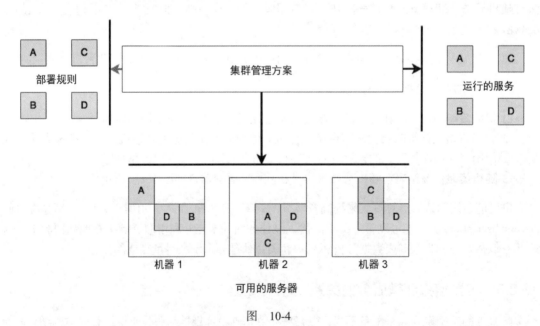

图　10-4

如图 10-4 所示，容器管理或编排工具获取一组容器（运行的服务）形式的可部署构件和一组部署约束或规则作为部署描述符，然后合理规划计算资源来部署这些散布在不同机器上的容器。

下面介绍市面上流行的一些容器编排方案。

### 1. Docker Swarm

Docker Swarm 是 Docker 原生的容器编排方案。Swarm 提供了和原生 Docker 的深度集成并暴露了和 Docker 远程 API 兼容的 API。它在逻辑上把一堆 Docker 主机组合成一个大型 Docker 虚拟主机来管理。与应用管理人员及开发人员决定在哪台主机上部署容器不同，这种决策会完全委托给 Docker Swarm。Swarm 会根据装箱算法和扩散算法来决定具体使用哪台主机来部署容器。

由于 Docker Swarm 是基于 Docker 远程 API 的，因此对于现有的 Docker 用户来说，Swarm 的学习曲线相比于其他任何容器编排工具都要平缓很多。但 Docker Swarm 刚面世不久，目前只支持 Docker 容器。

Docker Swarm 的工作机制基于**主节点**（master）和**工作节点**（node）等概念。主节点是集群管理和交互的唯一入口，它负责调度 Docker 容器的执行。工作节点是部署和运行 Docker 容器的地方。

### 2. Kubernetes

Kubernetes（k8s）来自谷歌的项目团队，是用 Go 语言编写的，并针对谷歌的大规模部署实际测试过。类似于 Swarm，Kubernetes 有助于管理一堆集群节点上的容器化应用，实现容器部署、容器调度和容器扩容的自动化。它拥有许多开箱即用的功能，比如自动的渐进式滚动部署、版本化的部署和发生故障时保持容器稳健。

Kubernetes 架构中有几个重要等概念，包括**主节点**、**工作节点**和 pod。主节点和工作节点合在一起称作"Kubernetes 集群"。主节点负责分配和管理一系列工作节点上的工作负载。工作节点是虚拟机或物理机。工作节点细分成 pod。一个工作节点可以托管多个 pod。一个容器或多个容器组合起来在一个 pod 中运行。有些服务出于运行效率需要而必须在同一个节点运行，pod 在管理和部署这类服务时很有用。Kubernetes 也支持标签的概念，标签是用于查询并定位容器的键值对。标签是用户自定义的参数，用于给某些类型的节点打上标签，这些节点通常执行同类型的工作负载，比如前端的 Web 服务器。在集群上部署的服务会用同一个 IP/DNS 来访问服务。

Kubernetes 开箱即用地支持 Docker，然而，Kubernetes 的学习曲线相比于 Docker Swarm 陡峭很多。作为 Openshift 平台的一部分，Red Hat 对 Kubernetes 提供了商业支持。

### 3. Apache Mesos

Mesos 是一个开源框架，由加州大学伯克利分校开发并被 Twitter 大规模使用。Twitter 使用 Mesos 管理大型 Hadoop 生态系统。

Mesos 和之前几个方案略有不同。它更像是一个资源管理器，需要依赖其他框架来管理工作负载的执行。它位于操作系统和应用之间，提供服务器的逻辑集群。

**10**

Mesos 是一个分布式系统内核，它在逻辑上把许多机器组合起来并虚拟化为单个大型机器。它能将一系列异构资源组合到一个统一的资源集群来部署应用。基于这些原因，可以把 Mesos 看作一种在数据中心构建私有云的工具。

Mesos 有**主节点**和**从节点**（slave）的概念。类似于前面几个方案，主节点负责管理集群，而从节点负责运行工作负载。它内部使用 ZooKeeper 进行集群协调和存储。它也支持框架的概念。这些框架负责调度和运行非容器化的应用和容器。流行框架有 Marathon、Chronos 和 Aurora。Netflix 的 Fenzo 是一个开源 Mesos 框架。Kubernetes 也可以用作 Mesos 框架。

Marathon 支持 Docker 容器，也支持非容器化的应用。Spring Boot 可以直接配置到 Marathon 中。Marathon 提供一系列开箱即用的功能，比如支持应用依赖，为服务扩容和升级而组合应用，启停健康的或不健康的实例，滚动部署和回滚失败的部署等。

作为其 DCOS 平台的一部分，Mesosphere 对 Mesos 和 Marathon 提供了商业支持。

### 4. HashiCorp Nomad

HashiCorp 公司的 Nomad 是一个容器编排软件。该容器编排系统可以抽象底层的服务器信息及其具体位置。相比于之前讲过的其他方案，其架构更简单，而且是轻量级的。和其他容器编排方案类似，它负责分配资源和执行应用。Nomad 也允许用户定义约束规则并据此分配资源。

Nomad 通过服务器管理所有批处理**任务**（job）。其中一个服务器会担当 leader，而其他服务器会担当 follower。任务是最小的工作单元。任务会划分到**任务组**中。任务组包含了在同一个服务器上执行的任务。一个或多个任务组或任务是作为批处理任务来管理的。

Nomad 支持不同的工作负载，开箱即用地支持 Docker。Nomad 也支持跨数据中心的部署且能感知数据中心所在区域。

### 5. CoreOS 的 Fleet

Fleet 是 Core OS 的容器编排系统。Fleet 在底层运行，而且是在 systemd 之上工作的。它可以管理应用的依赖关系并确保所有需要的服务都在集群中的某些机器上运行。如果某个服务失效了，它会在另外一台主机上重新启动该服务。我们也可以在分配资源时提供一些粘滞规则和约束规则。

Fleet 有两个概念：**引擎**（engine）和**代理**（agent）。在有多个代理的集群中，任何时间点上都只能有一个引擎。任务是提交给该引擎的，代理则在集群中的机器上执行这些任务。Fleet 也开箱即用地支持 Docker。

除此之外，作为各自云平台产品的一部分，**Amazon EC2 容器服务**（ECS）、**Azure 容器服务**（ACS）、**Cloud Foundry Diego** 和**谷歌容器引擎**都提供了容器编排功能。

## 10.3　用 Mesos 和 Marathon 实现容器编排

前面介绍了一些容器编排方案。不同的组织根据各自的环境选择不同的方案来解决问题。很多组织选择 Kubernetes 或带 Marathon 之类框架的 Mesos。通常使用 Docker 作为默认的容器化方法来打包和部署工作负载。

稍后会演示如何结合 Mesos 和 Marathon 来提供必要的容器编排能力。很多组织在用 Mesos，包括 Twitter、Airbnb、苹果、eBay、Netflix、PayPal、Uber、Yelp 等。

### 深入 Mesos

可以将 Mesos 看作数据中心内核。企业 DCOS（数据中心操作系统）是由 Mesosphere 提供技术支持的 Mesos 商业版本。Mesos 通过"资源隔离"在一个节点上运行多个任务。类似于容器，这依赖 Linux 内核的 cgroup 机制来实现。它也支持用 Docker 实现容器化隔离。Mesos 同时支持批处理类型的工作负载和 OLTP 类型的工作负载。

图 10-5 展示了 Mesos 从逻辑上将多个服务器抽象成单个资源集群。

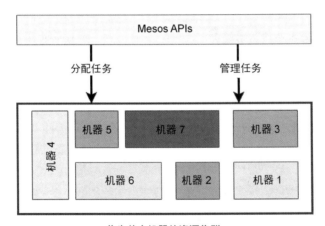

作为单个机器的资源集群

图　10-5

Mesos 是 Apache 许可下的一个开源 Apache 顶级项目。它从底层的物理机或虚拟机中抽象了底层的计算资源，比如 CPU、内存和存储等。

在讲解为何同时需要 Mesos 和 Marathon 之前，先简单介绍 Mesos 的架构。

#### 1. Mesos 架构

图 10-6 展示了简化的 Mesos 架构形式。Mesos 的关键组件包括一个 Mesos 主节点和一组从

节点、一个 ZooKeeper 服务和一个 Mesos 框架。Mesos 框架可以细分成**调度器**和**执行器**两个组件。

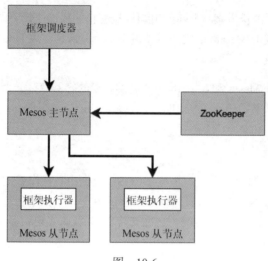

图  10-6

图 10-6 中的方块解释如下。

❑ **主节点**：Mesos 主节点负责管理所有 Mesos 从节点。它从所有从节点获取资源可用性信息，并根据某些资源分配策略和约束规则来恰当地分配资源。**Mesos 主节点**预先占用所有从节点上的可用资源并将其聚拢为一个大型服务器。主节点基于该资源池将资源提供给在从节点上运行的 Mesos 框架。

为了实现高可用性，**Mesos 主节点**由 Mesos 主节点的**备用组件**支撑。即使主节点不可用，当前任务仍然可以执行。但缺少主节点的话，就无法调度新的任务了。主节点的备用节点在主节点正常工作时处于等待状态，在主节点失效时接管其工作。它们使用 ZooKeeper 来选举主节点的 leader。这种情况下的 leader 选举必须满足最少仲裁要求。

❑ **从节点**：Mesos 从节点负责托管任务执行框架。任务是在从节点上执行的。Mesos 从节点可以用键值对属性来启动，比如 datacenter=X。该属性在部署工作负载时用于评估约束条件是否满足。从节点向 **Mesos 主节点**分享资源可用性信息。

❑ **ZooKeeper**：这是在 Mesos 中使用的集中式协调服务器，用于协调 Mesos 集群中的各种活动。当 Mesos 主节点发生故障时，Mesos 使用 ZooKeeper 来选举新的 leader。

❑ **框架**：Mesos 框架负责理解应用的约束条件，接受主节点分配的资源，最终在由主节点分配的从节点资源上运行任务。Mesos 框架由两个组件组成：**框架调度器**和**框架执行器**。

❑ **调度器**负责向 Mesos 注册和分配资源。

❑ **执行器**在 Mesos 从节点上运行实际的程序。

框架也负责执行某些资源分配策略和约束规则。例如约束规则为至少需要 500MB 内存来执行程序。

框架是可插拔组件，可以替换为其他框架。框架的工作流程如图 10-7 所示。

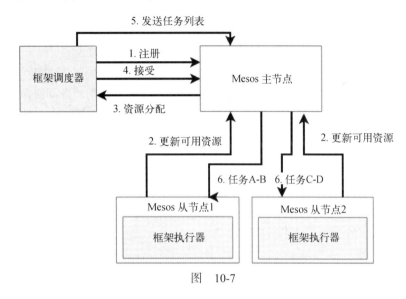

图　10-7

下面解释该工作流程图中的步骤。

(1) 框架向 Mesos 主节点注册资源并等待资源分配。调度器可能有具有资源约束不同的任务（在本例中是任务 A-D）在队列中等待执行。这里的任务是一个被调度的工作单元，例如一个 Spring Boot 微服务。

(2) Mesos 从节点为 Mesos 主节点提供可用资源。例如从节点将从节点机器上可用的 CPU 和内存信息告知主节点。

(3) Mesos 主节点根据设定好的分配策略规划资源分配，然后将资源分配给框架的调度器组件。分配策略决定分配对象和分配量。可以通过插入额外的分配策略来定制分配策略。

(4) 调度器框架组件可以根据约束条件、能力和分配策略接受或者拒绝资源分配。例如根据设定好的约束条件和分配策略，如果资源不够用，框架就会拒绝资源分配。

(5) 如果调度器组件接受资源分配，它会向 Mesos 主节点提交一个或多个任务的详细信息，每个任务都带有一定的资源约束条件。比如本例中调度器已准备好提交任务 A-D 了。

(6) Mesos 主节点将这个任务列表发送给有可用资源的从节点。安装在从节点机器上的框架执行器组件会选取并执行这些任务。

**10**

Mesos 支持许多框架，包括：

❑ Marathon 和 Aurora，用于管理长时间运行的进程，比如 Web 应用；

❏ Hadoop、Spark 和 Storm，用于处理大数据；
❏ Chronos 和 Jenkins，用于批处理调度；
❏ Cassandra 和 Elasticsearch，用于数据管理。

下面使用 Marathon 运行 Docker 化的微服务。

2. Marathon

Marathon 是 Mesos 框架的一个实现，它可以同时运行容器进程和非容器进程。它是为长时间
运行的应用设计的，比如 Web 服务器。它会确保用 Marathon 启动的服务即使在托管该服务的
Mesos 从节点发生故障时仍保持可用。这是通过启动另外一个实例来实现的。

Marathon 是用 Scala 编写的，并且高度支持扩展。它提供 UI 和 REST API 与外界交互，比如
启动、停止、扩容和监控应用。

类似于 Mesos，Marathon 的高可用性是通过运行多个 Marathon 实例实现的，这些 Marathon
实例都指向同一个 Zookeeper 实例。其中一个 Marathon 实例会担当 leader，其他实例都会处于待
命模式。作为 leader 的主节点发生故障时，会选举新 leader。

Marathon 的一些基本功能如下。

❏ 设定资源约束。
❏ 扩容、缩容和应用的实例管理。
❏ 应用版本管理。
❏ 启动和停止应用。

Marathon 的一些高级功能如下。

❏ 滚动升级、滚动重启和回滚。
❏ 蓝绿部署。

## 10.4  用 DCOS 实现 Mesos 和 Marathon

第 7 章介绍了用 Eureka 和 Zuul 实现负载均衡。使用容器编排工具，负载均衡和 DNS 服务可
以开箱即用，并且更易用。然而当开发人员需要通过代码控制负载均衡和流量路由时，比如前面
提到的根据业务参数来进行扩容的场景，Spring Cloud 组件可能更适用。

    为了更好地讲解技术，本章直接使用 Mesos 和 Marathon。但在绝大多数的实践
中，应选用 Mesosphere 的 DCOS，而不是使用普通的 Mesos 和 Marathon。

DCOS 为普通的 Mesos 和 Marathon 提供了一系列支撑组件来管理企业级部署。

对于为微服务进行扩容的 Spring Cloud 组件和 DCOS 提供的类似的能力，可以按组件进行比较。

下面比较 Spring Cloud 和 DCOS 的主要差别。

❑ 用 Spring Cloud 对微服务进行扩容时，配置信息是用 Spring Cloud 配置服务器来管理的。使用 DCOS 时，配置信息可以用 Spring Cloud 配置、Spring Profile、Puppet 或 Chef 等工具来管理。

❑ 在 Spring Cloud 方式中，Eureka 服务器用于管理服务发现，而 Zuul 用于负载均衡。DCOS 的 Mesos DNS、VIPs 和基于 HAProxy 的 Marathon 负载均衡组件可实现相同的功能。

❑ 日志和监控在第 8 章中解释过了，是用 Spring Boot Actuator、Seluth 和 Hystrix 来实现的。DCOS 开箱即用地提供了各种日志聚合及指标收集功能。

## 10.5 为 BrownField 公司的微服务实现 Mesos 和 Marathon

下面把第 9 章中开发的 BrownField 公司的 Docker 化的微服务部署到 AWS 云上，并且用 Mesos 和 Marathon 进行管理。

以下演示只涉及两个服务（搜索和 Web 站点部署）。简单起见，也只使用一个 EC2 实例。

### 10.5.1 安装 Mesos、Marathon 及相关组件

启动一个 t2.large 类型带 Ubuntu 16.04 版本 AMI 的 EC2 实例，稍后会用它来进行本次部署。这里使用另外一个实例来运行 RabbitMQ，但也可以在同一个实例上运行。

安装 Mesos 和 Marathon 的步骤如下。

❑ 根据下面链接中给出的指南，安装 Mesos 1.2.0。它会附带安装 JDK 8。

https://mesos.apache.org/getting-started/

❑ 执行以下命令，安装 Docker。

```
sudo apt-get update
sudo apt-get install docker.io
sudo docker version
```

❑ 执行以下命令，安装 Marathon1.4.3。

```
curl -O http://downloads.mesosphere.com/marathon
  /v1.4.3/marathon-1.4.3.tgz
tar xzf marathon-1.4.3.tgz
```

❑ 执行以下命令，安装 Zookeeper。

**10**

```
wget http://ftp.unicamp.br/pub/apache/zookeeper/zookeeper-
   3.4.9/zookeeper-3.4.9.tar.gz
tar -xzvf zookeeper-3.4.9.tar.gz
rm -rf zookeeper-3.4.9.tar.gz
cd zookeeper-3.4.9/
cp zoo_sample.cfg  zoo.cfg
```

此外，也可以借助 CloudFormation 使用 AWS 上的 DCOS 发行包，它提供了一个开箱即用的高可用 Mesos 集群。

## 10.5.2　运行 Mesos 和 Marathon

执行以下步骤运行 Mesos 和 Marathon。

(1) 登录 EC2 实例并运行如下命令。

```
ubuntu@ip-172-31-19-249:~/zookeeper-3.4.9
$ sudo -E bin/zkServer.sh start

ubuntu@ip-172-31-19-249:~/mesos-1.2.0/build/bin
$ ./mesos-master.sh --work_dir=/home/ubuntu/mesos-
   1.2.0/build/mesos-server

ubuntu@ip-172-31-19-249:~/marathon-1.4.3
$ MESOS_NATIVE_JAVA_LIBRARY=/home/ubuntu/mesos-
   1.2.0/build/src/.libs/libmesos.so ./bin/start --master
   172.31.19.249:5050

ubuntu@ip-172-31-19-249:~/mesos-1.2.0/build
$ sudo ./bin/mesos-agent.sh --master=172.31.19.249:5050 --
   containerizers=mesos,docker --work_dir=/home/ubuntu/mesos-
   1.2.0/build/mesos-agent --resources='ports:[0-32000]'
```

注意，使用工作目录的相对路径可能会导致执行出错。只有使用特定范围内的主机端口时才需要使用 -resources 参数。

(2) 如果有更多的从节点机器，可以重复前面在那些从节点机器上执行的命令，向集群中加入更多节点。

(3) 打开下面的 URL 查看 Mesos 控制台。本例中有 3 个从节点在运行并连接到了主节点上。

http://ec2-54-68-132-236.us-west-2.compute.amazonaws.com:5050

可以看到如图 10-8 所示的 Mesos 控制台。

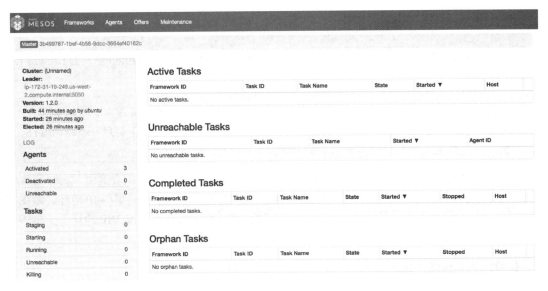

图 10-8

控制台中的 Agent 代理部分显示有 3 个激活了的 Mesos 代理可用, 也显示当前没有活跃的任务。

(4) 打开下面的 URL 查看 Marathon 的界面(见图 10-9)。用 EC2 实例的公网 IP 地址替换下面命令中的 IP 地址。

http://ec2-54-68-132-236.us-west-2.compute.amazonaws.com:8080

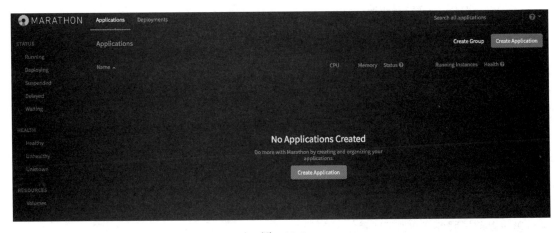

图 10-9

由于目前没有部署任何应用, 因此界面中的 Application 部分是空的。

10

## 10.6　准备部署 BrownField 公司的 PSS 微服务

安装好 Mesos 和 Marathon 后，下面介绍如何部署前面用 Mesos 和 Marathon 开发的 BrownField 公司的 PSS 应用。

 本章的完整源代码在本书 Git 仓库中 chapter10 项目的代码文件中，地址如下：https://github.com/rajeshrv/Spring5Microservice。将 chapter9.*复制到一个新的 STS 工作空间中并重命名为 chapter10.*。

本例会将 Mesos 集群强制绑定到固定端口上，但是在实际项目中，我们会借由 Mesos 集群将服务动态绑定到端口上。此外，由于没有使用 DNS 或 HAproxy，我们会硬编码 IP 地址。而在实际项目中，会给每个服务定义一个虚拟 IP 地址 VIP，这样服务就会使用该 VIP 地址了。该 VIP 地址会被 DNS 和代理解析出来。

执行以下步骤修改 BrownField 应用，在 AWS 上运行它。

(1) 使用 RabbitMQ 服务的 IP 地址和端口，修改搜索微服务（application.properties）。此外，用 EC2 实例的 IP 地址修改 Web 站点项目（Application.java 和 BrownFieldSiteController.java）。

(2) 用 Maven 重新构建所有微服务。构建 Docker 镜像并把它推送到 Docker Hub 上。在执行这些命令前，必须将工作目录切换到当前命令对应的目录：

```
docker build -t search-service:1.0 .
docker tag search:1.0 rajeshrv/search:1.0
docker push rajeshrv/search:1.0

docker build -t website:1.0 .
docker tag website:1.0 rajeshrv/website:1.0
docker push rajeshrv/website:1.0
```

### 部署 BrownField 公司的 PSS 服务

Docker 镜像已经发布到 Docker Hub 注册表中了。执行以下步骤来部署并运行 BrownField 公司的 PSS 服务。

(1) 启动 Docker 化的 RabbitMQ。

```
sudo docker run --net=host rabbitmq:3
```

(2) Mesos Marathon 集群已经启动并运行，可以接受部署了。通过给每个服务创建一个 JSON 文件就可以部署服务了，如下所示。

```
{
  "id": "search-3.0",
  "container": {
```

```
    "type": "DOCKER",
    "docker": {
      "image": "rajeshrv/search:1.0",
      "network": "BRIDGE",
      "portMappings": [
        { "containerPort": 8090, "hostPort": 8090 }
      ]

    }
  },
  "instances": 1,
  "cpus": 0.5,
  "mem": 512
}
```

(3) 上面的 JSON 串会保存在 search.json 文件中。同样，也要给其他服务创建 JSON 文件。

下面解释这个 JSON 串的结构。

❏ Id：这是应用的唯一标识 id，可以是一个逻辑名称。

❏ CPUs、men：为当前应用设置了资源约束。如果对约束不满，Marathon 会向 Mesos 主节点拒绝资源分配。

❏ Instances：开始时当前应用需要启动多少个实例？在前面的配置中，应用部署后会默认启动一个实例。Marathon 会始终维护该实例数。

❏ Container：该参数告诉 Marathon 执行器使用 Docker 容器执行服务。

❏ Image：该参数告诉 Marathon 调度器必须使用某个 Docker 镜像来进行部署。在本例中，它会从 Docker Hub 仓库 rajeshrv 中下载 search-service:1.0 镜像。

❏ Network：Docker 运行时使用该值来表示在启动新的 Docker 容器时推荐使用的**网络模式**，可以是**桥接模式**或**宿主模式**。本例子使用桥接模式。

❏ portMappings：端口映射提供了如何映射内部端口和外部端口的信息。在前面的配置中 hostPort 设置为 8090，告诉 Marathon 执行器在启动服务时使用 8090 端口。由于 containerPort 设置为 0 了，因此同样的主机端口会分配给容器。如果 hostPort 值设置为 0，Marathon 就会随机选取端口。

(4) JSON 文件创建好后保存，使用如下 Marathon 的 REST API 将 JSON 文件部署到 Marathon。

```
curl -X POST http://54.85.107.37:8080/v2/apps
  -d @search.json -H "Content-type: application/json"
```

(5) 此外，也可以使用 Marathon 控制台来进行部署，如图 10-10 所示。

**10**

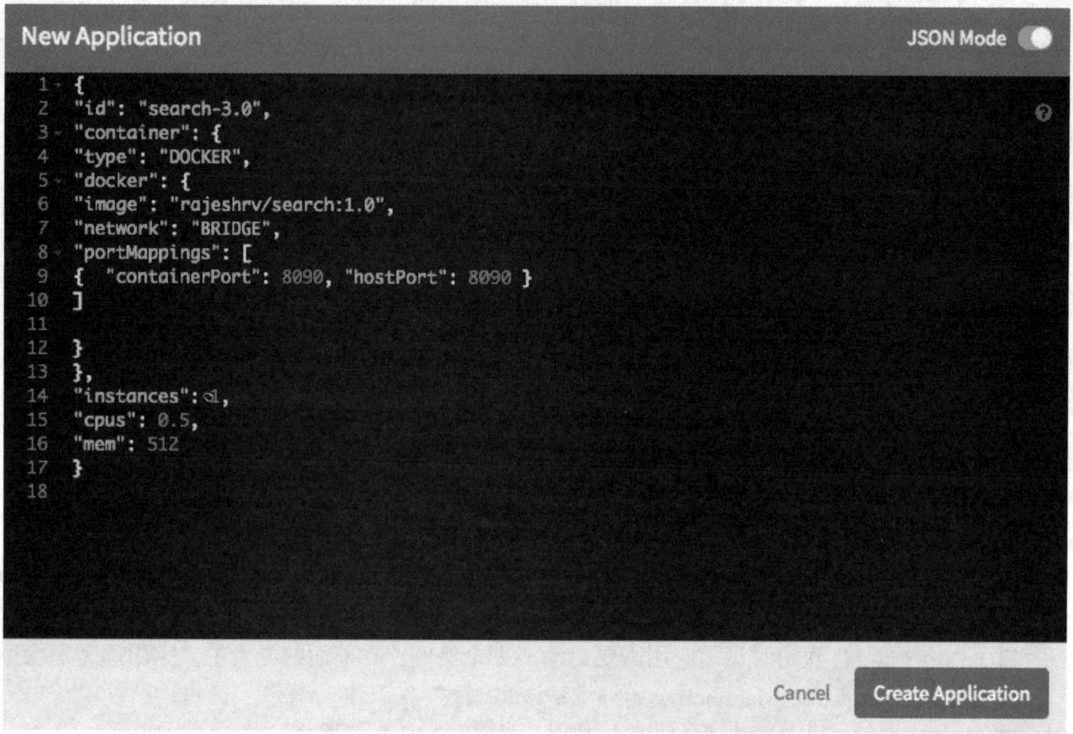

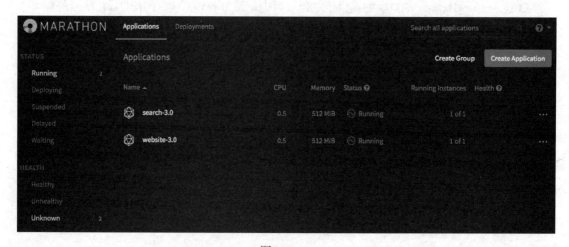

```json
1 ▾ {
2     "id": "search-3.0",
3 ▾   "container": {
4       "type": "DOCKER",
5 ▾     "docker": {
6         "image": "rajeshrv/search:1.0",
7         "network": "BRIDGE",
8         "portMappings": [
9         {   "containerPort": 8090, "hostPort": 8090 }
10        ]
11
12      }
13    },
14    "instances": 1,
15    "cpus": 0.5,
16    "mem": 512
17  }
18
```

图　10-10

(6) Web 站点项目也要重复以上步骤。

(7) 打开 Marathon 的 UI。如图 10-11 所示，两个应用都已经部署并处于**运行状态**了，也显示出当前总共 1 个实例中的 1 实例处于**运行状态**。

图　10-11

(8) 如果查看上面的搜索服务，可以看到服务绑定的 IP 地址和端口（见图 10-12）。

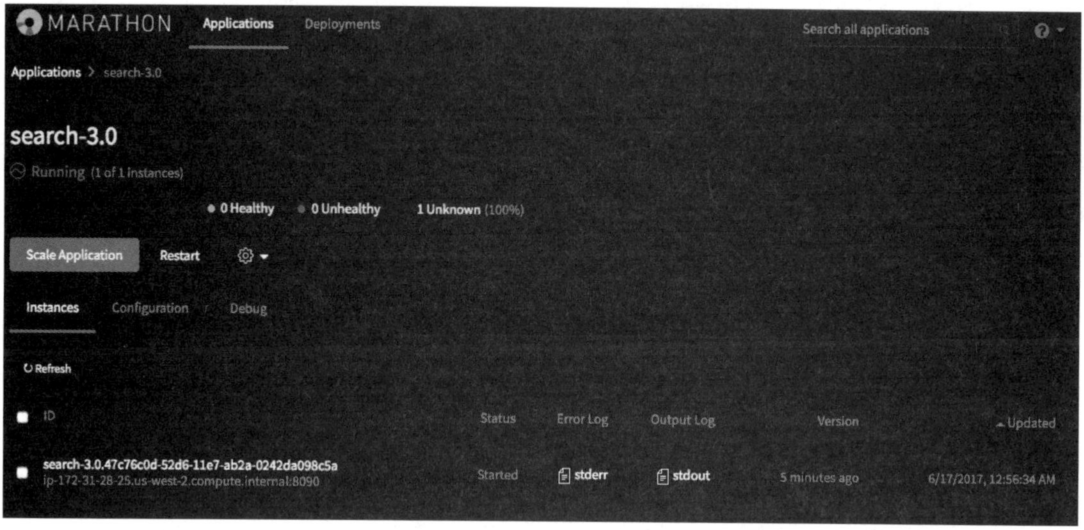

图    10-12

(9) 在浏览器中打开下面的 URL，验证 Web 站点应用。

http://ec2-34-210-109-17.us-west-2.compute.amazonaws.com:8001

## 10.7    小结

本章介绍了应用程序自动扩容的不同方面和高效管理大规模 Docker 化微服务中容器编排的重要性。

在详细介绍 Mesos 和 Marathon 前，我们研究了不同的容器编排工具。我们在 AWS 云环境中实现了 Mesos 和 Marathon，并演示了如何管理为 BrownField 公司 PSS 应用开发的 Docker 化微服务。

前面介绍了成功实现微服务所需要的所有核心能力及支撑技术。除了技术，成功的微服务实现也需要相应的流程和实践方法。下一章会从流程和实践的角度讲解微服务。

10

# 第 11 章

# 微服务开发生命周期

类似于**软件开发生命周期**，若想成功实现微服务架构，需要理解微服务开发生命周期。

本章以 BrownField 航空公司的 PSS 微服务为例，着重介绍微服务的开发流程和实践。此外，本章会阐述组建开发团队的最佳实践、开发方法论、自动化测试、微服务持续交付，这些都和 DevOps 实践相一致，最后会阐明微服务分布式治理方法中参考架构的重要性。

本章主要内容如下。

❑ 研究微服务开发中的一些实践要点。
❑ 互联网级微服务在自动化开发、测试和部署方面的最佳实践。

## 11.1　微服务开发的实践要点

对于成功的微服务交付来说，需要考虑从开发到交付的一系列实践要点，包括 DevOps 思想。前面介绍了不同的微服务架构能力，下面探讨微服务开发非架构方面的内容。

### 11.1.1　理解业务动机和价值

不要为了实现一个很小众的架构风格而使用微服务。在选择将微服务作为某个问题的架构方案前，需要理解业务价值和业务关键指标，这有助于工程师更加专注于以更高的成本效益来实现那些目标。

业务动机和价值需能证明选择微服务的合理性和必要性。同时，从业务的角度看，使用微服务所带来的业务价值应当是可实现的。这样可以避免 IT 部门想采用微服务，而业务部门对于利用微服务所能带来的好处不感兴趣的情况。在这种情形下，对于企业来说，基于微服务的开发会是额外的开销。

### 11.1.2　从项目开发到产品开发的观念转变

如第 1 章所述，微服务更适合产品开发。应当把使用微服务交付的业务功能视作产品。

项目开发和产品开发的观念是不同的。产品团队会始终秉持主人翁意识并对其开发出来的产品承担相应的责任。因此，产品团队会持续改进产品质量。产品团队不仅负责交付软件，也负责产品的支持和维护。

通常产品团队和业务部门联系紧密，因为产品团队是在为业务部门开发产品。通常产品团队会有一名 IT 代表和一名业务代表，因此产品思维会和实际的业务目标紧密结合。产品团队始终清楚自己在为实现业务目标创造价值。产品的成功直接体现在了从中获得的业务价值上。

由于发布周期往往很快，因此产品团队时常会从交付中获得满足感，他们也会一直努力改进产品。这样会给团队内部带来很多积极的动力。

在大多数情况下，典型的产品团队是有资金长期支持的，因而可以保持不变，更富有凝聚力。由于团队规模较小，所以产品团队可以专注于在日常学习中改进相关流程。

## 11.1.3　选择正确的开发理念

不论是从单体迁移还是全新开发，不同的组织采用不同的方式开发微服务。选择适合的开发方式很重要。开发方式有很多，比如设计思维、敏捷开发和创业模式。对于微服务开发来说，需要选择一种可以避免冗长开发周期的开发方式。

## 11.1.4　使用最小可行产品的概念

无论采用之前讨论过的哪种开发理念，在快速敏捷地开发微服务系统时，需要确定一个**最小可行产品**（MVP）。

Eric Ries 是精益创业运动的先驱，他定义 MVP 如下：

> 最小可行产品是一个新产品的某个版本，使得产品团队能以最少的工作量收集到关于客户已验证过的最多的信息。

MVP 方式旨在快速构建一款软件来呈现该软件最重要的一些方面。MVP 会实现一个想法的核心概念，并且选择能给业务带来最大价值的那些功能。根据 MVP 的早期反馈，可以在构建一个重量级产品前做出必要的修改或调整。

MVP 可以是针对部分用户群体的全功能服务，或者是针对更大用户群体的不完整服务。在 MVP 方式中，来自客户的反馈极其重要，因此要向真实用户发布 MVP 版本的产品。

## 11.1.5　克服遗留热点

在开始着手开发微服务之前，需要理解企业环境和组织中的方向及策略冲突。

在微服务中经常存在对其他遗留应用的直接或间接依赖。直接集成遗留应用的一个常见问题是遗留应用的开发周期非常漫长。例如有一个新的铁路订票系统,由于一些核心的后台功能(比如订票功能)而不得不依赖一个存在了很久的**交易处理设施**(TPF)。这在从遗留单体应用向微服务迁移时尤为常见。在大多数情况下,遗留系统会继续以非敏捷且长发布周期的方式进行后续的开发。在这样的情况下,由于和遗留系统的耦合,微服务开发团队可能无法快速推进。和遗留系统的集成点可能会严重拖累微服务开发,而组织内部的方向和策略冲突会使得情况变得更糟糕。

实际上,这个问题没有特别有效的解法。文化差异和流程差异等问题可能会持续存在。许多企业会隔离这些遗留系统并给予特别的关注和投入,来支持快速推进的微服务开发。高管层对那些遗留平台的介入也会降低实施的开销。

### 11.1.6　建立自组织的团队

微服务开发中,一个最重要的任务就是合理组建开发团队。正如许多 DevOps 流程所推荐的,通常一支小而专注于特定方向的团队能交付最佳结果。

如图 11-1 所示,可能一个团队负责一个微服务,也可能一个团队负责一组相关的微服务,这取决于微服务的大小。

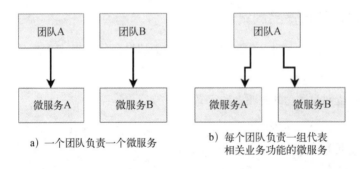

a) 一个团队负责一个微服务　　　b) 每个团队负责一组代表相关业务功能的微服务

图　11-1

由于微服务是和业务功能相一致且是相当松耦合的产品,所以理想的做法是每个微服务由一个专门的团队负责。也可能一个团队同时负责相同业务领域内代表相关业务功能的多个微服务。这通常取决于微服务的耦合度和大小。

团队规模是组建高效的微服务开发团队的一个重要方面。一般认为团队规模不应超过 10 人。最佳交付团队的规模在 4 到 7 人。亚马逊的创始人杰夫·贝佐斯提出了"两个比萨"原则。他认为团队规模变大后沟通上会出现问题。大型团队在工作时需要达成一致,这会导致沟通上浪费更多时间。大型团队的主人翁意识和责任心也会弱化。一个简单的衡量标准是产品负责人应当有足够的时间跟团队中的每位成员沟通以使他们理解正在交付的产品的价值。

开发团队负责服务的创意、分析、开发和支持。亚马逊的 Werner Vogels 将这种做法称为**谁开发谁运营**。Werner 认为，这样开发人员会注重编写高质量的代码，以避免后期出现意外的技术问题。团队由全栈开发人员和运维工程师组成。团队应当了解产品开发的方方面面。开发人员理解运维，运维团队也理解应用。这样不仅有助于避免团队成员之间互相指责，也可以提高产品质量。

产品团队应当具备多学科的技能来满足交付微服务所需的各项能力。理想情况下，产品团队不应当依赖其他外部团队来交付微服务的某些组件，而应当是相对独立的。然而，在大多数的组织中，挑战在于某些专业技能非常稀缺。例如组织中可能没有那么多图形数据库方面的专家。对于该问题，常见的解决办法是聘请顾问。顾问是领域专家，企业聘请他们用专业技能解决团队面临的特殊问题。对于某些公共能力，一些企业会诉诸共享团队或平台团队。

团队成员充分了解自己的产品，不仅从技术角度，也包括业务用例和业务关键指标角度。整个团队在共同交付产品以及达成业务目标方面拥有集体自主权。

自组织的团队是一个有凝聚力的单位，会设法达成团队目标。他们会自主协调好内部成员并分派责任。团队中的成员都是自我管理的，并且可以对自己的日常工作做出决策。在这样的团队中，沟通和透明度极其重要。这就凸显了本地团队和内部协作的必要性，因为这样沟通的效率很高（见图 11-2）。

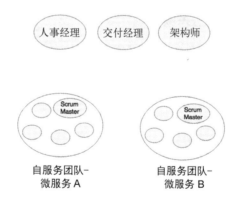

图　11-2

图 11-2 中的微服务 A 和微服务 B 都代表了相关业务功能。自我组织的团队平等对待团队中的每位成员，而且团队内部没有太多层级关系和管理开销。在这种情况下，管理层会比较小而简单。团队内部不会有很多垂直的岗位设置，比如组长、UX 经理、开发经理和测试经理等。在典型的微服务开发中，一个公共的产品经理、架构师和人事经理就足以管理不同的微服务团队了。在某些组织中，架构师也要对交付负责。

自组织的团队通常有一定的自主权，有权快速、敏捷地做出决策，而不必等待冗长的官僚式决策流程，这种现象在许多企业中存在。在大多数这样的情况下，企业架构和安全被视作"事后

**11**

诸葛亮"。其实,应该一开始就将这些考虑在内。虽然开发人员在决策方面拥有极大的自由,但是完全自动化的 QA 测试及合规性同样重要,这样可以确保尽早发现产品设计的偏差。

团队与团队的沟通也很重要。但在理想情况下,这种沟通应当仅限于微服务之间的接口。团队之间的集成必须通过**消费者驱动的合约**来实现,并且是以测试脚本的形式而不是用冗长的接口规范文档来描述不同的场景。当服务不可用时,团队会使用模拟的服务实现进行测试。

## 11.1.7 构建自服务云

在采用微服务之前,应当考虑构建一个云环境。当只有几个服务时,手动将这些服务分配到预先指定的一组虚拟机上来管理是很方便的。

但是微服务开发人员需要的不仅仅是 IaaS 层面的云平台。团队中的开发人员和运维工程师们都不需要关心应用在哪里部署以及如何优化部署,也无须关心如何管理容量。

对于这种复杂度,需要使用一个具备自服务能力的云平台,这些能力包括第 10 章讲过的 Mesos 和 Marathon 集群管理方案。第 9 章讨论的容器化部署对于管理端到端的自动化也很重要。构建这种自服务的云生态系统是微服务开发的前提条件。

## 11.1.8 构建一套微服务生态系统

正如第 4 章的能力模型部分提到的,微服务需要一系列其他能力。在构建大规模微服务之前,这些能力都应到位。

这些能力包括服务注册、服务发现、API 网关和外部化的配置服务等。Spring Cloud 项目提供了这些能力。还有一些能力是微服务开发的前提条件,比如集中式日志管理和监控等。

## 11.1.9 以 DevOps 实践贯穿微服务开发的生命周期

DevOps 是微服务开发最理想的实践方法。已经在实践 DevOps 的组织就不需要其他微服务开发的实践方法了。

下面介绍微服务开发的生命周期。我们会从微服务的角度探讨 DevOps 流程和实践,而不是发明一种新的微服务开发流程。

在介绍 DevOps 流程之前,先解释一下 DevOps 领域的一些常见术语。

❑ **持续集成**是在一个指定环境中,以定时触发的方式或开发人员每次提交文件时,持续地自动化应用的构建和质量检查。持续集成也会将代码检查的相关指标发布到一个集中式仪表盘中,还会将二进制构件发布到一个集中式构件仓库中。持续集成在敏捷开发实践中非常流行。

□ **持续交付**是在产品从构想到生产的过程中，将整个端到端的软件交付实践活动自动化。在非 DevOps 模式中，这种方式曾叫作**应用生命周期管理（ALM）**。关于持续交付，一般将其视作持续集成的下一个演进方向，它将 QA 测试周期加入集成管道中，软件准备就绪后可随时发布到生产环境中，但这是需要手动操作的。

□ **持续部署**通过管理二进制代码的迁移及相关配置参数而将应用二进制代码自动部署到一个或多个环境中。持续部署是持续交付的下一个演进方向，它将生产环境自动发布也集成到了持续交付管道中。

□ **应用发布自动化（ARA 工具）**是帮助监控和管理端到端交付管道的工具。ARA 工具使用持续集成和持续交付工具来管理"发布管理审核"流程的额外步骤。ARA 工具也能将发行版滚动发布到不同的环境中，并在发布失败时进行回滚。ARA 工具提供了一个编排好的工作流管道、通过集成仓库管理的许多专用工具来实现交付生命周期、QA 和部署等。ARA 工具包括 XL Deploy 和 Automic。

微服务开发的 DevOps 流程如图 11-3 所示。

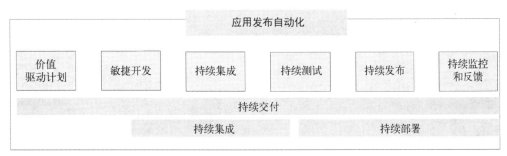

图　11-3

## 11.1.10　价值驱动计划

价值驱动计划是敏捷开发实践中的一个术语，在微服务开发中极其重要。在价值驱动计划中，我们要确定需要开发哪些微服务，最重要的是要确定对业务而言价值最高而风险最低的那些需求。从头开发微服务时会用到 MVP 的思想。至于从单体到微服务的演进，可以用第 6 章所讲的指导原则来确定哪些服务必须先迁移。这些挑选出来的微服务应该能为业务带来预期价值。作为价值驱动计划的一部分，衡量这个价值的业务关键指标必须确定好。

## 11.1.11　持续监控和反馈

持续监控和反馈阶段是微服务敏捷开发中最重要的阶段。在 MVP 的场景中，该阶段对 MVP 产品的初步接受情况提供反馈并评估已开发服务的价值。在追加功能的场景中，该阶段有助于了解用户对新功能的接受情况。根据这些反馈，可以对服务做出相应的调整，然后重复之前的反馈周期。

11

## 11.2 自动化开发周期

前面介绍了微服务开发的生命周期。组织可以根据自身需要和应用特性来改变生命周期的不同阶段。下面介绍一个持续交付管道的示例以及实现它的工具集。

无论是在开源领域还是商业领域，都有许多工具可用于构建端到端的管道。组织可以选用适合的产品来连接/集成管道中的各项任务。

一开始搭建这些管道时成本可能会比较高昂，因为需要要用到很多工具集和环境。组织实现这些交付管道可能不会立即见到成本收益。此外，构建也需要一些高消耗的资源。大型构建管道可能需要几百台机器。另外，从管道的一端到另一端的变更也需要几个小时。因此，不同的微服务需要使用不同的管道，这样也有助于不同微服务的发布之间解耦。

应当在一个管道中并行，这样可以在不同的环境中执行测试用例。所以应尽可能地同时执行测试用例。根据应用特性设计管道很重要，不存在适用所有场景的管道。

管道中的关键点是从开发到生产过程的端到端自动化以及发生故障时的快速失败。

图 11-4 给出了一个微服务管道示例，展示了在开发微服务管道时应当考虑到的不同能力。

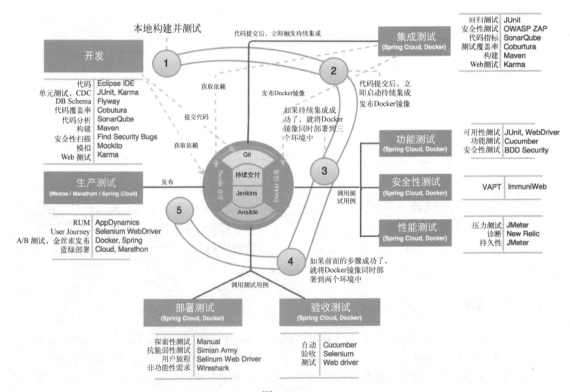

图 11-4

下面解释一下持续交付管道中的不同阶段。

## 11.2.1 开发

开发阶段通常涉及下列内容。这里也会介绍一些开发阶段可用的工具。敏捷开发团队除了使用项目计划、追踪和沟通工具（比如 Agile Jira 和 Slack 等）外，还会用到下面这些工具。

- ❑ **源代码**：开发团队通常需要使用 IDE 工具或者开发环境来编辑源代码。在大多数组织中，开发人员可以自由选用 IDE 工具。这些 IDE 工具也可以和一系列工具集成，来检测代码中违背开发规范之处。通常 Eclipse IDE 工具都有静态代码分析和统计代码指标的插件。例如 SonarQube，它集成了其他一些插件，比如用于代码规范的 Checkstyle、用于检测不良编码习惯的 PMD、用于检测潜在 bug 的 FindBugs，以及用于代码测试覆盖率的 Cobertura。也推荐使用 Eclipse 插件，比如 ESVD、Find Security Bugs、SonarQube security rules 等可以检测安全漏洞。

- ❑ **单元测试用例**：开发团队也会用到 JUnit、NUnit、TestNG 等构建单元测试用例。单元测试用例是针对组件、仓库和服务等来编写的。这些单元测试用例会和本地的 Maven 构建集成在一起。针对微服务端口（服务测试）的单元测试用例可以作为回归测试包。Web 界面如果是用 Angular 编写的，可以使用 Karma 来进行测试。

- ❑ **消费者驱动的合约**：开发人员可以编写 CDC，用于测试与其他微服务的集成点。针对合约的测试用例通常会编写为 JUnit、NUnit、TestNG，等等，并且会添加到之前提到的服务测试包中。

- ❑ **模拟测试**：为了执行单元测试用例，开发人员也会编写模拟服务来模拟服务间的集成端口。通常使用 Mockito 和 PowerMock 等进行模拟测试。一种最佳实践是服务合约确定好之后根据它来部署模拟服务。这是后续阶段实现服务虚拟化的一种简单机制。

- ❑ **行为驱动设计（BDD）**：敏捷团队也会使用一种 BDD 工具（比如 Cucumber）来编写 BDD 场景。通常这些 BDD 场景会针对微服务合约或者基于微服务的 Web 应用暴露的 UI 来编写。Cucumber 结合 Junit 以及 Cucumber 结合 Selenium WebDriver 分别会用于这些 BDD 场景。功能测试、用户旅程测试和验收测试会使用不同的场景。

- ❑ **源代码库**：源代码版本控制库是开发的一部分。在大多数情况下，开发人员会使用 IDE 插件将代码签入一个集中式代码库中。一个代码库一个微服务是许多组织采用的一种常见模式。这样就禁止了其他微服务的开发人员修改当前的微服务或者根据其他微服务的内部实现方式来编写当前微服务的代码。Git 和 Subversion 是比较流行的源代码仓库。

- ❑ **构建工具**：构建工具（比如 Maven 或 Gradle）可用于管理依赖并构建目标构件，这里指的是 Spring Boot 服务。很多情况下，比如基本的代码质量检查、安全检查、单元测试用例和代码测试覆盖率等都会作为构建的一部分而集成其中。这些功能与集成开发环境 IDE 很相似，尤其是当开发人员不使用 IDE 的时候。作为 IDE 的一部分的这些工具在 Maven 插件中也存在。开发团队在项目的持续集成阶段才会用到 Docker 之类的容器。对于每一个变更，所有构件都必须正确地版本化。

- ❑ **构件仓库**：构件仓库在开发过程中起着关键作用。所有构件都会存放在那里。构件仓库有 Artifactory、Nexus 等。
- ❑ **数据库 Schema**：Liquibase 和 Flyway 常用于管理、追踪和应用数据库的变更。一些 Maven 插件可以调用 Liquibase 和 Flyway 的类库。数据库 Schema 的变更会像源代码一样被版本化和维护。

## 11.2.2    集成

代码提交到代码库后，持续集成就会自动开始。这是通过配置一个持续集成管道来实现的。该阶段会用一个代码库快照来构建代码并生成可部署的构件。不同的组织使用不同的事件来启动构建过程。持续集成的启动事件可能是开发人员每次的代码提交或者基于某个时间窗口，比如每日或每周等。

持续集成工作流是这个阶段的关键环节。持续集成工具（比如 Jenkins 和 Bamboo 等）在构建管道的编排中起着重要作用。这些工具会配置一系列等待触发的工作流活动。该工作流会自动执行配置好的步骤，比如构建、部署和 QA 测试等。持续集成会在开发人员每次提交代码时或按照设定的频率启动该工作流。

持续集成的工作流中包含下面一系列活动。

- ❑ **构建和 QA 测试**：通过 Git 仓库的 webhook 机制，工作流可以监听每一次的代码提交。持续集成一旦检测到代码变更/提交，便会从 Git 仓库下载源代码。然后在下载的源代码快照上执行一次构建。作为构建的一部分，持续集成会自动执行一系列 QA 检查，这类似于在开发环境中执行的 QA 检查。这些 QA 检查包括代码质量检查、安全性检查和代码单元测试覆盖率。大多数的 QA 检查会用工具来执行，比如 SonarQube 和之前在开发部分提到的 IDE 插件等。持续集成也会收集各项代码指标，比如代码单元测试覆盖率等，并发布到一个中央数据库中以供后续分析。额外的安全性检查会用 OWASP ZAP Jenkins 的插件来执行。作为构建的一部分，持续集成也会执行 Junit 测试用例或其他类似的工具编写的测试用例。如果 Web 应用支持用 Karma 进行 UI 测试，那么 Jenkins 也能够运行用 Karama 编写的 Web 测试用例。如果构建或 QA 检查失败了，持续集成就会发出事先在系统中配置好的告警。
- ❑ **打包**：构建和 QA 检查通过后，持续集成就会创建一个可部署的软件包。在我们的微服务例子中，它会生成独立的 Spring Boot jar 包。作为集成构建的一部分，建议构建 Docker 镜像。打包阶段是唯一可以生成二进制构件的地方。构建完毕后，持续集成会把不可变 Docker 镜像推送到 Docker 注册表中。该 Docker 注册表可能是 Docker Hub 或某个私有的 Docker 注册表。在该阶段中需要正确控制容器版本。

❑ **集成测试**：Docker 镜像会部署到集成测试环境中，在那里会执行回归测试（服务测试）和其他类似的测试。集成测试环境会包含其他依赖的微服务能力，比如 Spring Cloud 和日志管理等。所有依赖的微服务也会部署到该集成测试环境中。如果某个依赖的实际服务还未部署，就会使用服务虚拟化工具，比如 MockServer。另外，开发团队会将该服务的一个基础版本推送/提交到 Git 仓库中。部署成功后，Jenkins 就会触发服务测试（针对服务的 Junit 单元测试）、一组用 Selenium WebDriver 编写（针对 Web 应用）的端到端可用性测试，以及用 OWASP ZAP 编写的安全性测试。

## 11.2.3  测试

在声明某个构建可用于生产之前，作为自动化交付过程的一部分，需要执行多种测试。应用在不同环境之间迁移可能就需要进行测试。其中每个环境都会指定测试，比如验收测试和性能测试等。这些环境会开展监控以收集相应的各项指标。

在复杂的微服务环境中，不应把测试看作进入生产前的最后一道检查，而应当将其视为提高软件质量以及避免生产故障的一种方式。交班测试是一种在发布周期中尽可能早地轮班测试的方式。自动化测试将软件开发变成了边开发边测试的模式。通过自动化测试用例，可以避免一些人为的错误并节省人力。

可使用持续集成或 ARA 工具将 Docker 镜像部署到多个测试环境中。镜像部署到某个环境中后，就可以根据环境的用途执行某些测试用例了。默认会执行一组可用性测试来验证当前的测试环境。

下面介绍自动化交付管道中所涉及的各类测试，这与具体的测试环境无关。前面在开发环境和集成测试环境中提到了一些测试了。下面会将测试用例映射到运行测试用例的测试环境。可以将不同类型的测试自动化。

### 1. 可用性测试

在迁移环境时，建议执行一些可用性测试用例来确保所有基本功能都可以正常工作。可用性测试会使用 Junit 服务测试、Selenium WebDriver 或其他类似的工具来创建一个测试包。识别出所有关键的服务调用并据此编写脚本非常重要。尤其是当微服务之间是用同步依赖的方式进行集成时，要考虑到相关场景，确保所有依赖的服务都启动并运行了。

### 2. 回归测试

回归测试可以确保软件中的变更不会破坏整个系统。如前所述，在微服务的上下文中，回归测试可以在服务级别（REST API 或消息端口）用 Junit 或与之类似的框架来编写。当依赖的服务不可用时，会用到服务虚拟化。Karma 和 Jasmine 可用于 Web 界面测试。假如 Web 应用的背后用到了微服务，那么会用 Selenium WebDriver 或其他类似的工具来制作回归测试包，并且会在 UI

层面进行测试，而不是在服务端口层面。另外，一些 BDD 工具，比如 Cucumber 结合 Junit 或者 Cucumber 结合 Selenium WebDriver 也可以用于制作回归测试包。持续集成工具，比如 Jenkins 或 ARA，可用于自动触发回归测试包。还有其他一些商业测试工具可用于构建回归测试包，比如 TestComplete。

### 3. 功能测试

功能测试用例通常是针对作为微服务消费者的 UI。这些功能测试是基于用户故事或特性的业务场景。这些功能测试会在每次构建的时候执行，以确保微服务可以正常工作。BDD 通常会用于开发功能测试用例。在 BDD 中，业务分析人员往往用自然语言编写测试用例，然后开发人员会加入脚本来执行那些测试场景。自动化 Web 测试工具，比如 Selenium WebDriver，以及 BDD 工具，比如 Cucumber、JBehave 和 Spec Flow 等适用于这类场景。Junit 单元测试用例可用于无头式微服务相关场景。有些管道可以用同一组测试用例将回归测试和功能测试合并成一个步骤。

### 4. 验收测试

验收测试和前面的功能测试很类似。在大多数情况下，自动化验收测试通常使用录屏回放或用户旅程模式，而且应用于 Web 应用层面。验收测试通常会从客户的视角，而不是从特性或功能的角度来构建/编写测试用例。这些测试用例会模仿用户的操作流程。在这些场景中，通常会使用 BDD 工具，比如 Cucumber、JBehave 和 SpecFlow 以及前面提到的 JUnit 或 Selenium WebDriver。功能测试和验收测试中测试用例的性质是不同的。验收测试包的自动化可以通过集成 Jenkins 来实现。市场上还有其他许多专业的自动化验收测试工具，例如 FitNesse。

### 5. 性能测试

作为自动化交付管道的一部分，性能测试的自动化非常重要——使之从检查站模式转变为交付管道不可分割的一部分。这样做有助于在构建的早期发现系统的瓶颈。在某些组织中，只有大版本的发行才会进行性能测试，而在其他组织中，性能测试是整个管道的一部分。性能测试可以选用不同的工具来进行。JMeter、Gatling 和 Grinder 等工具可以用于压力测试。这些工具可以集成到 Jenkins 工作流中，从而实现自动化。BlazeMeter 等工具可以用于生成测试报告。作为整个交付管道的一部分，应用性能管理工具，比如 AppDynamics、New Relic 和 Dynatrace 等，可以给出各项质量指标。可以在性能测试环境中使用这些工具。在某些管道中，这些工具集成到了功能测试环境中，从而可以实现更高的测试覆盖率。Jenkins 有插件可以获取这些指标。

### 6. 真实用户操作流程模拟或用户旅程测试

这是另外一种测试，通常用于发布环境和生产环境。这些测试会在发布环境和生产环境中持续运行，以确保所有关键事务都能够正常工作。这比典型的 URL ping 监控机制更有用。与自动化验收测试类似，这些测试用例会模拟用户的实际操作流程。这些测试也有助于检查依赖的微服务是否都启动并运行着。这些测试用例可能是从 Selenium WebDriver 创建的验收测试用例或测试包中剥离出来的子集。

### 7. 安全性测试

应确保自动化测试没有违背组织的安全策略。安全性非常重要，为了速度/性能而违背安全性是不可取的。因此，应将安全性测试集成到交付管道中。一些安全性评估工具已经集成到本地构建环境和集成测试环境中了，比如 SonarQube 和 Find Security Bugs 等。某些安全性问题会作为功能测试用例的一部分而被覆盖。BDD-Security、Mittn 和 Gauntlt 等工具是遵循 BDD 方式的安全性自动化测试工具。VAPT 可以用 ImmuniWeb 等工具实现。其他有用的安全性测试工具有 OWASP ZAP 和 Burp Suite。

### 8. 探索性测试

探索性测试是一种由测试人员或业务人员执行的人工测试，用于验证自动化测试工具可能无法捕捉到的特定场景。测试人员以任意方式和系统进行交互，而无须对系统做出任何预判。他们根据自己的理解来设想某些用户可能会碰到的场景。他们也会模拟特定的用户行为来进行探索性测试。

### 9. A/B 测试、金丝雀测试和蓝绿部署

在将应用部署到生产环境前，通常要进行 A/B 测试、蓝绿部署和金丝雀测试。A/B 测试主要用于检查某个变更的有效性以及市场的反应。这些新功能会慢慢地推送给特定的一些用户。金丝雀发布是指一个新产品或新功能在完全推送给所有客户之前，先推送给特定的用户群体。蓝绿部署是一种部署策略，它从 IT 的角度来测试服务的新版本。在这种部署模式中，蓝绿环境在某个时间点上会同时启动并运行，然后从一个环境无缝切换到另一个环境。

### 10. 其他非功能性测试

在投入生产之前执行高可用性测试和抗脆弱性测试（失效注入测试）也很重要。这样有助于开发人员发现一些在实际生产中可能会发生的未知错误。这通常可以通过分解系统的组件以理解它们的失效行为来实现。这也有助于测试系统中的断路器和备用服务。Simian Army 等工具可用于上面这些测试场景。

### 11. 生产环境测试

由于我们只能模拟到一定的程度（无法完全模拟真实环境），所以在生产环境中进行测试也很重要。针对生产环境，通常会执行两种测试。第一种是持续地运行真实用户的操作流程或旅程测试来模拟不同的用户操作。这可以用一种**真实用户监控**（RUM）工具（比如 AppDynamics）来实现自动化。第二种方式是从生产环境中窃听或拦截消息并在部署环境中执行这些消息，然后将生产环境中的结果和部署环境中的结果进行对比。

**11**

### 12. 抗脆弱性测试

抗脆弱性测试通常是在与生产环境类似的预生产环境中，甚至是直接在生产环境中执行的，它通过在被测试的环境中引入混沌来观察应用如何应对并从混沌状态中恢复。经过一段时间后，应用能够从这些大多数故障中自动恢复。例如 Netfix 的 Simian Army，它是针对 AWS 环境开发的一套产品。它使用一些"自主 Monkey"在预生产环境或生产环境中制造混沌来进行破坏性测试。Chaos Monkey、Janitor Monkey 和 Conformity Monkey 是 Simian Army 的一些组件。

## 11.2.4　部署

持续部署是将应用部署到一个或多个环境中，并相应地对这些环境进行配置的过程。如第 9 章所述，基础设施的配备和自动化工具有助于实现部署自动化。

从部署的角度看，所有的质量检查都顺利通过后，已发布的 Docker 镜像就会自动部署到生产环境中。这里的生产环境必须是带 Mesos 或 Marathon 等集群管理工具的云环境，而且该云环境必须带监控和自助服务功能。

集群管理和应用部署工具可以确保正确部署应用的各项依赖。如果某些依赖没有部署，这些工具就会自动部署所有必要的依赖。这些工具也可以确保任意时间点上运行的实例数量尽可能的少。在发生故障时，它会自动回滚当前的部署。它也能对系统升级进行回滚。

Ansible、Chef 或 Puppet 等工具可将配置信息和二进制文件部署到生产环境。可以用 Ansible play 启动一个支持 Marathon 和 Docker 的 Mesos 集群。

## 11.2.5　监控和反馈

应用部署到生产环境中后，监控工具就会持续监控其各项服务。监控工具和日志管理工具可以收集服务信息并分析。必要的话，这些监控信息会反馈给开发团队，他们会采取相应的纠正措施，然后通过管道将系统变更推送到生产环境。APM、Open Web Analytics、Google Analytics、Webalizer 等工具可用于监控 Web 应用。真实用户监控可以实施端到端的监控。QuBit、Boxever、Channel Site、MaxTraffic 等工具有助于分析客户行为。

## 11.2.6　配置管理

必须从微服务和 DevOps 的角度重新思考配置管理。可以使用配置管理的新方法，而不是静态配置的传统配置管理数据库（CMDB）。不应考虑人工维护 CMDB 了。静态管理的 CMDB 需要大量烦琐的工作来维护配置条目。同时，由于部署拓扑的动态特性，难以在 CMDB 中维护配置数据的一致性。

新一代 CMDB 可以根据运行拓扑来自动创建持续集成配置项，并基于自动发现机制获取最新的配置信息。新的 CMDB 能同时管理裸金属机器、虚拟机和容器。

### 11.2.7 微服务开发治理、参考架构和类库

对于微服务开发而言，需要有一个总体的企业参考架构和一套用于微服务开发的标准工具，它们有助于确保开发过程的一致性。这样每个微服务开发团队都能遵循某些最佳实践，并且可以选用合适的专业技术和工具。在多语言微服务开发中，不同的团队会使用不同的技术，但都必须遵循统一的开发原则和最佳实践。

为了快速赢得市场和充分利用时间，在某些情况下微服务开发团队可能会偏离最佳实践。只要开发团队将后续的重构任务加入其 backlog 中，这样做也是可以接受的。在许多组织中，虽然开发团队会尝试复用企业中现有的某些资源，但是复用和标准化往往事后才能实现。

应确保服务在企业中是可查且可见的，这样有助于复用微服务。

## 11.3　小结

本章介绍了微服务和 DevOps 的关系，讨论了开发微服务时的一系列实践要点，还详细介绍了微服务开发的生命周期。

本章后面的部分介绍了如何将从开发到生产的整个微服务交付管道自动化，并介绍了一系列工具和技术，最后探讨了微服务治理中标准类库和参考架构的重要性。

全面掌握本书介绍的微服务概念、挑战、最佳实践即及各项能力是成功开发大规模微服务的最佳秘诀。

# 技术改变世界 · 阅读塑造人生

## 微服务设计

◆ 通过Netflix、Amazon等多个业界案例，从微服务架构演进到原理剖析，全面讲解建模、集成、部署等微服务所涉及的各种主题

**作者：** Sam Newman
**译者：** 崔力强，张骏

## 微服务：灵活的软件架构

◆ 集结架构师多年实战经验与开发心得，直击微服务架构精髓
◆ 全面、实用，真实还原各种应用场景，助你做出明智的架构决策

**作者：** 埃伯哈德·沃尔夫
**译者：** 莫树聪

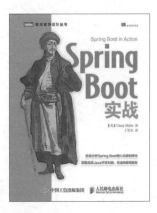

## Spring Boot 实战

◆ 全面分析Spring Boot核心功能和特性，掌握高效Java开发利器，快速构建微服务
◆ 收录诸多应用程序编写案例，精讲Spring Boot应用技巧，语言生动，内容实用

**作者：** Craig Walls
**译者：** 丁雪丰

**TURING**

图灵教育

# 站在巨人的肩上
Standing on the Shoulders of Giants

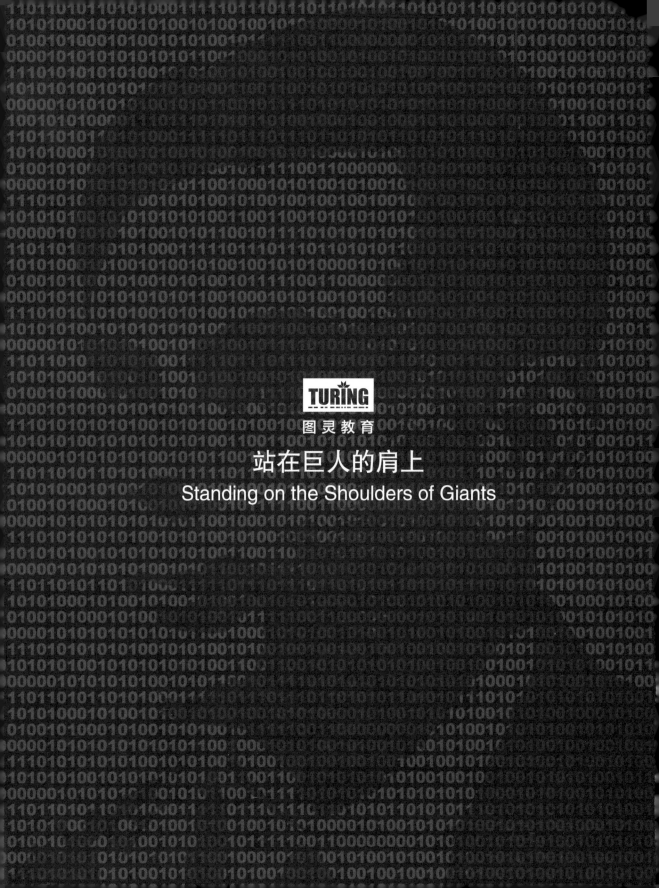

TURING
图灵教育

站在巨人的肩上
Standing on the Shoulders of Giants